和谐中华文库

人类—环境系统及其可持续性

陈静生　蔡运龙　王学军　著

商务印书馆
2007年·北京

图书在版编目（CIP）数据

人类－环境系统及其可持续性/陈静生，蔡运龙，王学军著.—
北京：商务印书馆，2007
（和谐中华文库"人与自然"系列）
ISBN 978－7－100－05670－0

I．人… II．①陈… ②蔡… ③王… III．人类－关系－环境系
统－研究 IV．X24

中国版本图书馆 CIP 数据核字（2007）第 164400 号

和谐中华文库

人类－环境系统及其可持续性

陈静生　蔡运龙　王学军　著

商　务　印　书　馆　出　版
（北京王府井大街36号　邮政编码100710）
商　务　印　书　馆　发　行
北　京　民　族　印　刷　厂　印　刷
ISBN 978－7－100－05670－0

2007年12月第1版　　　　开本 787×960　1/16
2007年12月北京第1次印刷　印张 19½

定价：38.00元

"和谐中华文库"编辑委员会

主　任

陈寿朋　　聂震宁

委　员
（以姓氏笔画为序）

王乃庄　　王　涛　　王寅生
刘伯根　　刘国辉　　陆诗雷
宋焕起　　杨德炎　　鄂云龙

"和谐中华文库"序

　　在建设中国特色社会主义伟大旗帜的指引下,伴随着伟大祖国的前进脚步,中国生态道德教育促进会和中国出版集团公司组织编辑的"和谐中华文库"大型系列丛书于今梓行,不惟当今国盛之标志,更合吾国同胞之意愿,是和谐社会、和谐文化建设百花园中绽放出的又一朵绚丽奇葩,对此我由衷地感到高兴和欣慰。

　　和谐社会,多少人为之魂牵梦绕。为此夙愿,历史上无数志士仁人,呕心沥血,孜孜以求,卧薪尝胆,卓越奋斗,乃至不惜献出宝贵生命。然最终不以"空想社会主义"而失败,就以"世外桃源"而幻灭,惟中国共产党人,把马克思主义同中国革命和建设的具体实践相结合,才找到走向光明未来的中国特色社会主义道路。党的十六大以来,以胡锦涛同志为总书记的党中央,高举中国特色社会主义伟大旗帜,与时俱进,继往开来,提出科学发展和构建社会主义和谐社会之构想,赋予和谐社会全新内涵,并为之开辟了更宽广的途径。尽管任重道远,然一个以人为本、民主法制、公平正义、诚信友爱、安定有序、充满活力、协调发展、人与社会及自然和谐相处的美好蓝图正日渐清晰地展现。

　　抚今追昔,盛世文兴。而今和谐社会之构建,必得和谐文化相辅相成。"和谐中华文库"大型哲学社会科学学术丛书正是应时代要求,肩负此历史重任而面世。

　　"和谐中华文库"以科学发展观为指导,服务于改革稳定发展之大局,坚持先进文化前进之方向,继承发扬我国优秀文化传统,对和谐社会建设的诸多重要理论和实践问题,通过多学科和跨学科研究,为构建社会主义和谐社会提供更多有价值的思想理论支持及文化知识支持。

　　必须指出,按照胡锦涛总书记提出的马克思主义中国化的基本要求,这套丛书以总结中国自身的历史与经验为主。中国特色社会主义建设是前无古人的事业。这个在中国土地上蓬勃发展的伟大事业是中国人自己的创造。因此有必要出版一套专门研究总结本国历史与经验的丛书。

"和谐中华文库"内容丰富,堪称中华和谐文化宝藏之所。她从中国和谐文化出发,尽可能多地涵盖从靠天的农耕文明、斗天的工业文明到现代的生态文明,以及人们在认识和处理人与自然、人与经济、人与社会的关系以及人自身等诸多领域形成的和谐文化成果。"文库"根据"以人为本"的科学发展观和经济社会协调发展、人与自然和谐相处基本要求,分"人与自然"、"人与经济"、"人与社会"三个系列编辑出版。"人与自然"系列重点探讨生态环境治理保护、建设资源节约型、环境友好型社会,促进人与自然和谐相处,建设生态文明;"人与经济"系列重点探讨经济社会全面协调可持续发展;"人与社会"系列重点探讨社会公平正义、以人为本的自由发展、安定有序、保障人民基本权益和共享发展成果之制度建设和社会管理、社会服务等。

"和谐中华文库"每个系列都力求纵涉古今、承接历史积淀的和谐文化之文明,吸取各方和谐文化探究之新论,以穷"有边无边"之理,收"有尽无尽"之效。民读之以修身,可提高文化之素养,兼收贡献和谐社会与取之和谐社会之康乐;官阅之,可探讨事业成败之因,兴衰之由,反思工作决策得失,方略优劣,由此常怀为民之心,常思为民之策,常兴为民之举,除弊兴利,革旧布新,不断成就和谐社会建设之伟业;为师者可从中得育人之道;研究者能获参考收藏之益。

"和谐中华文库"开宗明义、主旨和谐。尽管著述独立成卷、观点容或有异,但贯穿其中立意之根本,行文之神韵,问题之角度,思考之理性,进而形成的文化纽带即是"以人为本、协调发展、和谐相处、同生共长"。览中国传统和文化史,述和谐文化之笔墨,论和谐文化之典籍,数不胜数。然专从"和谐"之角度,取精华,博众采,发其新意,古为今用,辑以成书者尚不多见。现以此教人成长之道,资以治世之箴言,共塑华夏之文明,诚为创举乎?

人类—环境系统及其可持续性

"和谐中华文库"的文章和著述,或实际工作者之经验总结,或专家学者之理论思考,概立足实际,在不同层面、从不同角度论述和谐社会、和谐文化的现状,反映现存之问题和矛盾,提出建议和对策。字里行间,均见作者对建设和谐社会、和谐文化之极大关注和热切期盼,更显作者深入实际、调查研究之辛劳,刻苦钻研、勇于创新之果敢,一丝不苟、精益求精之坚毅。理论是灰色的,而生活之树常青。现实生活的丰富性与生动性永远大于各种教条。作者秉承实事求是,一切从实际出发的优秀传统,他们的心血和汗水定会对和谐文化建设产生重要积极影响。承载研究成果之"和谐中华文库"的编辑出版,也定会在我国和谐文化建设史上留下浓重之笔。

建设和谐文化是长期战略任务,也是紧迫现实课题。在建设中国特色社会主义的伟大实践中,我们已经取得了非凡的成就。但这只是万里长征第一步,更艰巨任务还有待我们去完成。随着改革开放的更加深入,我们会遇到更多的问题和挑战。二战之前当罗斯福总统步人白宫时,有人祝贺说,重大问题所形成的挑战,是政治家的完美猎物,是一个伟大社会的新起点。对于中国共产党人来说更是如此,所有挑战都是中国特色社会主义建设的伟大起点。而所有的问题与挑战也是产生伟大思想的宝库与摇篮。

语云,与时迁移,应物变化,设策之先机也。党的十七大为和谐文化的建设提供了更有利之机遇和土壤,愿一切有识之士抓住当今"天时"、"地利"、"人和"之机,充分发挥聪明才智,奋力为我国和谐社会及和谐文化建设作出新贡献。

"和谐中华文库"之编纂出版是一项开创性工作,无他例可学,无前辙可鉴,难免有瑕疵,难免有不尽妥当之处。借"和谐中华文库"梓行之际,谨向著作者、编辑出版者以及所有关心帮助这一工作的同志们深表感谢!

陈 寿 朋

2007 年 10 月

目　　录

人
类
－
环
境
系
统
及
其
可
持
续
性

前　言

目前，人类正处在一个新的转折点上。一个阴影正在这个转折点上徘徊。这就是近年来困扰着人们的全球环境问题和环境与发展的关系问题。虽然我们已经能把人送上月球，航天飞机也可来回穿梭于地球和宇宙之间，但是人类对保护我们这个行星上的自然资源和生物多样性等问题的重要性似乎才刚刚有所认识。技术乐观主义者认为，未来的一切对每一个人都是美好的。而资源保护主义者和环境主义者却警告人们，地球上的生命维持系统正在被毁坏，并处于迅速退化之中。

人类正面临一系列相互关联的复杂问题，其中最重要的问题是人口剧增。从 1950 年到 1989 年，世界人口整整增长了 1 倍（1950 年为 25 亿，1989 年为 52 亿）。如果按这样的速度继续下去，那么到 2100 年世界人口将再增加 1 倍，达到 104 亿，甚至可能达到 140 亿。这将给已经不堪重负的地球生命维持系统以更大的压力。

另一个重要问题是人类对资源的消耗速度太快、方式不当，致使世界森林、草地和湿地以越来越快的速度逐年消失；沙漠面积以越来越快的速度逐年增加；表层土壤遭受严重侵蚀；河流泥沙淤积；地下水被过量开采；石油被大量用于交通、取暖、生产食物和产品，有可能在我们这一代或下一代被耗尽；工厂和家庭排出的废弃物越来越多地积累于土壤中，危害着土壤和水体；农药越来越严重地污染地下水和食物。

再有，随着二氧化碳和其他微量温室气体被大量排入大气圈，有可能使低层大气圈逐渐变暖。地球气候的这种变化有可能使某些地区变旱、某些地区变湿，从而干扰食物的生产。升高的温度可能会使两极冰川融化、海平面上升，有可能淹没沿海低地的城市和农田。科学家们警告人们，上述趋势是不可逆转的，但如果全球人类在今后二三十年内协调一致地采取紧急行动，仍有可能减缓上述进程。

大气圈上层薄薄的臭氧层，保护着地表人类和生物免遭有害的太阳紫外线辐射。但是人类排放的大量氟氯烃化合物却进入上层大气，与臭氧反应后，致使臭氧的消耗速度大于其产生速度，形成臭氧洞，并逐渐扩大，使地球失去保护。

人类会破坏自己赖以生存的地球生命维持系统的原因是复杂的，其中包括了人们的无知和贪婪。人们忘记了人类的生存及人类已经拥有和将要拥有的一切都来自于太阳和地球。穷人们为维持生存，砍伐树木，开垦土地，使资源消耗的速度大于其再生速度；富有者着眼于短期经济利益，为维持自己奢侈的生活方式，大量地耗费地球资源。从保护地球的角度看，目前人们正在从事的几乎全都是"坏事"。但值得庆幸的"好事"是，人们正在逐步认识到保护自然和以可持续性方式使用地球资源的重要性。

写作本书的主要目的有二：一是向读者较全面地介绍关于"人类—环境系统"、"人类与环境相互作用"及"环境与发展"的基本知识和理论，使不同岗位上的读者在从事自己的事业和处理自己的生活方式时运用有关的知识和理论，保护自己周围的环境和保护地球上的生命维持系统；二是与同行学者们进行交流，以便共同努力，促进中国与此相关的学科的发展。为此目的，我们在写作本书时尽量广泛查阅最新文献，反映各国学者和中国学者在此领域内的近期研究成果。

本书首先论述了现代地理学、人类生态学、环境科学和地球系统科学与"人类—环境系统"和"人类与环境相互作用"研究的关系，论述了这些学科的产生、发展以及它们在研究"人类—环境系统"方面各自的特点和交叉域（第一章）。接着，从生态学和地球系统科学角度论述了"人类—环境系统"的结构、功能和运行机制及状态、过程与控制因素等（第二章）。

自然资源是"人类—环境系统"中人类赖以生存和人类社会赖以发展的物质基础。本书用较大篇幅对自然资源的基本特点，尤其是对自

人类—环境系统及其可持续性

然资源可得性的度量问题,对"人类－环境系统"中资源的配置与人类需求的关系,以及对自然资源与社会发展的关系等进行了分析(第三、四、五章)。

　　人类活动是引起"人类－环境系统"变化的巨大营力。新兴的地球系统科学称日地作用、地核驱动和人类活动是影响"人类－环境系统"变化的三个驱动力。前两者是引起"人类－环境系统"变化的真正外部源作用力,而人类活动则是外化了的内部源作用力。人类活动引起的"人类－环境系统"的变化是当前一切环境问题的根源,故本书也以较多笔墨阐述了为什么人类活动对"人类－环境系统"有如此巨大的作用力,人类作用于"人类－环境系统"的方式和限制因素是什么;并以大量实际事例,论述了历史上人类活动不当作用于"人类－环境系统"所产生的环境后果和教训;论述了现代人类活动引起的各类环境问题,以告诫人们:如果社会经济系统垮了,支持它的自然系统仍将照样地继续运转;但如果有一天自然系统垮了,社会经济就不得不完全停止其运动。即没有自然界,人类便不能生存;而没有人类,自然界却仍将继续存在下去。作为"人类－环境系统"的内部成员,人类必须控制自己的破坏性倾向(第六、七章)。

　　第八章论述了当代"人类－环境系统"面临的最主要的问题——全球环境变化问题。这是当前各国科学家关心的热点问题,《世界资源报告(1987年)》一书指出,国家的繁荣和个人的幸福生活依赖于全球环境质量;人类未来的健康和幸福依赖于我们能否具有成功管理世界环境的能力。目前有许多大型国际合作计划对此问题进行研究。其中著名的有:国际人与生物圈计划、国际地圈生物圈计划与全球变化中的人类因素研究计划等。本书对这方面的近期研究进展,及国际社会和各代表性国家对此问题的对策作了稍详尽的介绍。

　　第九章和第十章分别对当前人们最关心的两大问题——"人类－环境系统"的调控和"人类－环境系统"的可持续发展问题进行了尝试性讨论。在这两章中,讨论了"人类－环境系统"的自调控机制、被动性调控和能动性调控问题;对经济手段、科学技术手段、政府干预和公众环境意识等在"人类－环境系统"调控中的应用等进行了阐述;对在可持续发展问题上两种对立观点的斗争,对经济学、生态学与可持续发展的关系,以及实现"人类－环境系统"可持续性的途径等问题进行了讨论。

"人类－环境系统"及"人类与环境相互作用"虽是一些古老的论题,但随着人口增长和社会生产力的发展,在这些古老的命题中不断注入了新的内涵。现代"人类－环境系统"是由自然、经济、社会组成的极为复杂的巨系统。这个系统产生问题的根源更多是社会性的,而不是物质性的。对它进行研究,不仅要重视自然系统各组元间的相互作用和影响,同时要把研究重点放在与之有关的经济和政治方面。

由于"人类－环境系统"、"人类与环境相互作用"和"环境与发展"等问题涉及的学科面过广,特别是由于本书作者的知识、理论和实践的局限性,使本书在对许多问题进行阐述和讨论时必然会有不周、不妥和错误之处,敬请批评指正。

本书各章写作的分工是:前言、第一章、第二章、第七章、第八章由陈静生执笔;第三章、第五章、第六章由蔡运龙执笔;第四章由王学军执笔;第九章由陈静生、王学军共同执笔;第十章由蔡运龙、陈静生、王学军三人执笔。最后由陈静生统阅修改、合成和定稿。

本书在写作过程中,从选题到完稿一直得到北京大学城市与环境学系王恩涌教授、杨开忠教授及北京大学环境科学中心叶文虎教授等的热情鼓励和支持。他们对本书提出了许多宝贵意见,在此表示衷心感谢。

人类—环境系统及其可持续性

第一章 研究"人类－环境系统"的当代学科

一、永恒的主题与新的困难

"人类－环境系统"、"人类与环境关系"及"人类与环境相互作用"等历来是地理学、生态学、哲学和社会学等研究的主题。人们称这是一些古老而又永恒的论题、无可回避的论题。因为只要有人类存在，人类就不可避免地要同其赖以生存的基点和舞台——自然环境发生复杂的相互作用。

人类赖以生存的自然环境已经经历了漫长的演变过程。人类社会出现以后，随着人口的增长和工农业生产的迅速发展，人已经不再仅仅是一种自然界的产物，而已经发展成为一种对环境起着深远影响的营力[1]。

近几十年来，科学技术的迅猛发展加速了人类文明的繁荣，同时亦增强了人类对自然环境的影响能力。人类活动对自然环境的干预作用越来越强烈，由此引起的资源匮乏、生态恶化与环境污染等问题举世瞩目。人类与环境的相互作用引起的全球性人口、资源、环境与发展(Population，Resource，Environment and Development，PRED)方面的诸多矛盾正成为人类生存和社会经济发展面临的最严重的挑战。为应付这种挑战，联合国于1972年在瑞典首都斯德哥尔摩召开了以"只有一个地球"为主题的第一次人类环境大会。1992年在巴西首都里约热内卢召开了以"环境和发展"为主题的第二次人类环境大会。在第二次人类环境大会上提出并讨论了全球可持续发展的战略和对策，制定和通过了反映这一战略和对策的全球行动纲领《21世纪议程》[2]。《21

世纪议程》指出,应更好地理解人类活动与环境之间的相互关系,应把环境与发展问题作为一个整体来考虑,应加强与可持续发展有关各方面科学问题的研究等。这些事实充分表明,人类-环境系统的可持续发展问题已引起世界各国的广泛关注;有效地解决环境与发展问题已成为世界各国的共识和共同责任,是今后长时期内摆在各国科学家、政治家和高层决策者面前的重大主题。

中国人多、地广,自然条件十分复杂,人均资源相对贫乏,经济发展又很不平衡。人与环境之间的关系如何协调,怎样解决经济发展中不断出现的资源与生态环境问题,已引起中国高层决策者的高度重视。在联合国《21世纪议程》的基础上,中国制定出了相应的行动计划《中国21世纪议程》。同时在中国的《国家中长期科学技术发展纲领》中的农业科学技术、社会发展科学技术及基础研究与应用基础研究中,从不同角度把人口、资源、环境及自然灾害等问题列为重点发展的研究项目。这一情况说明,在中国,协调好环境与发展的关系更是一个十分紧迫的问题。

在本章中,我们不准备对在经典地理学、哲学和社会科学中已较充分论证过的"人地关系"和"地理环境与社会发展的关系"等问题进行回顾叙述,因为这方面的各种观点和丰富资料已充实于大量正式出版的哲学、社会学和人文地理学著作中。近年来诞生了数门对"人类-环境系统"进行综合研究的新兴交叉学科,而且发展迅速。在本章中,拟对现代地理科学、环境科学、人类生态学和地球系统科学等在研究"人类-环境系统"和"人类与环境相互作用"方面各自的特点和共同点进行讨论。

二、现代地理科学与"人类-环境系统"研究

对人地关系的认识历来是地理学的研究核心,并始终贯彻在地理学的各个发展阶段。从19世纪兴起的近代地理学发展到第二次世界大战后的现代地理学,虽然其间中心研究课题随着时代的发展而有所

变化,但地理学的基础理论研究始终离不开人类与地理环境的相互关系这一基本问题[3]。

近代地理学区域学派的创始人德国学者赫特纳(A. Hettner)认为,地理学是"探讨人类与自然环境相互作用的一门科学"[4]。美国地理学家哈特向(R. Hartshorne)认为,"地理学最关心的是人的世界与非人文世界之间的关系"[5]。另一位美国著名地理学家马什(G. P. Marsh)在其所著《人与自然:或人类活动改变的自然地理学》一书中指出,"摆在这门引人注目的学科的新的耕耘者面前最为重要的理论可能是这样一个问题,即外部的自然条件对人类的社会生活与社会进步的影响有多大多深的问题"[6]。再一位著名的美国地理学家巴罗斯(H. H. Borrows)主张,地理学的目的不仅在于考查环境本身的特征和客观存在的自然现象,而且在于研究人类对于自然环境的反应。他指出,"地理学的中心点正在从极端的自然方面稳步地转移到人文方面,直到越来越多的地理学者把他们的论题规定为完全论述人类与自然环境的相互作用和影响"[7]。

一般认为,现代地理学的研究有四大学派:区域学派,综合景观学派,生态—环境学派和数量区位学派。现代地理学的生态—环境学派从生态环境角度,研究人类与环境的相互作用、影响、变化规律和调控。由于此学派的早期代表人物德国地理学家拉采尔(F. Ratzel)与美国地理学者森普尔(E. C. Semple)在有关论著中带有地理环境决定论的思想,导致此学派在 20 年代和 30 年代在西方和前苏联,50 年代在中国都受到激烈的批判。但自 60 年代以后,随着全球性的人口、资源、环境和发展问题的出现,该学派克服了过去只重视研究"地"对"人"的单向作用和影响,而开始全面地研究人类与环境的相互作用[8]。

当代地理学家、前国际地理学会主席怀斯(Michael John Wise)在 1980 年于东京召开的第 24 届国际地理大会的开幕词中指出,地理学"由于一度忽略了人地关系的总体把握,我们失去了应用其理论、知识和技能以服务于全球问题的机会","如何去协调自然环境与人类文化的关系已成为国际地理学界所面临的主要任务"[8]。

40多年来,中国地理学家对地理学的对象、目标、任务和内容进行过多次讨论。目前,中国越来越多的地理学者的共识是:地理学以地球表层人类与环境之间的关系为研究对象,兼顾自然特征和文化特征对人地关系的全面而精细的研究应成为现代地理学的任务和趋势。

中国地理学者陈传康和牛文元曾论述开展人地系统优化原理研究的必要性和迫切性,指出:人地系统优化原理研究"以人类活动和人类发展为中心,研究自然条件、自然资源和自然演替的合理匹配、开发与调控,……从宏观和整体角度去综合认识区域本质的巨大系统","国土整治、自然改造、经济开发、区域规划、发展战略、宏观控制等国民经济中的重大问题,无一例外地都是'自然—社会—经济'的巨大系统。其结构、功能、行为、效益是否合理,其发展、演替、模拟、预报是否准确,关键在于对人地系统的综合识别与综合平衡"[9]。

中国地理科学发展战略研究组(1996)建议,中国地理科学应集中主要力量,从不同的时空尺度,深入研究人地系统协同作用的形成过程、发展趋势与演变规律;深入地研究全球变化对中国区域环境承载能力的影响,正确评估极端环境(极地、沙漠、高山、冰冻圈)的正负效应;研究并量测中国土地及其对人口的承载力,特别是研究各种生态交错带(ecotone)的演变趋向及其恢复能力;研究并预测由人为污染所引起的环境质量的变化趋势与调控对策;研究并提出各种自然灾害的发生与演变过程及其相应的减灾措施。

三、环境科学与"人类—环境系统"研究

环境科学是近二三十年来发展最快尤其是普及最迅速的学科。在短短的二三十年时间里,环境科学的名词、术语从大学教科书和科技期刊进入了公众的日常词汇。它们每天都要出现在各类新闻媒体上。环境意识的有无和强弱已成为判断一国国民素质高低的一个重要标志。今天,一个国家和地区的社会发展政策的制定和实施,如果没有环境学者的参与,将是不可思议的。在科学发展史上,只有少数几门学科能在

开创以后如此短的时间内获得如此之大的影响力。

但是，由于诸多因素的影响，各学者对这门新学科的任务、目标和内容等尚缺乏统一的认识。为此，在这里有必要列出国内外著名学者的一些有关代表性认识。

美国地理学家 A. N. 斯特拉勒和 A. H. 斯特拉勒 (1973) 在其合著的《环境地学——自然系统与人类的相互作用》一书中指出，作为一门新兴学科的环境科学，其大部分内容并不是新的，而是源于一系列传统学科：生物学、化学、物理学和地球科学等。这门学科之所以"新"，主要是"新"在它的观点上，"新"在它把地球上的各个系统看成是一个紧密联系和相互作用的整体，尤其是"新"在它把人类看成是这个大系统的重要组成部分。该书指出，"人类与自然系统的相互作用"主要表现为人类与自然物理过程的相互作用和人类与生物过程的相互作用。前者属地球科学的内容，后者属生态科学的内容。在这里，地球科学和生态科学是相互支持的。该书作者还形象地指出，环境科学类似于一块硬币，有两面，一是研究自然环境力（如洪水、台风、地震和泥石流等）对人类的影响；二是研究人类活动（如空气污染和水污染等）对自然环境的影响。中国大百科全书环境科学卷对"环境地学"条目的阐述近似于这两位斯特拉勒对环境科学的阐述[10]。

卢玛 (Samuel N. Luoma) 的观点与上述类似。他在《环境科学导论》(1984) 一书中写道："环境科学的内容和资料几乎均来源于生物学、物理学、化学和社会科学的有关内容，但环境科学却不是上述学科的汇集与拼合。这门学科的独特性在于它应用整体观和系统论研究上述学科所研究的现象和过程间复杂的相互作用。具体地说，环境科学不仅研究生态系统的结构和功能，而且研究社会、经济和文化对生物圈的影响，也研究物理、化学和生物过程对社会、经济和文化过程的影响"[11]。

普尔多姆 (P. Walton Purdom) 和安德逊 (Stanley H. Anderson) 合著的《环境科学》(1980) 一书对环境科学的性质、特点和任务等进行了专门讨论。作者首先指出，任何学者对环境问题和环境科学的理解，不能不受到该学者的哲学观点、专业知识范围、兴趣及对环境和生活质量要求等多方面因素的影响。他们在写作该书时对环境科学所下的工作定义是：环境科学是应用多种学科的知识、理论和方法研究环境和管理环境的科学。环境科学的目标是：①保护人类免受环境因素的负影响；②保护环境（区域的和全球的）免受人类活动的负影响；③为保护人体健康和提高生活水准而不断地改善环境质量[12]。

泰勒·米勒（G. Tyler Miller, Jr.）所著《环境与生存》（*Living in the Environment*）一书是一本已再版 6 次、具广泛影响的环境科学概论性著作。本书虽未对环境科学的对象和任务等单列章节进行讨论，但从全书内容看，作者较系统地阐述了对人类生存和社会发展有重大影响的一系列重大挑战性问题：人口、资源、环境退化和污染等。作者在该书中提出了协调"人类与环境相互作用"和"人地关系"时应遵循的近 60 个原理、原则和定律[13]。

环境科学在中国的发展与在国际上的发展几乎是同步的。早在环境科学开始迅猛发展的 20 世纪 70 年代，中国不少学者尤其是地理学者和生态学者，就曾对新兴的环境科学的对象、任务和内容等进行过广泛讨论。中国著名生态学家马世骏（1983）指出，"环境科学是研究近代社会经济发展过程中出现的环境质量变化的科学。它研究环境质量变化的起因、过程和后果，并找出解决环境问题的途径和技术措施"[14]。中国著名地理学家刘培桐（1982）指出，"环境科学是以'人类－环境系统'为研究对象，研究'人类－环境系统'的发生、发展、调节和控制，以及改造和利用的科学"[15]。

于 1983 年出版的中国大百科全书环境科学卷在上述广泛讨论的基础上对环境科学的性质作了较全面的概括。该卷的开篇文写道："环境科学在宏观上研究人类同环境之间的相互作用、相互促进、相互制约的对立统一关系，揭示社会经济发展和环境保护协调发展的基本规律；在微观上研究环境中的物质，尤其是人类排放的污染物的分子、原子等微小粒子在环境中和在生物有机体内迁移、转化和积蓄的过程及其运动规律，探讨它们对生命的影响及作用机理等"[16]。并指出环境科学的主要任务是：①探索全球范围内环境演化的规律。……在人类改造

人类—环境系统及其可持续性

自然的过程中,使环境向有利于人类的方向发展。②揭示人类活动同自然生态之间的关系。……使人类生产和消费系统中物质和能量向环境的输入同输出之间保持相对平衡。这个平衡包含两方面的内容:一是排入环境的废弃物不能超过环境的自净能力,以免造成环境污染,从而损坏环境质量。二是从环境中获取可更新资源不能超过它的再生增殖能力,以保障永恒利用。……社会经济发展规划中必须列入环境保护的内容,有关社会经济发展的决策必须考虑生态学的要求,以求得人类和环境的协调发展。③探索环境变化对人类生存的影响。④研究区域环境污染综合防治的技术措施和管理措施。……运用多种工程技术措施和管理手段,从区域环境的整体出发,调节并控制人类与环境之间的相互关系,……寻找解决环境问题的最优方案。

四、人类生态学与"人类—环境系统"研究

早期的生态学形成于 19 世纪 60 年代,是研究生物与其生存环境之间关系的一门学科,是生物学的一个分支。但到了 20 世纪后叶,生态学有了重大发展和认识上的飞跃。新的生态学建立在生命科学和地球科学的基础之上,引进了物理科学,特别是系统科学的新概念。

人类生态学一词出现于 20 世纪 20 年代。早期的人类生态学有两个差异很大的概念。一个为人文地理学家所定义,认为人类生态学中的人类是指文明社会以前的人类,并认为,人类生态学研究无文化时期原始人群与自然环境的关系,而研究有文化人群与自然环境关系的学科称为文化生态学[17]。另一个为社会学家所定义,1921 年美国芝加哥大学城市社会学家派克(R. E. Park,1864～1944)等在《社会学导论》一书中提出了人类生态学(Human Ecology)一词,指出人类生态学研究人类与环境之间的关系,是社会学的一个分支。1925 年派克、伯吉斯(E. W. Burgess)和麦肯奇(R. D. McKenzie)三人合编的《城市》一书认为,城市的空间环境影响城市的居民生活。由于空间布局不合理,有可能导致环境问题的产生;而要解决这些问题,就应该从解决城市环

境入手,即社会问题可以通过调整人类和环境的关系来解决。1926年派克和伯吉斯又合编了《城市社区》文集。该书指出,"社"是指人群,"区"是指地区、空间、环境[18]。再有,1922年美国加州大学地理学家巴罗斯(H. H. Barrows)认为,"地理学就是人类生态学"[7]。

在今天,由于人类社会在"人类—环境系统"中的重要地位和人类活动对地球环境的深刻作用,20世纪70年代以来人类生态学重新兴起,成为介于自然科学与社会科学之间的边缘学科,研究人口、资源和环境三者之间的关系。由于人口与资源的关系在一定意义上是需求与供应的关系,属经济平衡范畴,所以人类生态学又被某些学者称之为生态经济学。

1971年,联合国教科文组织制定了国际人与生物圈研究计划。该计划指出,生态学是"研究人与自然界(生物圈)相互关系的科学",而不仅仅是研究生物与环境的科学。

中国著名生态学家马世骏(1989)曾阐述他个人对人类生态学学科性质的认识,指出,人类生态学应该发展成为一门以生态学原理为基础,与多种社会科学和自然科学相汇合,以人类—环境生态系统为对象,以优化人类行为决策为中枢,以协调人口、社会、经济、资源、环境相互关系为目标的现代科学。……人类生态学的根本任务是:考察人类的生存方式和环境对人类生存的作用;研究人类群体之间、人类活动与环境之间相互作用、相互依赖和相互制约的机理;解决和预防严重威胁人类生存与环境质量的生态问题,以推动人类—环境系统和谐而健康地发展。当前研究的重点应是:人类生态学的理论和方法,人类发展与环境,生态农业,城市生态系统,人口生态问题,经济生态问题,资源生态问题,环境生态问题和人类生态决策等[19]。

五、地球系统科学与"人类—环境系统"研究

地球系统科学是20世纪80年代初才出现的一个学科名词,于1983年首先由美国学者提出[20]。国际环境与发展研究所和世界资源

研究所在他们联合编纂的反映世界环境和自然资源最新信息的巨型年度丛书《世界资源报告》(1987)一书中写道:"我们正在目睹一门内容广泛的新学科的诞生。这门学科能够大大加深有几十亿人居住的我们这个行星结构和代谢功能的认识。这个学科集地质学、海洋学、生态学、气象学、化学和其他学科传统训练之大成。它有各种各样的名称:地球系统科学,全球变化学,或生物地球化学等"[21]。中国学者林海(1988)和李喜先(1991)等对这门新学科诞生的背景、学科特点、内容和方法等曾进行过介绍[22,23]。

这门新学科的兴起有 3 个基本原因:

1. 科学发展的必然

过去 30 多年对大陆、海洋、大气、生物圈和冰覆盖的研究表明,地球各部分之间存在着极为复杂的相互作用。它显著地影响着地球过去和未来的演变。这些新认识要求科学家采用系统方法,把地球作为一个整体系统,不仅继续深入研究地球系统的各个组成部分,更为重要的是研究地球系统各部分之间的相互作用、影响和后果。

2. 巨大的实际效益

当代科学技术发展的事实表明,基础研究成果转化为技术并应用于人类需求的周期日益缩短。科学上的每一个重大突破都给人类带来巨大的经济效益和社会效益。当代大气科学最大的实际效益是日益精确的全球天气预报。20 世纪 60 年代由于高速电子计算机问世,使得大气过程的数值模拟成为现实。与此同时,1960 年第一颗实验卫星的发射成功,从空间对地球表面和大气进行全球观测方面取得了崭新的发展。1966 年第一批极轨气象卫星投入使用,1974 年一系列地球静止环境卫星投入使用。这些空间飞行器能够连续地获得全球温度、云覆盖和其他大气变量,以补充原有的地面和高空观测。目前的区域天气预报几乎完全是依靠这些资料来作的数值预报。陆地和海洋的研究也给人类带来很多实际利益。研究地壳运动和板块构造可以发现潜在的火山爆发和地震活动区,并作出预报。特别是通过研究特定地球化学过程,我们已经知道地球上石油、天然气和金属矿床的分布情况。从卫星观测到的海洋颜色中可以识别浮游生物的密集区和捕捉时间,这样就可以开发渔业资源。所有这些都说明对地球本身的科学问题作全面系统的深入研究,有助于进一步开发地球的丰富宝藏。

3. 人类的新需求——全球环境变化研究

这一命题与本书内容和宗旨密切相关。由于地球是人类赖以生存和发展的物质源泉和环境,因而人类总是把自己的命运与地球的演化和太阳对地球的影响紧密地联系在一起。长期以来,一般认为,地球演变的主要因素源于自然变化,如日地间距离变化、大气和海洋湍流、大陆板块漂移、造山运动、火山爆发、冰川伸缩以及河流变动等过程。但是,在近几个世纪的时间里,人类的社会经济和技术活动却对全球变化产生了明显的影响。人类自身已不仅是地球系统的一部分,并且直接成为了全球变化的影响因素。在这种情况下,若人类违背客观规律,危害了自然界,那么,自然界也会以种种方式报复人类。因此人类必须审慎从事,必须服从自然规律,才可能支配自然界。全人类对自己赖以生存的地球的未来负有新的责任。而这些只有基于理智的行动,科学地研究地球系统的整体行为,积累完整的知识,才能合理地支配和管理地球。

地球系统科学在内容上虽然仍以传统地球科学为基础,但其重点被放在对地球各部分之间的相互作用和相互关系的认识上,以便把地球各部分的组合作为一个统一的动力学系统加以研究。地球系统科学方法的基点是把地球看成是一个时空尺度极宽的各种相互作用过程的联合体,而不是各个部分的简单集合,特别重视了解岩石圈、物理气候系统(大气、海洋和陆地地面)和生物圈之间的相互作用。地球系统中各种现象和过程的空间尺度可以从几毫米直到地球周长,时间尺度可以从几秒到几十亿年。由于地球各部分之间存在着耦合性,一个部分发生的变化可以从空间和时间上影响到其他各个部分;由于地球系统是非线性的,故某一时间尺度的变化会传播到其他时间尺度。这决定了地球系统科学通过这种方法,可以做到了解、描述、模拟和预测地球过去和未来演变的情况。

了解、描述、模拟和预测地球过去和未来演变的情况,关系到保护未来几代人生存环境的战略制定。美国宇航局咨询委员会于 1983 年成立了地球系统科学委员会。这个委员会特别强调把地球作为一个整体系统以制定全球变化研究整体规划的重要性,并于 1985 年 6 月召开了专门讨论会,就今后 10～15 年地球系统科学的研究战略取得了一致意见。地球系统科学的近期目的为:通过对地球系统各部分及其相互作用的研究,了解其相互作用和演变的机制,预测它们在各种时间尺度上的演变趋势,达到对整个地球系统从全球尺度范围内有一个科学的认识。地球系统科学的当前任务是发展和增强人类对预测未来 10 年到一个世纪内因自然因素和人类活动所引起的各种变化的能力。在这方面,地球系统科学当前面临的挑战和困难是,很难把由人类活动引起的变化,从长达几十年到几个世纪内因自然因素发生的变化过程中区分出来。

六、有关的大型国际合作计划

国际环境与发展研究所和世界资源研究所在他们合编的《世界资源报告》(1987)一书中指出,全球环境(空气、水、土壤和生物群等自然系统)是一张紧密联系的网。这个网中的任何一个系统被扰乱,都可能带来无法预料的长期后果。人类必须明智地管理自己赖以生存的环境。国家的繁荣和个人的幸福生活依赖于全球环境质量和可获得的自然资源。人类未来的健康和幸福依靠于我们能否有成功地管理世界环境的能力[21]。通过国际合作行动共同处理人类所面临的全球环境问题已成为各国科学家和政治家的共识。在这一背景下,一系列政府间和科学团体间的研究“人类与环境相互作用”的国际合作计划应运而生,其中最著名的有:“国际人与生物圈计划(MABP)”、“国际地圈—

生物圈计划（IGBP）"和"全球变化中的人类因素计划（IHDP）"等。

（一）国际人与生物圈计划

国际人与生物圈计划（MABP）是由联合国教科文组织主持、于20世纪70年代开始的，它是一项以国家为单位的国际性研究、培训、示范及信息交流计划。它的任务是通过全球性的科学研究、培训和情报交流，为全球自然资源与环境的合理利用和保护提供科学依据。这个计划主要研究地球上不同区域各类生态系统的结构、功能和生产能力；预测在人类活动影响下生物圈及其资源的变化和这种变化对人类的影响。国际人与生物圈计划的总目标是通过自然科学和社会科学所包括的多学科的共同努力，着重研究和监测人类今天的活动对未来世界的影响，以保证资源的合理利用和保护，使社会发展和资源保护相协调，确保在人口合理增长的情况下使环境的生产力、基因的多样性和生活环境的质量得到保持和提高，从而保证人类社会经济的可持续发展和人类的繁衍和生存[24]。

在1971年"国际人与生物圈计划"第一届理事会上确定了14个研究课题，它们是：

（1）日益增长的人类活动对热带和亚热带森林生态的影响；

（2）不同的土地利用措施对温带和地中海地区森林生态系统的影响；

（3）人类活动和土地利用对放牧地、热带森林草原和草场（从温带到干旱地区）的影响；

（4）人类活动对干旱、半干旱地区生态系统动态变化的影响；

（5）人类活动对湖泊、沼泽、河流、三角洲、河口和海岸地区的价值和资源的生态学影响；

（6）人类活动对山地和冻原生态系统的影响；

（7）岛屿生态系统的生态学和合理利用；

（8）自然区域及其遗传物资的保护；

（9）在陆地和水生生态系统中化肥的使用和病虫害防治的生态学

人类—环境系统及其可持续性

评估；

(10) 大型工程对人类及其环境的影响；

(11) 城市系统的生态学；

(12) 环境的改造及其与人口的适应数量和遗传结构的相互关系；

(13) 对环境质量的认识；

(14) 环境污染及其对生物圈的作用。

（二）国际地圈—生物圈计划

国际地圈—生物圈计划（IGBP）又习惯地称为全球变化研究计划。此计划由国际科学联合会理事会在 1986 年 9 月召开的会议上提出，是一项超大型国际合作计划，研究时间将持续 10～20 年。国际地圈—生物圈计划强调将地球的各圈层看成是有机联系的"地球系统"，着眼于该系统中三种最基本的过程（物理过程、化学过程和生物过程）的相互作用的研究，特别是人类与地球系统相互作用的研究，从本质上揭示其具有全球意义的重大变化的机理和规律，探索地球系统支持人类发展的能力，为描述、了解并预测重大的全球变化奠定基础。国际地圈—生物圈计划的科学目标是描述和解释出现在该系统中的支持生命的独特环境的变化，以及人类活动对上述基本过程及其变化的影响。它以地球系统科学为指南，把太阳和地球作为两个主要的自然驱动器，把人类活动作为第三驱动因素。研究重点集中在充分反映三个基本过程和圈层间相互作用的界面上，以及时间尺度为数十至数百年，对生物圈影响最大、对人类活动最为敏感、最为实际和具有可预测性的重大全球变化问题上[25,26]。

国际地圈—生物圈计划现阶段的主要研究内容为：

(1) 全球大气化学与生物圈的相互作用。主要研究全球大气化学过程的机理，生物过程在产生和消耗微量气体中的作用，预报自然和人类活动对大气化学成分变化的影响。

(2) 全球海洋通量研究。主要研究海洋生物地球化学过程对气候的影响，及其对气候变化的响应。

（3）全球水文循环过程的生物学特征。主要研究植被与水文循环物理过程的相互作用。

（4）全球变化对陆地生态系统的影响。主要研究气候、大气成分变化和土地利用变化对陆地生态系统结构和功能的影响，及其对气候的反馈。

（5）全球变化史的研究。重建近 2000 年来以及一个完整冰期—间冰期循环的全球环境变化，了解它们与地球内部和外部作用力的关系。

国际地圈—生物圈计划的研究手段和技术路线是：

（1）发展全球地圈—生物圈模拟。首先要发展各分量模式，即大气、海洋和陆地生物圈模式，然后发展地球系统模式，并借助于全球模式来定量地分析地球系统内部物理、化学和生物过程的相互作用，以估计其对未来变化的可能影响。

（2）建立全球资料和信息系统。建立全球变化研究所需要的全球资料和信息的储存、处理、交流系统，特别要发展有关全球变化的空间遥感观测能力和资料处理能力。

（3）建立区域研究中心。在全球的代表性生态系统区域，特别是在发展中国家，应建立研究全球变化的区域研究中心。区域研究中心的功能是进行生态环境的长期监测，对特殊性问题进行试验研究，对科技人员进行培训和对区域研究资料进行交流等。

以上三方面都需要努力发展计算机技术、卫星遥感技术以及其他各种先进科学仪器和设备，提高对全球变化的监测、试验和模拟能力，提高有关的理论、方法在全球变化研究中的应用能力。

中国是国际地圈—生物圈计划的参加国，建有国际地圈—生物圈计划中国委员会，并从 1987 年开始以中国科学院若干研究所为主，组织进行了近百名科学家参加的"中国的全球变化预研究"。该研究的目标是：在现有资料基础上，从中国土地和水体利用的角度出发，总结分析过去数千年中国的生存环境的变化，并结合重大的全球变化事件，寻找控制全球变化的主要因子和相互作用过程；认识中国在全球变化中的地位和作用,从而提出中国的全球变化研究的内容和课题。

(三) 全球变化中的人类因素计划

全球变化中的人类因素计划 (IHDP)是 20 世纪 80 年代末推出的最新的一项全球规模的研究计划。这个计划由国际高等研究机构联合会、国际社会科学协会理事会和联合国大学联合制定、组织和协调,着重从社会科学角度来研究全球环境变化问题。全球变化中的人类因素计划的目的是力求更好地了解导致全球变化的人为原因,并为创造一个理想的未来制订恰当的对策。任何事物总是一分为二的。在全球变化中也蕴藏着某些机会,利用这些机会可以探求一条通向能继续维持人类生活的未来道路。本计划的宗旨之一就是要认识这种机会,并想方设法抓住和利用这种机会。本计划的目的还在于创设适宜于全球变化研究的有关概念、理论和方法,从而奠定国际共同行动的基础,以有助于达到对责任和机会的更好的了解[27]。

1988 年 9 月在日本东京召开的国际学术讨论会将全球变化中的人类因素计划的全面目标概括为以下 4 点:

(1) 促进对左右人类与地球系统相互作用的复杂动因有科学的理解和认识;

(2) 不断研究、探索和预测全球环境的社会变化;

(3) 确定大范围的社会战略,以防止或减轻全球变化的不利影响,或适应已经无法避免的变化;

(4) 研究如何对付全球环境变化,研究促进实现持续发展目标的政策方案。

全球变化中的人类因素变化计划主要包括以下 3 方面的研究内容:

(1) 研究全球变化的原因,尤其是人为原因,研究和区分由自然因素变动引起和由人类活动引起的这两类变化;

(2) 研究由于地圈和生物圈中的其他因素和由人类利用该系统所引起的变化的后果;

（3）研究对全球变化的管理。

根据全球变化的不同过程的性质、强度、速率和规模，对全球变化的管理大致有 3 种可供选择的对策：

（1）充分发挥人类的主观能动性，防止变化；

（2）设法适应那些人类无法调控的变化；

（3）在产生对人类社会有害变化的情况下，设法复原或重建原来的系统。

七、有关学科研究的共同性和特色

从对上述 4 门学科的介绍中不难看出，尽管这些学科的产生和发展各有自己的起点和途径，尽管这些学科的学者在知识背景、科学兴趣、研究问题角度等方面均各有差别，但他们都看到了当前人类在人口、资源、环境和发展等方面所面临的严峻挑战，都感到了解决这一问题的紧迫性，都希望自己的学科在解决这些问题上有所作为和作出较大贡献。因此，它们正行进在殊途同归的道路上，做着某些共同的事，研究着某些类似的问题。具体表现在：①都在认真思考自己学科的目标和任务，对其进行调整和给出更完善、合理和确切的定义；②为了达到新目标，都在努力从有关学科中吸取当代新兴理论和技术方法成果，都在促进自己的学科与相关学科交融。这一历程使这些学科之间具备了某些共同特性，或正在具备这些共同特性。这一事实充分表明，不管什么学科，只要它研究"人类－环境系统"，研究"人类与环境相互作用"或研究"环境与发展"等问题，就必须遵循某些共同的科学认识论和方法论，其关键之点是必须强调事物的整体性并对其进行综合研究。

张昀曾对近代地球科学的分化与综合过程进行了简要的归纳性阐述[28]。近代科学的发展经历了分化与综合阶段。众所周知，以自然界为研究对象的科学在早年被称为博物学（Natural Science）。18～19世纪的博物学主要沿着分析与分解的途径发展，于是生命研究与地球研究分了家，生物学与地质学分道扬镳了。生物学又进一步分解为形态学、生理学、分类学、动物学、植物学、生物化学、生物物理学、分子生物学和遗传学等;地质学又被分解为矿物学、岩石学、地球化学、地质构造学、地层学等。于是博物学解体了。为了克服对整体研究的不足,到20世纪,许多学科又在向综合性方向发展,这样就导致了许多新兴综合学科的诞生。与地球科学和生命科学有关的是,导致了生态学的诞生。生态学把生命科学和地球科学又综合在一起。但早期的生态学有其局限性,它只重视环境对生命的作用和影响,而忽略了其反作用;它仍然是环境与生物对立的二元观,它只是在小的空间和时间尺度上的综合。生态学在20世纪后半叶有了重大的发展和认识的飞跃。如前面所介绍,新的生态学建立在生命科学和地球科学的基础之上,并引进了物理科学,特别是系统科学的新概念。它是在更大的空间和时间尺度上的综合。

地理学的发展也经历了类似的过程。在19世纪,统一地理学被分解为自然地理学、人文地理学和经济地理学。在进一步分化过程中,自然地理学被分化为地貌学、气候学、水文学、生物地理学和土壤地理学等。人文地理学被分化为人口地理学、文化地理学、聚落地理学、行为地理学、政治地理学和军事地理学等。经济地理学被分化为工业地理学、农业地理学和交通运输地理学等。同样,在20世纪后半叶,由于人口、资源、环境、经济等问题摆在人们的面前,一个与上述过程相反的过程来势迅猛。由于地理学所研究的对象——地球表层的复杂性和综合性,一个包括自然、社会、经济和人文成分的现代地理学正在变成一门站在现代科学前沿的综合科学[8]。另外,前面所说的正在全球范围内凝结广泛学科内容形成的多学科性的综合科学——地球系统科学的诞生,正在把地球科学的综合趋势推向顶峰。

在这一形势下诞生的环境科学,其综合性就更是无可置疑的了。它既需要从其他学科吸取营养,以利于解决各种局部的具体的环境问题,更需要通过更高的层次来对一些涉及全局,尤其是对一些涉及全球性的问题,进行总体的综合研究。

陈传康在20世纪80年代中期即指出,"关于现实世界的整体观方法论和有关地球的各方面整体观研究,包括生态科学、环境科学、地理科学和地质学的各方面的全球性研究"。"现代整体观不同于古代对事物的一般全面综合认识,而是强调要建立在分析研究的基础之上。除了要研究各构成成分的相互关系外,还要着重研究整体内部的结构特征,称整体结构观。整体结构观强调既有上向因果性,也有下向因果性。不仅高层次特征要从其组成的低层次特征去寻找,高层次也影响到低层次的特征"[29]。陈传康还指出:"我们人类的全球整体观研究,正在扭转在牛顿力学影响下的分析性地学观的片面性。这构成了当今科学前沿的一个重要方面,其研究的目的是使人类对环境与资源的开发、利用、保护和治理达到彼此协调"。

在这里,我们拟强调一下在"人类—环境系统"全球变化研究中自然科学家与社会科学家合作的必要性。目前"人类—环境系统"的全球变化主要由人类活动所引起,必然地也将由人类承受其不良后果。在这里,"因"、"果"双方都是人。从这一点看,显然这一研究的性质属社会科学范畴。但实际上,这只是问题的一半。问题的另一半是,当前迫切需要从自然科学的角度,加强对人类与环境相互作用机理和因果网络关系的认识和理解。缺乏这种理解就找不到对症下药的良策。由此可见,对上述问题的研究,需要自然科学与社会科学双管齐下、密切配合,两者缺一不可。但从当前实际情况看,在这类问题的国际合作研究中,自然科学已走在社会科学的前头。从目前正在执行中的多项全球变化国际合作研究计划看,大多数内容属自然科学,只有个别属社会科学。为什么会造成这种情况呢? 据认为,主要由下列原因引起:对自然科学的数据获取、处理方法及理论分析,在国际上已取得较一致的认识,而在社会科学界至今尚未在国际范围内建立起一致的理论和方法基础,尤其在文化、意识形态、经济发展等方面又大相径庭,导致价值观和判断事物方面的多种矛盾。社会科学在国家和国际水平上的研究较自然科学相对薄弱的事实,迫切要求社会科学家迅速行动起来,提高对同心协力共同研究全球变化必要性和迫切性的认识,与自然科学家一道,共同探讨全球环境变化的规律和管理对策。

从另一角度看，我们人类今天所面临的情形是：一方面人类的理性和智慧不足以了解和控制其活动的一切后果；一方面人类对大自然的利用已引起自然平衡的严重失调。因此，就这种科学滞后于实际的情况而言，仅仅靠自然科学与技术并不能有力地解决资源保护与环境保护，只有让各级政府和公众普遍省悟，认识到人类－环境系统是一个整体，并对各种破坏环境和破坏资源的行为予以道德、经济和法律的制裁，这个问题才有可能解决。要形成这种共识，哲学和其他人文科学有着不可推御的责任。

强调事物的整体性概念，强调对"人类－环境系统"和"人类与环境相互作用"问题进行多学科综合研究的概念，致使上面介绍的数门学科在内容和方法上有着许多共同点和交叉域。那么，它们在研究这类问题上各自的侧重点又是什么呢。

在研究"人类－环境系统"和"人类与环境相互作用"方面，上述数门学科中最年轻的地球系统科学的特点是最显而易见的。首先，与其他三门学科相比，它的学科性质更多地属纯自然科学性质。其次，它的研究方法及目标极为明确，即以原传统地球科学的各个分支学科为基础，把地球各部分组合为严格统一的动力学系统，重点研究地球各部分之间的耦合过程。其近期目的是通过地球系统各部分及其相互作用的研究，了解其演变和相互作用的机理，预测它们在各个时间尺度上的演变趋势，以达到对整个地球系统从全球尺度范围内有一个科学的认识。其当前的任务是发展和增强人类对未来 10 年到一个世纪因自然因素和人类活动所引起的各种变化的预测能力。

关于人类生态学，上面已经提到："它是一门以生态学原理为基础，与多种自然科学和社会科学相汇合，以人类环境生态系统为对象，以优化人类行为决策为中枢，以协调人口、社会、经济、资源、环境相互关系为目标的现代科学"[19]。一些学者认为，人类生态学自身的内容欠具体，但它为当代地理科学和环境科学提供了理论基础。

下面稍为详细讨论一下现代地理科学与环境科学在研究"人类－环境系统"和"人类与环境相互作用"问题上的各自的特色。

地理学作为一门古老的传统科学,虽然在它的发展中经历了统一、分化、统一的演变历程,但其研究对象——"地球表层"、"人类与环境的关系(人地关系)"及"人类与环境相互作用"等,却始终未变。它的两个最大的分支学科——自然地理学和人文地理学曾经分别从地表自然过程规律方面和从社会发展方面研究人地关系,研究人类与环境的相互作用和影响,在近代和现代都曾有许多著名的论著问世。地理学对人类与地理环境相互作用的正效应和负效应都很重视,并在人地关系研究方面建立了"环境感知与行为学说"、"人类活动是自然环境变化的营力(营力说)"及关于"环境对人口的承载力(人地关系供求学说)"等。尤其是因为地理学十分重视对空间地域分异规律进行研究,因此地理学在研究人地关系问题时十分重视研究人类生存环境在时间序列中所表现出来的空间结构、空间分异、空间耦合、空间运动、空间相互作用和空间优化,统称为空间组织的问题[8]。地理科学发展战略研究组织指出,"涉及人地关系综合研究的学科不限于地理学,但以地域为单元,着重研究人地关系地域系统的唯有地理学。也就是说从地理学入手来研究人地关系,是明确以地域为基础的"。这是现代地理学在研究"人类—环境系统"和"人类与环境相互作用"问题上的特色和优势。

　　关于环境科学,因为它是近二三十年内发展起来的学科,我们不仅目睹了这门学科的诞生与发展,而且有幸自开始至现在参与了其中不少领域的实践。从这门学科产生的背景和已有的实践来看,作者在1986年出版的《环境地学》一书中即曾指出,环境科学虽以"人类—环境系统"为研究对象,但它并不研究人-地系统(人类—环境系统)的全面性质,而侧重研究环境危害人类以及由于人类作用于环境引起环境对人类反作用而危害人们生产生活的那部分内容[30]。

　　从前面所提到的普多姆所论述的环境科学目标来看,环境科学侧重于研究人类与环境相互作用所产生的负效应方面。研究的基点放在改善人类赖以生存和社会经济赖以发展的环境质量方面。许鸥泳在一次学术报告中曾指出,环境科学是以研究环境质量而展开的,研究人类活动怎样影响环境质量和环境质量变化又怎样影响人类社会的可持续发展[31]。

　　以上所述,既参考了国内外学者的意见,也包含了本书作者的不成熟的见解。上述各学科在研究"人类－环境系统"和"人类与环境相互作用"方面各自的特色和优势,有待在未来各自的实践和发展过程中进一步展现出来。

参考文献

〔1〕 曹诗图:《社会发展地理学概论》,中国地质大学出版社,1992年。

〔2〕 国家科委社会发展科技司:《联合国环境与发展会议文件汇编》,1992年7月。

〔3〕 王恩涌:"人地关系"的思考——从"环境决定论"到"和谐",《北京大学学报(哲学社会科学版)》,1992年第1期。

〔4〕 赫特纳:《地理学》,商务印书馆,1982年。

〔5〕 哈特向:《地理学性质的透视》,商务印书馆,1981年。

〔6〕 詹姆斯:《地理学思想史》,商务印书馆,1982年。

〔7〕 巴罗斯:"人类生态学",《美国地理学会会刊》,第1卷,1923年。

〔8〕 地理科学发展战略研究组:《中国地理科学近期发展战略研究》,科学出版社,1996年。

〔9〕 陈传康、牛文元:"人地系统优化原理及区域发展模式研究",《地球科学信息》,1988年第6期。

〔10〕 Strahler, A. N. and Strahler, A. H., *Environmental Geoscience*, Hamilton Publishing Company, 1973.

〔11〕 Luoma, S. N., *Introduction to Environmental Issues*, Macmillan Publishing Company, 1984.

〔12〕 Purdum, P. W. & Anderson, S. H., *Environmental Science*, Charles E. Merrill Publishing Co., A Bell and Howell Co., 1980.

〔13〕 Tyler Miller Jr., *Living in the Environment*, Wadsworth Publishing House, 1990.

〔14〕 马世骏:"展望九十年代的生态学",《中国环境报》,1989年5月18日。

〔15〕 刘培桐:《环境学概论》,高等教育出版社,1985年。

〔16〕 《中国大百科全书:环境科学》,中国大百科全书出版社,1983年。

〔17〕 王恩涌:《文化地理学导论》,高等教育出版社,1989年。

〔18〕 江美球:"人类生态学",《人文地理学论丛》,人民教育出版社,1985年。

〔19〕 王发曾:"人类生态学辨析",《地球科学进展》,6(3),1991年。

〔20〕 Earth System Sciences Committee, NASA Advisory Council:Earth System

Science：A Closer View，National Aeronautics and Space Administration，Washington D. C. ，January 1988.

〔21〕国际环境与发展研究所、世界资源研究所：《世界资源报告》(1987)，中国环境科学出版社，1991年。

〔22〕林海：“地球系统科学”，《地球科学信息》，1988年第2期。

〔23〕李喜先：“地球系统科学——全球性多学科创新的前沿”，《地球科学进展》，6(1)，1991年。

〔24〕刘玉凯：“全球性人与生物圈计划执行情况”，《地球科学信息》，1988年第2期。

〔25〕符宗斌：“全球变化学”，《地球科学进展》，6(5)，1991年。

〔26〕陈泮勤：“全球变化研究计划大纲”，《地球科学进展》，4(4)，1989年。

〔27〕昝廷全：“全球变化中的人类因素计划”，《地球科学进展》，6(1)，1991年。

〔28〕张昀：“新地球观”，《地球科学进展》，7(1)，1992年。

〔29〕陈传康：“现代地理学和教材建设”，《地理科学》，7(1)，1987年。

〔30〕陈静生：《环境地学》，中国环境出版社，1986年。

〔31〕许鸥泳：“论环境科学的学科体系”，《国家教委环境科学教学指导委员会第2次会议资料》，1991年。

人类—环境系统及其可持续性

第二章 "人类－环境系统"的生态学和地球系统科学辨析

一、"人类－环境系统"的中心事物与周围事物的界定

从 最一般的意义上讲,环境是相对于中心事物而言的。与某一中心事物有关的周围事物,就是这个事物的环境。

(一)基本概念

作为一个科学概念,目前"环境"一词主要被用于两方面:一是狭义生态学(生物生态学)中所指生物体的生存环境;一是如前面所说的,指地理学、人类生态学、环境科学和地球系统科学中所说的人类环境。

前一概念包括生物体周围的其他生物和无机自然界(Hanson,1962;Dabenmire,1959,1968)。他们与作为主体的生物之间存在着种种客观的生存、营养关系和因果关系(S. W. 斯波尔,B. V. 巴恩斯,1982)[1]。从这个意义上讲,在我们所讨论的"人类－环境系统"中的人类与环境的关系显然有一部分同于这种关系。因为从生物生态学的角度看,人类与别的有机体一样,也参与生物圈的运作。人类在自然食物链中的位置属一级、二级或三级消费者。与别的动物一样,人也吸入空气,呼出二氧化碳。人死亡以后,身体有机质被微生物分解,转化为大自然界中的无机物质。作为一个生物体,人体也与周围环境进行物质和能量交换。在这方面最著名的例子是,早在 20 世纪 60 年代,英国地球化学家埃利克·汉密尔顿(Hamilton,1979)等测定并在对数坐标中比较了岩石和人体血液中 60 多种元素的丰度后发现,除了原生质中

的碳、氢、氧、氮和岩石圈中的硅以外,人体组织中元素的丰度与地壳中元素的丰度两者之间有惊人的相关性。这一情况向人们展示了一个真理,即人体不是超自然的特殊物质,而是地壳物质演化的产物。人体的组成是人类在漫长的岁月中,通过新陈代谢与环境进行物质、能量交换,并通过遗传、变异等过程建立了动态平衡的结果[2]。

在这里,我们之首先说明这种关系,是因为这是"人类—环境系统"中人类与环境的基本关系。这种关系继续是地球科学和环境科学的几个分支学科,如环境地球化学、环境生物学和环境毒理学等的研究内容。但紧接着,我们必须强调指出,在本书中所讨论的"人类—环境系统"中的人是指人的群体,是指具有不同文化程度和不同社会组织程度的人的群体或集团,可以将其简称为"文化人"、"文明人"或"社会人"。从这个角度看,人类已经从动物本能和天然遗传中解放了出来。目前,人类的进化主要是在文化方面,而不是在生物学方面。人类具有如戴拉·德夏丹(Pierre Teillard de Chardin)所指的反射性意识能力,即有增加自己智力的自觉性能力。人类的才能部分地是由于其遗传造成的,但更主要地应归功于其文化的发展[1]。因此,在这里,我们所说的环境既是指人类赖以生存的自然条件和物质基础(自然资源),也是指人类的生产活动、生活活动和社会活动影响下而形成的环境。有些学者把以"社会人"为中心的广义环境分为 4 类:第一环境,即自然环境,或叫原生环境,其中包括对人类有益的自然条件和对人类有用的自然资源,也包括对人类有害的自然灾害过程,如地震、火山等;第二环境,又叫次生环境,即被人类活动所改变了的环境,如被绿化的山野、被污染的城市大气、被污染的水体和被破坏的森林等;第三环境,即由人工所建造的房屋、道路、城市和各项设施组成的人工环境;第四环境,即由政治、经济、文化等各种因素所构成的社会环境[3]。上述第二环境和第三环境可以分别简称为人工—自然环境和人工环境。

(二)"人类—环境系统"的演化

在"人类—环境系统"中,自人类出现以来,作为中心事物的人经历了由生物人—原始人—社会人的演化过程。相对于中心事物的人的环境经历了由自然环境—人工－自然环境—人工环境与社会环境的演化过程。从历史的进程看,可以将"人类－环境系统"的演化过程简略地分为三个阶段。

第一阶段(2700 万年前至 300 万年前):人类的远古祖先——森林古猿大约于 2700 万年前从埃及古猿中分化出来,随后又分化出人类的近祖——猎玛古猿[4]。他们能够直立行走,并使用天然工具,但不能制造完全的人工工具。在与环境的关系上,他们与其他生物处于相同的地位。这时的环境是纯粹依靠自身固有规律变化的自然环境。根据其与人类的关系,我们称这一时期的人类环境为"人类－环境系统"演化的"生物人"阶段。

第二阶段(从 300 万年至 40 万年前):大约从 300 万年前的更新世冰期开始,从古猿中产生了早期的人类——猿人[5]。他们除能制造简单的工具和住房外,还学会了用火。用火是人类有力地改变环境的第一个标志。他们共同劳动,集体分配,由于人类有意识有组织的共同劳动,部分自然环境遂转化为人工－自然环境。我们称这一时期的人类环境为"人类－环境系统"演化的"群体人"阶段。

第三阶段(约从 40 万年前至现今):旧石器时代中期,人类跨进母系氏族社会,标志着作为社会的人诞生了。约 4 万年前,父系氏族社会出现,产生了农业、纺织、饲养等行业。此时期不但人工环境进一步扩大和发展,还出现了对人类本身具有决定意义的社会环境。社会环境诞生以后,环境变化被人为地加剧了。我们称这一时期的"人类－环境系统"为环境演化的"社会人"阶段,或"文明人"阶段。

从"人类－环境系统"的演变过程中可以总结出以下几点:

(1)自然环境是自为存在的,人为环境是人为存在的,人工－自然环境是共为存在的。人类与自然环境的关系为根本,但人类与人为环境的关系更为直接和紧密。人为环境必须存在于并适应和依赖于自为环境。

(2)人为环境不是单纯依赖和被动地适应自为环境,而是能不断地改造自为环境为共为环境,使之更适合于自身的需要。但是,这种改造不论从规模上还是从程度上都应以不破坏自为环境的平衡为限。

（3）人与自为环境的关系并不能因人为环境的产生而被取代。

（4）"人类－环境系统"的演化是单向的，不可逆的。

二、"人类－环境系统"——生态圈的结构和功能

（一）生态圈、生物圈、智慧圈和人类圈

在讨论人类环境的结构、功能和运行机制时，生态圈、生物圈、智慧圈和人类圈等是一些十分有意义的概念。

生态圈（ecosphere）一词的提出是为了在讨论人类环境问题时强调一个最基本和最重要的概念——生态系统。生态圈被定义为地球及其所有生态系统的总称，也就是人类赖以生存的环境[1]。

生物圈（biosphere）一词早在 19 世纪即为奥地利地质学家爱德华·休斯（Edward Suess，1875）所提出。俄国地球化学家维尔纳茨基（Вельнадский，1896）把生物圈视为是由生命控制的地球表层的完整的动态系统，其范围包括岩石圈（地壳部分）、水圈和气圈相互交汇的地球表层。这里既是生命过程的产物，又是生命活动的场所，故生物圈又被表述为是由生命形成的活的圈层，是由生命转换能量和驱动物质循环，并由生命系统调节控制的开放系统[6]。

智慧圈（noosphere）一词最初由法国哲学家德哈·德·夏丹（Teihand de Chardin）提出。在希腊字中 noos 义为理智、智慧、思想，智慧圈是指超越生物圈的思想圈，又被称为理智圈。维尔纳茨基（1945）定义智慧圈为按人类意志和兴趣而塑造的生物圈，即受人类控制和影响的生物圈。随着社会文明的发展，人类对自然界的控制和影响愈来愈大，所以智慧圈是在社会文明发展到一定阶段才出现的。维尔纳茨基将受人类影响较大和受人类控制很强的人工生态系统：农业生态系统和工业生态系统分别称为农业圈（agrosphere）和工艺圈（又称技术圈，technosphere）[7]。

与智慧圈近似的一个名词是人类圈。人类圈已作为一个条目出现于新不列颠百科全书中，被认为是现代生物圈的一部分，或生物圈发展的现阶段。中国学者陈之荣（1993）撰文建议把人类圈从生物圈中提升出来，作为一个与地球其他圈层并列的地球圈层，并论述了它与生物圈的差别。陈之荣指出，"人类圈"概念是"人类"概念的一部分，它是从地球圈层的角度来研究人类；它强调人类的全球特性；强调物质流、能量流和信息流在人类圈内部及在与地球其他圈层联系中的作用。例如在三个无机圈层中，物质流和能量流占绝对统治地位，而信息流的作用则微不足道；在生物圈中信息流的地位已明显提高，但对生物体来说，物质和能量输入仍比信息输入重要，生物圈的整体性主要通过食物链和食物网来实现；与上述地球圈层不同，人类圈（尤其是近代的人类圈）中信息流比物质流和能量流更重要，从某种意义上说，人类圈的进化主要就是信息库（即文化）的进化[8]。

（二）生态圈中的生命维持系统

人类赖以生存的生态圈与人体一样，是复杂的有机体，由许多精细的生命维持系统所组成。所谓生命维持系统是指这些系统各自为地球上生命提供其生存所不可缺少的各种必要条件。这些系统主要是大气圈、水圈、土壤圈等。

1. 大气圈

人类最直接的生命维持系统是大气圈。大气圈的主要成分是氮气。虽然大气圈中的氮气不能直接为有机体所利用，但却是土壤中基本营养素的源泉。大气中的其他主要成分是氧气和二氧化碳，它们是生命呼吸所必不可少的气体。

绿色植物从大气中得到二氧化碳。它们利用二氧化碳和水，通过光合作用将太阳能固定在特定的含碳化合物，即碳水化合物的化学键中。一切生物（动物和植物）在呼吸过程中断裂这些化学键，把在植物中储存的能量释放出来。光合作用使能量转化并储藏于植物组织中，而呼吸作用则把这些能量释放出来。这个过程是生态圈中氧循环和碳循环的一部分。对生命过程来说,生态圈中的这种氧循环和碳循环的相互作用与摄取太阳能同样重要。

大气圈除向动、植物提供二氧化碳和氧以外,还对生态圈起其他重要作用。来自太阳的辐射能可以通过大气圈转化为供有机体利用的热。水分通过大气圈由海洋和陆地淡水表面蒸发并落回大地,使植物得以利用。大气环流使很多地区的气候不致极端恶劣,使之较适合于生物的生存。

2. 水圈

水圈是仅次于大气圈的广阔的生命维持系统。有机体本身大部分是由水构成的。植物和动物,包括人类的有机体在内,其组成至少有60%甚至高达90%以上都是水。水蒸汽以云的形式起遮挡作用,使地球生命不致受过多的太阳辐射。雨水落入地表后,使植物有可能从土壤中吸收丰富的养分。同时,水本身是多种生物的栖息地。

水按照水循环的过程周而复始地流动。水通过蒸发作用从海洋和陆地淡水水面进入大气,在蒸发过程中摄取大量的能量。水在蒸发过程中摄取的能量约占生态圈吸收的全部能量的20%。这部分能量在降水时又被释放出来。降水和降雪等过程使水部分储存于地表,部分渗入土壤供植物使用,其余的则通过江河返回海洋,并再次蒸发而继续循环。

水作为生命维持介质对其他生命维持系统亦有影响。水的循环运动可以促进植物的光合作用和促进植物从土壤中吸收矿物质养分。

3. 土壤圈

第三个主要的生命维持系统是土壤圈——岩石圈的一个特殊的表层。土壤圈对维持生命起着极为重要的作用,特别是起着积蓄和储存植物养分的作用。如前所述,植物不能直接吸收利用大气中含量高达78%(按体积计)的氮气。植物只能直接吸收由细菌分解死亡动、植物组织而释放出来的氨和硝酸盐,以满足其对氮的需要。硝酸根离子(NO_3^-)通常存在于土壤溶液中,供植物吸收。但硝酸根离子易从土壤中流失,丧失对植物的营养作用。氨也存在于土壤溶液中,但有一部分氨能被土壤中的黏土表面所吸附而积蓄起来供植物较长期地使用。氨和硝酸盐从土壤中淋滤出来后,通过地表和地下径流,最终流入大海,被海洋藻类和其他种类的生物利用。

(三) 生态圈中的能量来源及转换

地球表面所获得的能量几乎全部(约 99.99％)来自太阳,其数量为 156×10^{16} 千瓦·小时/年。这个数量相当于地球上每年燃烧的化石燃料(煤、石油、天燃气)所放出的能量的 3.5 万倍。

地球表面所接受的太阳能有 32％直接被云层及地面和大气中的颗粒物反射回宇宙空间。这部分被反射掉的能量对地球不起供热作用。也就是说,生态圈只吸收 68％的来自太阳的能量,其中 20％随蒸发过程进入水循环,其余的能量大部分随光能转变为热能,被地球及其大气层在一定时期内保存起来。生物界完全依靠这一部分能量生存。但生物界实际消耗的能量只占地球所接受太阳能的 0.1％左右。在一定时间内地球接受的太阳能与在大体相同的时间内从地球逸散进入宇宙的能量必须平衡。也就是说,事实上地球从太阳吸收的能量,最终又返回了太空,或通过熵在生物圈中消耗掉。根据热力学第二定律,一个封闭的热力学系统的熵趋于最大,也就是要使该系统的各个组分都达到相同温度这样一种平衡状态。地球所接受的太阳辐射几乎全部是经过熵而消耗掉的。

幸亏地球并不是严格封闭的热力学系统。它的能量靠太阳辐射源源不断地得到补充。它的废热只以长波辐射的形式排放到太空中。正是这种能量的流动促成了生态圈中的有机体和各种生命维持系统之间的错综复杂的情况。既然熵,或者说,能的耗散,是我们宇宙的规律,因此,绿色植物在光合作用过程中能摄取 0.1％地球接受的辐射是一件很了不起的事。这是因为光合作用是一个反熵过程,也就是说,植物能对稀散的能加以富集,并且把它转化为化学能而储存起来,从而对抗了宇宙中能量总是不断地衰退为废热这一主导趋势。

太阳能被植物转化为化学能后,大约有一半用于植物自身的生存和生长。这一作用是通过植物自己的呼吸作用来实现的。植物在满足了自身新陈代谢的要求后,将另外一半化学能作为植物的组织而储存起来。作为植物的组织而储存起来的能量称为净产量。

生物圈的净产量还不足以充分表达植物活动的全部意义。正如上面在讨论大气圈时曾提到的那样,含氮和含氧的大气圈只有靠植物的活动才能转化为适合于生命活动的需要。地球的最重要的财富——作为农业生产必不可少的土壤层和工业文明所不可少的化石燃料,都是植物的光合作用创造的。

(四)生态圈的"平衡"与"稳定"

人体和其他有机体一样,具有调节机能,能够控制自身体内的平衡和稳定。例如人的体温总是保持在 37℃ 这样一个常数。体温只要有很少几度差异就意味着人体发生了严重问题。同样,人体组织所需的氧量和血糖以及其他内环境都保持恒定。这种使生物体和人体内环境保持微妙平衡的倾向,叫做"体内平衡",也叫做"内环境稳定"。

"内环境稳定"在生态圈的运行中也同样明显地存在。例如,在大气圈中氮、氧、二氧化碳三者之间就保持着微妙的平衡。任何不平衡都可能带来灾难性后果。例如,即使氧只增加几个百分点,就可能引起碳的燃烧失控。二氧化碳增加就会引起植物生长过剩。任何其他有毒组分的数量剧增都可能瓦解整个生物过程。

三、生态圈的运行机制

人们在考察某一生命有机体与其周围环境之间的关系时,特别是在考察维持这种关系的能量流时,常能看出一定的模式。这个模式在生态学中称之为生态系统,即各种有机体与土壤、空气和水等非生命环境因素相结合组成的群落。群落是生态系统的基本单元。在目前,生态学系统可进一步分为自然生态系统和人工生态系统。人工生态系统是指有人类活动强烈参与,或是由人类活动创造的生态系统。目前人们常说的农业生态系统和城市生态系统均属于人工生态系统。下面介绍与生态系统有关的若干基本概念,从中可以看到人类赖以生存的生态圈是如何运作的。

(一) 生态系统代谢

在每一个生态系统内,能量和营养素首先从环境到植物,接着从植物到动物,又从动物到细菌,再从细菌回到环境。能量在严格特定的生态系统内的流动过程叫做群落代谢,也叫做生态系统代谢。

在生态系统代谢的第一阶段,来自太阳的能量被绿色植物摄取,以植物组织的形式被储存起来。因此通常把绿色植物叫做生态系统中的生产者。这些生产者所生产出来的产品是高能的含碳化合物——食物。

生态系统代谢的第二阶段是食物分解。这一阶段的过程主要由动物来完成。动物由于以植物为食,故被称为消费者。这样的划分稍显粗略,因为很多动物与人类一样,是杂食者,故有时把动物进一步分为初级消费者(草食动物)和二级消费者(肉食动物)。还有一些学者把大型肉食动物划归为特殊的一类,把它们叫做三级消费者。

在生态系统代谢的最后一个阶段,主要由细菌(被称为分解者)对死亡有机质进行分解,使各种营养元素得以从有机质中重新释放出来,再次供植物利用。生态圈就是这样不停地工作着的。

生产者、消费者、分解者三者之间的关系可以用食物链的概念来描述。许多相互关联的食物链常组成复杂的食物网。单个食物链通常很短,其原因在于能量在食物链内逐级消耗得很快。在食物链的每一级,有机体消耗的能量大部分用于自身的新陈代谢过程,只有少部分能量被储存在其组织中,供下一级消费者利用。

人们试图找出既严格又简便的公式用来计算能量由食物链的这一

级到下一级（例如从青草到牛）的损耗。有一种常用的便于记忆的粗略计算方法是，即每一营养级所吸收的净能只有 10％能为下一级所利用。如热值为 1000 卡（1 卡＝4.18 焦耳）的青草被牛吸收利用后顶多能产生热值为 100 卡的牛肉。其他食物链的效率或者略高些，或者略低些。因此，任何一个生态系统中食物链各级储存能量的分配，都好像是一座金字塔，其最低层是生产者（绿色植物），大型肉食动物位于塔尖。这就是说，按照金字塔模式，在任何生态系统中总是生产者大大超过一级消费者，一级消费者又大大超过二级消费者，向上依次类推。

（二）生态系统中物种的多样性和优势物种

尽管在任何生态系统中都有多种多样的物种，但其中只有少数物种的个体的数量最大。通常这少数物种被认为是该生态系统的优势种。优势种是怎样取得它们的优势地位的呢？对这一问题尚不十分清楚，但取食的高度专属性是主要原因之一。例如，有一种蛾，其幼虫专吃某种树叶，在这种树多的地方，这种蛾就可能迅速成倍地繁殖。如果这种树受到病害而死亡，或者被人们大量地砍伐，蛾幼虫的食物来源就减少。如果，再加上这种蛾不能适应新的环境，那它就无法生存。而另外一些比蛾取食专属性较低的物种，却能够生存下去。但从另一方面说，那些取食专属性较低的物种虽然有适应新环境的能力，但却不得不付出减少其个体数的代价。由于这些物种必须各自向更广阔的区域去寻找栖息地，于是受到更多的危险因素的侵袭，或者因为它们要花更多的时间去寻找食物，这样就会延长它们的生殖周期，减少其后代的数目。由此可见，优势种和物种的多样性同时起着维持和发展生态系统的重要作用。

（三）生态系统中物种间的竞争和互助

"适者生存"是进化论的基本概念之一。这意味着在生态系统中物种间存在着激烈的斗争，其结果必然有某一物种最后会成为胜利者。另一方面，事实上，生态系统常常又以相互依赖和互助为其特征，而竞争本身在自然生态系统中是不易被看到的。在这里,竞争和互助并不是互相排斥的。这很可能是在生态系统中出现众多物种和存在错综复杂关系的重要原因。

互助是生态系统中物种间关系的重要特征。互助的方式很多,主要有以下几种。

共生。共生是两种不同物种间的紧密结合,互相对对方有利。地衣可作为两种有机体共生的一个缩影。直到 19 世纪,人们还一直认为地衣是单个的有机体。事实上,地衣由两种不同的有机体组成:真菌及在真菌表皮上生长的藻类。其中,藻类是绿色植物,它为真菌提供养料,而真菌则供给藻类以水分。这两种有机体结合为一体,形成地衣,就能适应两者分离时各自无法适应的环境条件而生存下去。

寄生。寄生是一种生物寄生于另一种生物,寄生者和寄主两者之间有松散的互相依赖,有时表现出有较多的竞争关系。寄生生物好比是"在别人饭桌上吃饭的人"。跳蚤是最典型的寄生生物,它利用寄主的躯体作为栖息处和营养源。

互惠共生。互惠共生是两个不同物种之间对对方都有利的亲密结合,但达不到像地衣中两种有机体的密不可分的程度。互惠共生常常是动物和植物(尤其是动物和真菌)的配对。在这方面可以列举昆虫农业中的一些例子。甲虫、白蚁和蚁中的某些种依靠真菌取得养料,而这些真菌离开了这些昆虫也无法生活下去。

(四) 有机体繁殖潜力及其限度

目前对有机体繁殖潜力的认识是:有机体的后代只有极少部分能够成活和达到成熟。例如,一条雌鱼在其生殖期内能排出数以百万计的受精卵,但其大部分迅速为其他一些物种所吞食。人类的情况既与此有相似之处,又略有不同。一个妇女在其生殖期内排出的生殖卵不超过 400 个,其中也只有很少一部分是受精卵。但人类受精卵的成活率比其他任何物种都要高,所以,人类的生殖虽然较缓慢,但却较有保证。所以经过漫长的岁月,人口总量已远远超过许多比人类多产的物种。

　　在有机体生殖能力方面一个有意义的事实是:许多物种的繁殖潜力在几代以后就出现下降的趋势。这就是说,在生态圈中存在着妨碍物种实现其全部繁殖潜力的限制因素,对人类也是一样。在 19 世纪,达尔文将限制因素分为 4 类,即食物供应、气候、疾病及异种捕食。在目前,食物供应是限制人口增长的最显著的因素。在世界上的不少地区每分钟都有一些人因饥饿而死亡,更多的人因营养不良,经不起疾病的袭击而死亡。气候因素最明显地表现出对某些特定地区植物的种类和数量的影响。例如在北极苔原只有极少的几种能够抵御严寒的植物可以生长,而热带雨林的温暖潮湿气候对许多植物的生长都有利。疾病因素也曾一度有效地控制了人口的增长。关于异种捕食,可以举兔子的例子。在 20 世纪 40 年代前期,澳大利亚从英国引进了一种兔子。由于兔子在新的栖息地没有天敌,因而繁殖速度惊人,以致泛滥成灾,与那里的牛、羊争夺草场。至 40 年代后期,澳大利亚人在兔群中施放了黏液瘤病病毒。没有几年,这种兔子在澳大利亚就几乎绝迹了。人们会问,为什么在英国这种兔子不泛滥成灾呢?原因是在英国兔子受到狐狸、鹰和包括人类在内的其他捕食动物的捕杀。异种捕食是控制英国兔子繁殖的限制因素。

　　当代生态学家尽管在用语上有所不同,但都不反对达尔文所列举的 4 个限制因素,他们还提出了其他的限制因素,如群体过密等。总之,自然界到处都存在着限制因素。在不同生态系统中,各种限制因素的作用既不是等同的,也不是恒定不变的。但它们的作用对生态系统的运行是不可缺少的。生态圈的总的动向是一种自动的控制和平衡。生态平衡意味着矛盾与斗争,正如约瑟夫·伍德·克鲁奇（Joseph Wood Krutch）所指出的,这是一种跷跷板式的平衡。"一旦停止上下跷动,无论是跷跷板的高端还是低端的占据者都将面临危险"[1]。

（五）生态演替和演替顶极群落

　　生态演替是指导致新的群落组合的一系列变化过程。随着自然界中的每一重大变化,总有一些不同的物种在能量转换方面占主导地位。例如,火山活动可把海底的某一部分挤出海面,形成一个岛屿。最初,在这片土地上没有任何生命。后来,到这片土地上来歇息的鸟儿带来了低等植物的孢子,例如地衣和藻类,还有真菌和细菌等。这些最初的有机体就成了定居该岛的先锋群落。这些初始的群落在火山灰上创造了薄薄一层土壤,于是野生的种子便在上面生根。一级消费者,如昆虫,可能是从邻近的岛屿上吹来的。鸟儿也可以作为一级消费者参加这个新的生态系统。一旦草类和其他植物使土壤层加厚,这个生态系统中就会有灌丛,最后还会有树木。经过漫长的岁月,随着大植物的生长,这个系统便从一片草地变成一片森林。随着这个群落中植物的变化,动物群体也发生变化。这决定于哪些动物能够到达这个岛屿。皮埃尔·唐塞罗(Pierre Dansereau,1966)曾这样表达生态学的演替定律:"同一地区不可能无限地为同一种植物群落所占据,因为自然地理因素以及原有植物本身在整个生态环境中引起的变化,都会引起迄今尚未侵入而现今更有条件侵入的他种植物进入该地区来取代现在的占有者"[1]。

以上的事实说明,生态演替是一种导致生态系统更复杂和更稳定的变化过程。演替意味着在某一特定地区内总的生命物质数量的增加。演替不断地从一个阶段向另一个阶段发展,直至变化率低到不可测量的程度。此时,代之而起的是一个成熟的群落。在上面所说的火山岛演替过程中,一片热带森林可能就是这样一个成熟的群落。对这样一种成熟的群落在生态学上称之为演替顶极群落。演替顶极是一种生态平衡。在该平衡状态下,一个生态系统在利用能量方面的能力和在该群落所在区气候允许的限度内可以生存的物种数目达到了饱和。

生态演替可分为原生演替和次生演替。原生演替是指从一片未被生物占有的场所到一个成熟群落的演替过程。这是在一个星球上生命最初出现时生态系统早期演化的特征。而在目前,我们所见到的生态圈的各个部分都是次生演替的结果。在次生演替过程中,原有的群落被破坏,演替重新开始。次生演替主要发生在原有植被因火灾或因土地开垦而被破坏的地方。

在这里有一个问题有待讨论,即为什么生态系统在达到成熟后可以保持稳定?现在流行的理论倾向于认为,按照热力学第二定律,一个系统中能量的散发是按照稳定性原则来调节的。任何一个自然系统从外界接受相对稳定的能量流时都要发生变化,直至渐渐进到一个具有自我调节机制的稳定状态为止。能量流能够促进系统组织的有序化,不论这个系统是大至生态圈,还是小至一个具体的生态系统。演化中的稳定性与前述的"内环境稳定"机制有关。

另外,群落的成熟这个概念不应作简单化的理解。在气候条件相同的任何大区内,都会有"生物群落区"(各种生物群落的区域综合体),其中包括许多类似而又有所区别的演替顶极群落和大量尚未成熟的处于演替中的群落。

演替顶极群落有时也会变得过度成熟,从而导致其生产能力的降低(即固定能量级的降低)。其一般规律是,在演替顶极群落中,由于物种繁多,其呼吸消耗掉的能量比处于演替中的群落为多。在演替顶极群落中,净产量的大部分被传递给了消费者。但在演替中的群落中只有一部分能量传递给消费者,另一部分能量则变成了这个群落的总生物量的净增加。这种净增加代表额外的化学能储存。

四、人类在生态圈中的地位和属性

(一)人类——生态圈中的独特物种

人类是生态圈中独特的物种,在生态圈中有三重身份:人类是环境的成分,是环境的产物,又是环境的改造者和创造者。

首先,人类机体的基本成分均源于自然环境。人体必须不断地与生态圈中的基本生命维持系统交换物质和能量,输入负熵流,以保持自身的稳定。并且,人体的节律与周围无机自然环境的日变化和年变化的周期是相适应的。

其次,人类与其他生物一样是活有机体,处于消费者的地位,参与地表物质的生物循环,且有基本的生理要求。人类必须依赖于生物圈,从中获得生存所必需的食物、氧气和水;并且,人类新陈代谢的产物也必须由周围生物来处理掉。人类作为生物长期演化最新阶段的产物,必须尊重自然生命史十几亿年进化所产生的生命秩序,把自己看成是生态圈有机联系网络中的一名成员。

第三,最本质的一点是人类不仅是生态圈的产物,同时还是自己所创造的社会和文化培养教育的结果。他们必须参与社会活动,服从社会的要求和指导,具有一定的社会地位,执行一定的社会功能。他们有对幸福和理想的追求,并有实现这种理想的能力。他们对社会环境有特定的要求。

这就是说,人类在环境中一身兼具三重身份。其中,前两者是自然造成的,是人类永远无法摆脱而必须服从的。这是人类的自然属性。后者是社会教育的结果,人类对此有一定的选择和改造能力。这是人类的社会属性。

(二) 人类的自然属性与环境

作为一个生命有机体,人类具有基本的生物功能:

(1) 有主动捕食的能力;

(2) 有生殖的本能和繁殖能力;

(3) 有寻找并占据有利环境的能力;

(4) 有与其他生物争夺生存资源的能力;

(5) 有依赖于其他生物,并为这些生物创造有利生存环境的能力;

(6) 有对环境的依赖性,即当环境的变化超过一定的范围时,人类便不能生存。

作为消费者有机体,人类的食性是所有动物中最广泛的。这使他们能在广泛的范围内与各种各样的生物之间发生食物关系,因而具有最有利的生态优势和最广阔的生存空间。但作为一个种群而言,人类群体与一些社会性的动物,如蚂蚁和蜜蜂是完全不同的。在动物聚集体中,个体的分工是完全由生理遗传特性本能地决定的。而人类不具有这种遗传特性。人类的自然属性也不足以协调社会成员之间的关系,而必须由更为重要的因素即社会因素来调节控制。在这方面,人类的某些自然属性不再像一般生物那样直接表现出来,而是以更为复杂的形式曲折地表达的,例如表现为"对财产的占有欲望、掠夺性、自私等"[1]。

人类的自然属性是"任何人类历史的第一个前提","因此第一个需要确定的具体事实就是这些个人的肉体组织,以及受肉体组织制约的他们与自然界的关系。……任何历史记载都应当从这些自然基础以及它们在历史进程中由于人们的活动而发生的变更出发。"(马克思与恩格斯:《德意志意识形态》)

(三)人类的社会属性与环境

在体力上,在许多器官的功能上,人体没有什么优势可言,甚至比许多其他生物更不能适应自然环境,特别是人类裸露的躯体和长时间的婴孩发育阶段,使得人体面临的生存压力和危险大大加重了。作为补偿,自然历史在人类身上发展出高度发达的思维器官——大脑。人类大脑不仅具有一般动物的第一类反射系统(且更加完善),还在此基础上产生了特有的第二类反射系统,从而可以自觉主动地处理外界环境变化的信息,认识到不同环境因子对人类的意义,避开不良环境,同时提高自己的认识能力。这种独特的能力使人类在更好地适应自然环境方面不再依靠生理器官的变异,而是更多更直接地依靠文化的进步。

人类的社会属性主要表现在:

(1) 有通过社会教育获得认知周围事物的能力;

(2) 有作出价值判断的能力;

(3) 其行为具有目的性和组织性;

(4) 有在行动过程中更新认识和自觉调整的能力,等等。

上述特征使人类,即使是人类个体的行为,也能体现出整个以往人类史和他依赖的社会集体的力量,从而极大地加强了人类在自然环境中的地位。

人类的社会属性是人类的第二本质，是人类为了更好地适应和利用周围环境，在其成熟的自然属性的基础上发展起来的。社会属性的形成从根本上改变了人与自然环境的关系，但也造成了不少新的严重的问题。如人类对环境控制能力的增强和医学水平的不断提高，明显地改变了定向的自然选择作用，引起自然生态系统中物种的退化和灭绝，不断地打破人类与正常自然环境之间的精巧的平衡。

人类的社会属性所决定的人类对社会的需求，不管其怎样发展，都不能代替、取消或违背由人类自然属性所决定的人类对自然的需求。但是人类迅速膨胀的社会力量却极容易因无知或过分贪婪而超过有限的自然环境的承受能力，而影响人类对自然需求的满足。本来是为了保证人类更好地生存的人类的社会属性，这时却变得对人类生存有威胁，甚至有毁灭人类的危险。

五、人工生态系统与人为演替顶极

由于人类的社会文明发展程度不同，人类对自然界的作用和影响的程度也不同。在原始自然人时代，人类在各方面与动物差不多，一个人所消耗的能量与一个同体积的动物相似。随着人类文明的进步，人类对自然界作用与影响的程度愈来愈大。如在本章开头时所指出的，到人类社会文明发展到一定阶段，导致了智慧圈的生成。即使如此，在目前仍然存在着两种不同的生态系统：自然生态系统（受人类活动影响不大）和人工生态系统（受人类活动影响很大）。自然生态系统的范围正变得愈来愈小。目前在陆地上不受人类活动影响的自然生态系统几乎已不存在。

自然生态系统与人工生态系统的巨大差别如下：

（1）自然生态系统只消耗其自身捕获和转化的能量，并且有恒定的能量储存；人工生态系统消耗的能量大大超过了其初级生产捕获、转化的太阳能，而必须消耗岩石圈储存的太阳能（化石燃料——煤、石油、天然气等)及其他能量来维持。

(2) 人工生态系统中物质转移的速度千百倍于自然生态系统。例如,在发达国家人均年消耗钢铁为 0.5～1.0 吨,其他金属为几百公斤。

(3) 人工生态系统大大降低了物种和环境之间的分异度。由于大量物种灭绝,使不少生态系统成为靠人工维持的以农业物种占优势的单一生态系统。

总之,人工生态系统是一种靠巨大能量消耗来维持的、地球化学物质流已经失衡的、单调的和不稳定的生态系统。这种靠人为干涉所引起和维持的成熟和过成熟的生态系统被称之为人为演替顶极[1]。人为演替顶极是靠投入很高的能量来完成和维持的。目前,人为演替顶极主要是指世界上环境已经严重恶化的不少大城市。另外,人为演替顶极也已在许多农村地区出现。从根本上说,人为演替顶极产生的原因主要是由于难以控制的人口的过度集中。在这里,人口的数量已接近或远远超过了环境对人口的适宜承载量(又称环境容量,指某一地区环境条件和资源所能维持的人口数量)。

人为演替顶极的主要标志是在这些环境中所能提供的能量与愈来愈多地被消耗掉的能量之间失去平衡。合理地使用能量是保护和稳定人类环境质量的关键之所在。如果人类不再对人为演替顶极群落施加影响,或抛弃了这一生态系统,则人为演替顶极可逐渐恢复到原来的状况。也就是说,当人类不再干预这个系统,则这个群落最终将会再成为一个自然演替的顶极群落。

总之,如果人类能约束自己的需求,生态圈的循环就能继续下去,或者至少在预期太阳还能存在的时间内,能够维持地球上的生命。人类与自然系统之间谁占统治地位的斗争焦点,最尖锐地集中在能量问题上。在任何情况下,限制人类对自然系统的侵犯,是保护人类环境的唯一有效的途径。

人类不是生态圈的入侵者。作为其内部成员,人类必须控制自己的破坏性倾向,以使自己永远成为生态圈中的优胜者。

040

自然
天然

人类—环境系统及其可持续性

六、"人类—环境系统"的地球系统科学辨析

在以上几节中,我们着重从生态学角度讨论了人类赖以生存的环境——生态圈的结构、功能及运行机制,讨论了人类在生态圈中的独特身份、属性和人工生态系统等问题。

目前,由于人类的生存和社会经济发展愈来愈依靠于全球系统的正常运转,迫切要求更深一层地认识人类生存系统的演变规律,以期建立人类与自然之间新的关系。由于此类问题的复杂性,对其进行研究需要发展一些新的概念、理论和方法,需要有一些新的思维方式。事实上,在现代科学的发展中,一些新型的科学范式正在出现。与传统的强调平衡、稳定、线性和可逆性的概念不同,这种新型的科学范式强调非平衡、不稳定、非线性和不可逆性。这与普利高津(J. Prigogine,1980)等在热力学中所发展的自组织系统和耗散结构的理论的关系十分密切。这种新型的科学范式被称之为复杂系统理论。这种理论可被用来处理在系统的某一点上的小波动可能会在以后产生深远影响的问题。

新兴的正处于迅速发展中的地球系统科学认为,复杂系统理论的上述观点适用于人类生存环境问题,尤其适用于研究"人类—环境系统"的全球环境变化问题。目前,"人类—环境系统"正处于迅速演变中,且这种演变是不可逆的,无法通过控制使其恢复到某一初始的平衡状态。人类与地球环境已置身于非线性的程序中。在目前看来似乎是无关紧要的微小的增减变化,可能随着系统的演变被放大,而产生预想不到的后果。不少现象已表明,"人类—环境系统"目前已处于远离平衡的状态中,或者说,正处于某一可能的临界点上。这一临界点不是出于任何人的自觉选择。

中国学者在对中国生存环境及与全球变化关系的研究中已积累了宝贵的认识和研究资料[9,10]。陶祖莱曾从系统科学在地球科学中应用的角度,应用复杂系统理论,对"人类—环境系统"的状态、过程及控制

因素等作了全面系统的分析与阐述[9]。在这里,我们主要依据陶文对这问题作一概略阐述,以使读者能从地球系统科学角度加深对"人类－环境系统"状态和过程的了解。

(一)"人类－环境系统"的构成

陶祖莱把"人类－环境系统"称之为人类生存环境系统,认为它是一个全球性的整体;并认为,作为一个整体,可以把它看作是由大气圈、水圈、岩石－土壤圈、生物圈和地幔等组元构成的系统[9]。另一学者陈之荣为强调"人类－环境系统"中人类的作用,认为,"人类－环境系统"(他称其为全球系统)是由岩石圈、大气圈、水圈、生物圈和人类圈所构成的五元系统[8]。

陶祖莱指出,"人类－环境系统"是一个非线性的开放系统。"这个系统的非线性起因于其几个主要组元(大气圈、水圈、岩石－土壤圈和生物圈)本身的非线性以及这几者之间在不同层次上的相互作用。作为开放系统,它有外部物质、能量和信息的输入。其源有三,即日地作用、地核驱动和人类活动。日地作用和地核驱动是地球系统的真正外部源,是自然存在的。而人类活动对自然地球系统的干扰,则是内部运动的外化。这是在作为地球生物圈的组元之一的人类诞生以后才出现的事"[9]。

陈之荣将"地球系统"、"地球表层系统"与"全球系统"等概念相互区分开来。他指出,地球系统是由地核、地幔和地球表层三部分构成的有机整体。地球表层位于地球最外层,受地外环境影响最直接,变化最明显,引人注目的全球变化和困扰人类的全球问题都发生在这一区域。为了与地理学上的地球表层概念相区别,同时也为了与全球变化和全球问题概念相对应,他把地球系统中的这一部分称为全球系统。全球系统由岩石圈、大气圈、水圈、生物圈和人类圈五大地球圈层构成。

在本书第一章中,我们曾指出,不管是古老的地理学,抑或年轻的地理学,它们之间存在着一个共同点,即地理学的研究始终离不开地球表面,离不开人类生存的环境,离不开人类与环境之间的相互关系。我们还指出,近代地理学创始人之一德国学者赫特纳就曾指出地理学是探讨人类与自然环境相互作用的一门科学。对陈之荣的见解,我们除不理解他为什么要与地理学上的地球表层概念相区别外,作者完全同意他对地球圈层演化、对人类圈出现及人与环境相互作用关系问题的分析。在地球演化史上,地球圈层不断递增,从而使全球系统的演化呈明显的阶段性,根据全球系统中所含地球圈层的数量,人类圈只是全球系统五元系统(五大地球圈层)演化期的一个子系统。

(二)"人类—环境系统"的状态与过程

1. "人类—环境系统"的有序度、活动性及自组织能力

在"人类—环境系统"中,从微观结构来说,大气圈、水圈、岩石—土壤圈和生物圈四个子系统虽都是由分子、原子构成的,但其有序度(组织结构程度)却很不一样。对大气圈、水圈和岩石圈来说,这种差异主要体现于分子运动的约束状态不同,即物态的不同。气体分子的运动是高度随机的,故大气圈有序度最低。水圈有气、液、固三态,而以液态为主,故水圈的有序度较大气圈为高。岩石—土壤圈是固态物质,具有稳定的结构,其有序度又高于液态水。微观结构上有序程度的差别,反映在三个子系统的宏观状态的变化上,主要表现为各子系统的易变性(时间)、活动性(空间)和"惯性"的显著差异。大气圈的易变性最高,活动性最强,"惯性"最小。岩石圈易变性最小,活动性最弱,"惯性"最大。水圈介于前两者之间。与此相应,以对外源扰动和对各子系统相互作用影响的敏感性来说,以大气圈最为灵敏,水圈次之,岩石圈最不灵敏。但稳定性则相反,以岩石圈最为稳定,水圈次之,大气圈最易于失稳[9]。

不同于大气圈、水圈和岩石—土壤圈,生物圈中的生物体是由不同层次的生命物质组成的,其基本单元是细胞。生命体和非生命体的根本差别在于它具有自组织、自适应和自我复制能力。这些特性均起源于生命体的高度有序的特定构造。有序度的质的差别是生命体和非生命体的分野之所在。由于生命物质的高度有序性,使它对环境条件的

变化十分敏感。在较小的环境变化范围内,生命物质能感知这种变化,并通过自身的自组织运动,调节自身以适应这种变化,从而维持自身状态的稳定(稳态);同时,也由于生命物质的高度有序和环境的自发的无序化倾向(热力学第二定律),生命体的维持的条件是相当严格的。N.维纳说得好,"生命在于稳态的维持之中,而稳态得以维持的条件是相当苛刻的"。所以,可以这样说,由于生命物质的高度有序性,在环境条件变化的一定范围内,它是高度稳定的。但是当外界条件变化超过一定范围时,生命体将失稳而突变——消亡或变异。现代生物学研究表明,生命运动是多层次的,从生物大分子、亚细胞组织、细胞、组织、器官、系统(生理系统)、个体、群体、物种、不同层次的生态系统乃至地球生物圈,每一个层次上的生命系统都是高度有序的。在一定的变化范围内,生物圈是高度稳定的。但当其变异超过某一阈值时,生物圈将失稳而发生突变。这种突变可能是进化(新的有序性更高的生物圈的形成),也可能是退化,乃至消亡。总之,生物圈的行为和影响要比大气圈、水圈、岩石—土壤圈复杂得多[1]。

2."人类—环境系统"中各类过程的时间尺度与空间尺度

如上所述,由于"人类—环境系统"内各子系统的结构和有序性的巨大差异,使其中的各类过程的时间与空间尺度的分布范围非常宽广,从秒—厘米的量级到 10^{16} 秒— 10^9 厘米的量级。其中由人类活动引起的环境变化的时间尺度大部分在 $10\sim100$ 年(如 CO_2 及其他微量温室气体的排放,全球范围)和 $100\sim1000$ 年(如陆地景观的改变,区域范围)之间。

地球系统中诸过程的时间尺度与空间尺度是相关的。比如,气候过程的时间尺度是月、季以上到百年,与之相应的空间尺度是10000公里。所以如果在 $10\sim100$ 年的时间尺度上来研究人类生存的环境变化时,则必须从全球这个空间尺度上来考察;也就是说,在这个时间尺度上,不存在独立于全球变化背景之外的局部的生存环境的变迁。

在不同的时间尺度上研究人类生存环境的变化时,所涉及的问题是不同的。因此,在研究不同问题时,应根据主过程的时间尺度建立不同的系统模型。把小尺度过程的作用当作高阶矩,把大尺度过程当作背景,来研究系统在外源力作用下的变化,这是地球系统科学的方法论特点。目前人们感兴趣的是 10~100 年这个时间尺度上人类生存环境的变化。

3. "人类－环境系统"内动力学过程的非线性效应

"人类－环境系统"是一个高度非线性的开放系统。对它的状态演变起主导作用的是系统内部动力学过程的非线性效应。外源作用力也需要通过系统内部的非线性过程而起作用。关于"人类－环境系统"内部动力学过程的非线性效应问题,陶祖莱认为,主要表现在下列几方面[9]:

(1)"记忆"和适应

大气圈、水圈、岩石－土壤圈和生物圈本身都是非线性的。它们在任何时候的状态都依赖于它们自身的历史。也就是说,这些子系统都是有"记忆"的。在"人类－环境系统"中,不同的组元和不同的子系统"记忆"功能的特征时间尺度都不一样。目前人们最感兴趣的是 10~100 年时间尺度上的"记忆"。比如说,海洋的热容量很大,吸收二氧化碳的能力也很强,且海洋垂直环流的时间尺度又恰好为 10~100 年,故海洋(尤其是深层海洋)的"记忆"对全球气候变化的研究有十分重要的意义。

此外,大气圈、水圈、岩石－土壤圈和生物圈四个子系统对于彼此的改变都有一个适应的过程。由于每个子系统的易变性、活动性和惯性的不同,适应过程有快慢之分。对于慢过程组元来说,它对其他组元变化的适应可能发生两种情况:一是保持稳定,二是发生突变。地球史上的物种灭绝属于后者。对于快过程组元来说,它对其他组元变化的适应也有两种可能:一是起负反馈作用,系统状态稳定地渐变;二是具有正反馈性质,系统将趋于失稳而发生突变。所以,无论是快过程还是慢过程,其结果都是两种,即稳态的维持和突变的发生。

（2）稳态的维持

与其他行星相比，地球作为人类生存环境系统的根本特点就在于有高度有序性的生物圈的存在，以及有序性显著不同的四个子系统之间在不同层次上的相互作用。前已述及，"生命在于稳态的维持之中，而这种稳态得以维持的条件是相当苛刻的"（N. 维纳）。生命系统的稳态来源于其高度有序的结构和功能。而这种高度有序的结构和功能又是靠在适当外源作用下系统内部特定的非线性相互作用而维持的。

尽管大气圈是地球系统中易变性最高、活动性最强、有序性最低的子系统，但由于水圈（尤其是覆盖地球表面70％面积的海洋）和生物圈（主要是植被）等子系统的调节作用，物理气候系统的状态（以降水量和气温为主要状态变量）尽管在 10～100 年的尺度上有明显的波动，但在更长的时间尺度上（比如说是 1000 年的尺度）是相对稳定的。

水圈的稳定性高于大气圈。

与大气圈和水圈相比，生物圈特别是植物系统的状态是高度稳定的。植被系统异乎寻常的稳定性不是因为它对其他组元及外源作用不敏感，而是由于生命系统所特有的自组织、自适应能力。它使得生命系统能够及时地改变自身以适应环境的变化，从而大大提高了维持系统稳态的能力。

（3）突变的发生

突变和分叉是非线性开放系统失稳时的固有特征。地球系统状态演变的历史充分说明了这一点。以植被系统为例说明，尽管植被系统由于其自组织能力而有很强的稳定性，但从另一方面说，其自适应能力也是非常有限的。一旦外源作用或内部相互作用超过某一阈值，植被系统将会失稳而突变，并且发生分叉而进入另一种状态。由于植被子系统的非线性程度很高，故突变强度也最大。

（4）系统状态对边界条件的敏感性

系统状态变化对初始条件和边界条件的敏感性是非线性系统的共同特性。"人类—环境系统"也不例外。前者体现于"人类—环境系统"状态对历史过程的依赖。由于地球过程有多种时间尺度，某一时间尺度上的环境演变必须放在更长的时间尺度的背景上来考察。

总之，由上述可知，在考察"人类—环境系统"的变化时，必须对系统的稳定性和突变的可能性等问题予以高度重视。

（三）"人类—环境系统"状态演变的控制因素

日地作用、地核驱动和人类活动被认为是"人类—环境系统"状态演变的三大控制因素[1]。

1. 日地作用

太阳是离地球最近的恒星。太阳辐射是控制"人类—环境系统"的重要因素。日地作用过程包括太阳变化、太阳活动和地球运行轨道的变化。

太阳变化是指太阳作为一个天体自身演化引起的辐射能量的改变。太阳辐射提供了形成大气环流和海洋环流所需要的几乎全部能量。它可以用太阳常数来表征。太阳常数是指在大气层顶部，距太阳表面为日地平均距离时，单位时间内（秒）通过太阳光线相垂直的单位面积上（平方米）的能量（瓦），可表示为：$W/(m^2 \cdot s)$。关于太阳常数，多年来人们作了大量研究，但比较准确的观测是空间技术发展以后的事。威尔森（Willson，1981）等综合卫星观测结果，得到的太阳常数值为 $1368W/(m^2 \cdot s)$。目前一般认为，在 $10\sim100$ 年尺度上，太阳常数的变化不超过 0.3%，在现有测量技术的误差范围（0.1%～1.0%）之内。至于太阳常数的这种幅度的变化会不会引起全球气候变化，目前尚无定论。

太阳活动是指在地球上可观测到的太阳表面的宏观活动，如太阳黑子、耀斑等。埃第（Eddy，1978）利用树木年轮中 C^{14} 与 C^{12} 之比，考察了 7500 年以来太阳活动水平的变化，并与气候变化资料相比较。近 200 年来太阳黑子活动的确切记录表明，它具有 11 年和 22 年的变化周期。近百年来，许多学者都对太阳黑子活动与气候变化的关系作过研究，发现不少气候现象或多或少地也具有 11 年和 22 年的周期性变化。但它们之间存在怎样的物理联系，至今尚难定论。

关于地球运行轨道的变化，据米兰科维奇的研究，地球轨道参数周期性的变化（因而地表辐射能量亦作周期性变化）与周期性出现的地球冰河期有关联，此现象被称为米兰科维奇效应。基于此，学者们建立了不同的模型来解释第四纪几次冰期的形成。然而，必须指出，现有的有关模型都是不唯一的，而有相当的任意性。例如，伯奇费尔德（Birchfield et al.，1981）和波拉德（Pollard，1983）的模型把地球冰河期的出现看作是冰层动力系统对地球轨道摄动的非线形响应。而谢佛（Shaffer，1990）则以海洋生物地球化学过程和大气微量气体含量的变化为基础，建立了系统模型，考察它在地球轨道参数变动下的非线性效应。显然，上两者立论的基础完全不同，但所得结果却都能解释第四纪几次冰川的形成。这种不唯一性固然是用控制论方法（黑箱方法）来解决复杂系统问题时不可避免的，但也说明地球冰河期的成因机理还待进一步揭示。

由上述可知，太阳的作用是地球系统包括"人类－环境系统"存在的必要条件。假如没有太阳辐射的供给，现代"人类－环境系统"就不复存在。假如太阳辐射的强度发生巨大变化，"人类－环境系统"将是另一幅景象。近几十年来，地球科学界已注意到全球系统的长周期变化与地球随太阳绕银河系核心公转的关系。正如陈之荣所指出的，"天"与"地"的关系是密切的，离开"天"来研究"地"是片面的。"天"对"地"的影响主要是周期性的，它决定着地球表层系统的许多周期性变化。

还应当指出，作为外源，太阳辐射对"人类－环境系统"的影响有时是和人类活动结合在一起的。比如，人类活动引起的陆地景观的变化将改变地表的反射率，从而改变地表的辐射平衡。

2. 地核驱动

对人类生存环境系统来说，地核是另一个主要的外源。地核对人类生存环境起作用的途径有二：一是通过它所产生的地磁场和地磁层参与日地作用而直接影响全球环境；二是作用于地幔，引起地幔对流和板块运动等。这些作用的时间尺度在千年以上。而对于 $10\sim100$ 年时间尺度上"人类－环境系统"的变化来说，地核－地幔的作用集中体现于对火山活动的影响上。非常有意义的事实是，火山活动造成的全球效应是一个典型的多尺度事件耦合效应。火山爆发过程的时间尺度为日的量级，火山爆发引起的气候效应则为年或数年的量级，而火山爆发的孕育过程和内部机制，则为千万年量级。

3. 人类活动的影响

前以述及，人类是地球生物圈演化的产物。人类从诞生之日起就有几重身份。一方面，人类是地球生物圈的一个组元，受自然生态系统的约束；另一方面，人类与其他生物的区别就在于他能够为自身的生存创造条件而改变环境。因此，人类活动又是对地球系统的一个扰动源。目前人类扰动地球的强度，无论在速率上和强度上都已经超过了地球环境系统的自然调控能力。与地外因素（太阳辐射）和地内因素（地核驱动）对"人类－环境系统"的单向影响不同，人类与其他地球圈层之间的作用是双向的。目前人类的力量已强大到在某些方面可与地质力量相比。人类目前每年约消耗 500 亿吨矿产资源，这超过了大洋中脊每年新形成的岩石圈物质的数量（约 300 亿吨），比全球河流每年搬运的物质的数量（约 165 亿吨）要大得多。人类活动的力量不仅表现在量上，而且表现在质上。人类每年制造（有意或无意的）大量化学物质，参与并不断改变全球系统的物质循环过程。在人类同其他地球圈层的相互作用中，一方面，人类活动的空间在扩大；另一方面，自然资源的大量消耗和生态环境的不断恶化，正严重威胁人类的生存和发展。因此，人类的当务之急是认清自身在地球系统中的双重身份，认清自己与其他地球圈层之间的双向作用，在更高的程度上找到自己的"生态位"，进而控制并重新设计人类自身的活动。

参考文献

〔1〕 N. J. 格林伍德和 J. M. B. 爱德华兹：《人类环境和自然系统》，化学工业出

版社,1987年。

〔2〕 Hamilton,E. I. ,*The Chemical Elements and Man*,Charles C. Thomas Publisher,1979.

〔3〕《中国大百科全书·环境科学》,中国大百科全书出版社,1983年。

〔4〕 张红薇、杜金铭:《自然辩证法概论》,西南交通大学出版社,1989年。

〔5〕 H. J. 伯德里:《人文地理:文化、社会与空间》,北京师范大学出版社,1989年。

〔6〕 陈静生等:《环境地球化学》,海洋出版社,1990年。

〔7〕 张昀:"新地球观",《地球科学进展》,7(1),1992年。

〔8〕 陈之荣:"人类圈与全球变化",《地球科学进展》,8(3),1993年。

〔9〕 叶笃正:《中国的全球变化预研究》,气象出版社,1992年。

〔10〕 叶笃正、陈泮勤:《中国的全球变化预研究》(第二部分),地震出版社,1992年。

〔11〕 NASA Advisory Council,Report of the Earth System Sciences Committee,National Aeronautics and Space Administration,Washington,D. C. ,1988.

人类—环境系统及其可持续性

第三章 作为"人类－环境系统"物质基础的自然资源

在漫长的演化过程中,生态圈及其组分岩石圈、大气圈、水圈、土壤圈、生物圈的组合逐渐变得有序和精制,形成了对人类有用而且为人类能够利用的物质、能量和信息的累积,这就是自然资源。人类正是通过自然资源利用这个中介与环境发生关系。实际上,自然资源与自然环境这两个概念虽然有所不同,但具体对象和范围又往往是同一客体。自然环境指人类周围所有的客观自然存在物,包括生存空间;自然资源则是其中直接与人类的需要相关的物质、能量和信息,是从人类需要的角度来认识和理解这些要素的存在价值。因此有人把自然资源和自然环境比喻为一个硬币的两面,或者说自然资源是自然环境透过社会经济这个棱镜的反映。自然资源与自然环境在科学研究中难于分开,如要认识人类与环境的关系,不可不论及自然资源及其利用。

一、自然资源——人类生存与发展的物质基础

(一)人的需要与自然资源

自然资源的概念是相对于人的需要而言的。对于"人的需要"的解释,目前最为流行且广为接受的是马斯洛(Maslow,1987)的解释,他认为人的欲望或需要可以分为以下五个层次:

第一,基本的生理需要,这是维持生存的需要,即食、衣、住、行的需要。所谓"民以食为天",人类生存与发展的首要条件就是得以温饱,这是最基本、最底层的需要。

第二，安全的需要，即希望未来生活有保障，如免于受伤害，免于受剥削，免于失业；又如希望人类赖以生存的自然资源不要枯竭，自然环境不要退化。

第三，社会的需要，即感情的需要，社会交往的需要，爱的需要，归属感的需要。落叶归根，回归自然，游山玩水，体育娱乐，皆属此类。

第四，尊重感的需要，即需要自尊，需要受到别人的尊重。

第五，自我实现的需要，即需要实现自己的理想，自己的价值，这是最高层次的需要。

后四种需要可通称为心理需要，这是相对于第一种生理需要而言[1]。显然，生理需要直接是一些物质要求；心理需要则间接与物质要求有关，例如要求满意的工作，要求自我实现，这些除了涉及个人能力、价值观、社会制度等非物质因素外，也必须有一定的物质装备和经济基础。

满足人类需要的物质从何而来？追根寻源后不难发现，它们都来自自然界，即自然资源。甚至某些心理需要也要从自然资源中得到满足，如湖光山色等风景资源。

我们可以从最基本的需要——食物，来看看人类对自然资源的依赖。一个成年男子为维持身体正常的新陈代谢过程，其体内的物质输入和输出如表3—1所示。

表3—1　一个70公斤重的男子每日新陈代谢量

输入				输出	
蛋白质	80克	水	2220克	水	2542克
脂肪	150克	食物 523克	变成	固结物	61克
碳水化合物	270克			二氧化碳	928克
矿物质	23克	氧	862克	其他	54克

资料来源：参考文献〔2〕，第4页。

生产食物要有土地、水、阳光等自然资源。为了满足一个人的生存条件，需要多少土地，这些土地必须具有什么光、热、水条件，原则上是可以计算的。反过来看,地球上现有的自然资源,再加上一定的劳动、技术和资金的投入,可以养活多少人口,原则上也是可以计算的。现在地球上的人口已经超过 60 亿,这么多人的生理需要和社会活动需要,所要求的自然资源投入已与自然界本身的赋存发生了矛盾,这是需要认真研究的问题。

(二) 自然资源的概念

1. 资源的概念

经济学认为资源无外乎三种:自然资源,资本资源,人力资源;或者说土地,资本,劳动。有时也把它们称为基本生产要素。其中的资本包括资金、房屋、机器设备、基础设施等,它们在现代经济中是很重要的因素。但究其来源,还是土地和劳动,正如马克思引用威廉·配第(William Petty)的话所说:"劳动是财富之父,土地是财富之母",这里的土地即指自然资源。

一些学科对资源作狭义的理解,即仅指自然资源。

2. 自然资源的概念

较早给自然资源下较完备定义的是地理学家齐默尔曼(Zimmerman,1933)[3],他在《世界资源与产业》一书中指出,无论是整个环境还是其某些部分,只要它们能(或被认为能)满足人类的需要,就是自然资源。譬如煤,如果人们不需要它或者没有能力利用它,那么它就不是自然资源。由此看来,齐默尔曼给"自然资源"下的定义是一个主观的、相对的、从功能上看的概念。

《辞海》一书关于自然资源的定义是:"一般天然存在的自然物(不包括人类加工制造的原材料),如土地资源、矿藏资源、水利资源、生物资源、海洋资源等,是生产的原料来源和布局场所。随着社会生产力的提高和科学技术的发展,人类开发利用自然资源的广度和深度也在不断增加"。这个定义强调了自然资源的天然性,也指出了空间(场所)是自然资源。

联合国有关机构对自然资源的概念作了规定。1970 年的一份文件中指出:"人在其自然环境中发现的各种成分,只要它能以任何方式为人类提供福利,都属于自然资源。从广义来说,自然资源包括全球范围内的一切要素"。1972 年联合国环境规划署(UNEP)指出:"所谓自然资源,是指在一定的时间条件下,能够产生经济价值以提高人类当前和未来福利的自然环境因素的总称"。可见联合国的定义是非常概括和抽象的。

大英百科全书的自然资源定义是:"人类可以利用的自然生成物,以及形成这些成分的源泉的环境功能。前者如土地、水、大气、岩石、矿物、生物及其群集的森林、草场、矿藏、陆地、海洋等;后者如太阳能、环境的地球物理机能(气象、海洋现象、水文地理现象),环境的生态学机能(植物的光合作用、生物的食物链、微生物的腐蚀分解作用等),地球化学循环机能(地热现象、化石燃料、非金属矿物的生成作用等)"。这个定义明确指出环境功能也是自然资源。

还可以列举出一些定义,各有侧重和偏颇,但看来都有一个共同点,即把自然资源看作是天然生成物,而把人类活动的结果排斥在外。实际上现在整个地球都或多或少地带有人类活动的印记,现代的自然资源中已经融进了不同程度的人类劳动结果。指出这一点很重要,我们在后面有关章节还会论及这一点,这里只是想对自然资源下一个较完备的定义。简言之,自然资源是人类能够从自然界获取以满足其需要与欲望的任何天然生成物及作用于其上的人类活动结果;或可认为自然资源是人类社会生活中来自自然界的初始投入。详析之,自然资源的概念包括以下含义:

(1) 自然资源是自然过程所产生的天然生成物,地球表面积、土壤肥力、地质矿藏、水、野生动植物等等,都是自然生成物。自然资源与资本资源、人力资源的本质区别正在于其天然性。但现代的自然资源中又已或多或少地包含了人类世世代代劳动的结晶。

(2) 任何自然物之成为自然资源,必须有两个基本前提:人类的需要和人类的开发利用能力,否则自然物只是"中型材料",而不能作为人类社会生活的"初始投入"。

(3)人的需要与文化背景有关,因此自然物是否被看作自然资源,常常取决于信仰、宗教、风俗习惯等文化因素。例如伊斯兰教徒不食猪肉,印度教徒不食牛肉,某些佛教徒食素,这就决定了他们的"食物资源"的概念。又如非洲一些地区的人把烤蚱蜢看作美味佳肴,而且是他们的蛋白质资源之一;这在其他文化背景的人看来是不可接受的。关于资源与环境的伦理,在人类与环境的相互关系中起着重要作用。

(4)自然资源的范畴是随人类社会和科学技术的发展而不断变化的,我们在下面将会看到,人类对自然资源的认识以及自然资源开发利用的范围、规模、种类和数量,都是不断变化的。同时还应指出,现在人们对自然资源已不再是一味索取,而是发展了保护、治理、抚育、更新等新观念。

(5)自然资源与自然环境是两个不同的概念,但具体对象和范围又往往是同一客体,是从两个角度来认识和对待的同一事物。

(6)因此,自然资源不仅是一个自然科学概念,也是一个经济学概念,还涉及文化、伦理和价值观。卡尔·苏尔说过:"资源是文化的一个函数","如果说生态学使我们了解自然资源系统之动态和结构所决定的极限,那么我们还必须认识到,在其范围内的一切调整都必须通过文化的中介进行。因此经济学、文化人类学、伦理学等都在促进人与自然之间更为和谐的相互作用中起作用。地理学者的特殊贡献在于他们对自然系统与社会系统之会合点的兴趣和认识"。

(三)自然资源的分类

分类是科学研究的重要方法之一,为了深入认识自然资源,就应当对它加以分类。目前尚无统一的自然资源分类系统,可从各种角度、根据多种目的来对其分类。例如根据自然资源的地理特征(即形成条件、组合情况、分布规律以及与其他要素的关系),可以分为矿产资源(地壳)、气候资源(大气圈)、水利资源(水圈)、土地资源(地表)、生物资源(生物圈)五大类,各类又可再进一步细分。有些学者根据用途,将自然资源分为工业资源、农业资源、服务业(交通、医疗、旅游、科技等)资源[4]。经济学家根据资源的可替代性,分为可替代自然资源和不可替代自然资源,前者如作为人类衣食用途的不同种类的植物和动物,后者如进行某种专门生产特需的某种自然资源[5]。

常见的自然资源分类是分为可更新(renewable)资源与不可更新(nonrenewable)资源两大类。生物资源属于可更新的,矿产资源属于不可更新的。恒定性的资源如地表水、潮汐、风能、波浪、地热、太阳能也列为可更新资源;而地下水(尤其是深层地下水)在很大程度上属于不可更新资源。实际上"可更新"与"不可更新"是相对而言的。土地可年复一年地耕种,从这个意义上说是可更新资源;但若利用不当,及至表土流失殆尽,则也就不可更新了。而这种不可更新又是从人类历史尺度上来看的;若按地质历史尺度来看,水土流失后的地表亦可再经历成土过程恢复表土,从这个意义上看又是可更新的。矿产资源在人类历史尺度内是不可更新的,但在地质历史尺度内又是可更新的了。物种资源本身是可更新的,但若物种灭绝,也就谈不上可更新了。

因此有的学者主张用"流动性"(flow)或"收入性"(income)来代替"可更新性",用"储藏性"(stock)或"资本性"(capital)来代替"不可更新性"。著名地理学家哈格特(Haggett,1975)提出如图3-1所示的分类系统[6]。

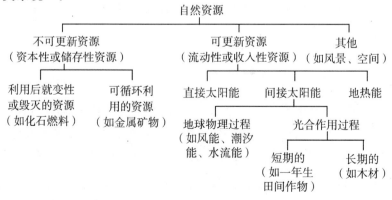

图3-1 哈格特的自然资源分类图示

近年来越来越多地根据自然资源本身固有的属性进行分类,这些属性包括自然资源的可耗竭性、可更新性、可重复使用性以及发生起源等。按照这个思路,可提出如图3-2所示的分类系统。

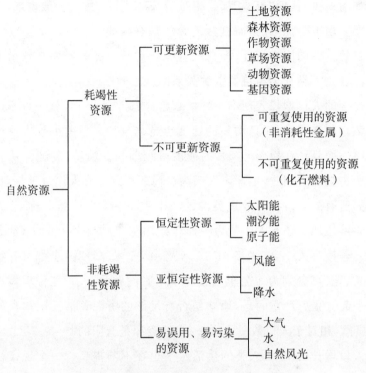

图3-2 根据属性拟定的自然资源分类系统

可见自然资源的分类无定式,可从不同角度来分,各种分类系统之间亦可有交叉。例如,有人认为对人类最重要的自然资源就是三大类,即食物、原材料、能源。其中能源就涵盖了可更新资源(木材、秸秆、水能)、不可更新资源(煤、石油、天然气)、恒定性资源(太阳能、风能、潮汐能、地热能、原子能)。

(四)自然资源的基本特性

我们已经知道自然资源的类型是多种多样的,每种自然资源都有其特性,但所有自然资源也都有一些共性。了解这些基本特性,对于认识人类社会与自然资源的关系具有重要意义。

1. 稀缺性

如前所说,任何"资源"都是相对于"需要"而言的。一般说来,人类的需要实质上是无限的,而自然资源却是有限的。这就产生了"稀缺"这个自然资源的固有特性,即自然资源相对于人类的需要在数量上的不足。这是人类社会与自然资源关系的核心问题。

迄今的人口增长表现出一种指数趋势(见图 5—1),就是说不仅人口的数量越来越多,而且增长的速度也越来越快。目前世界人口已超过 60 亿,而且还在以每年 2% 的速度继续增长。当然,若纯粹从人口本身所占据的空间看,地球离人满为患尚还遥远。有人作过计算,目前全世界所有的人口都可放进英国的一个小岛——怀特岛上,而且人人皆有立锥之地。还有人作了另一种计算,世界上迄今所有的人(活人和死人),若按每人 1.83 米高,0.46 米宽,0.31 米厚计算,全都可容纳进一个长、宽、高分别为 1 公里的大箱子里。问题是,人不能像填鸭那样挤在一起。更为严重的是,地球是否有足够的资源养活无限增长的人口?显然,相对于人口数量的增长,自然资源是有限的。

人口增长的同时,人类的生活水平也在不断提高。一个现代社会的人所消耗的资源是古代社会人均水平的若干倍。可以预见,未来人均资源消耗的水平还会提高。从这个意义上看,自然资源也是稀缺的。

从世代延续的角度考虑,人类的发展应该是无限的,而自然资源中很多是使用过后就不能再生的,这也体现出自然资源的稀缺性。这个道理可以用数学表达式来清楚地说明。以不可更新资源为例,设地球上的资源总量为 R,人类繁衍的世代数为 m,那么每一代人可消耗的资源量原则上是 R/m,m 趋于无穷(人类应如此打算),必然有 $\lim R/m = 0$。

此外,还应考虑自然资源在空间分布上的不均衡,以及资源利用上的竞争,那么自然资源稀缺性的表现就更为明显、现实。当自然资源的总需求超过总供给时所造成的稀缺称为绝对稀缺,以上所论即为绝对

人类—环境系统及其可持续性

稀缺。当自然资源的总供给尚能满足总需求,但由于分布不均而造成的稀缺,称为相对稀缺。无论是绝对稀缺还是相对稀缺,都会造成自然资源价格的急剧上升和供应的短缺,这就是所谓的资源危机。

2. 整体性

从利用的角度看,人们对资源的利用通常是针对某种单项资源,甚至单项资源的某一部分。但实际上各种自然资源相互联系、相互制约,构成一个整体系统。人类不可能在改变一种自然资源或资源生态系统中某种成分的同时,又使其周围的环境保持不变。

各种自然资源要素是相互影响的,这在可更新资源方面特别明显。例如采伐森林资源,不仅直接改变了林木和植被的状况,同时必然会引起土壤和径流的变化,也破坏了野生生物的生境,对小气候也会产生一定的影响。而全球森林(尤其是热带雨林)的减少,已被认为是整个全球环境变化的一个重要原因。

各地区之间的自然资源是相互影响的,例如黄土高原土地资源过度开垦的结果,不仅使当地农业生产长期处于低产落后、恶性循环的状况,也是造成黄河下游的洪涝、风沙、盐碱等灾害的重要原因。

即使是不可更新资源,其存在也总是和周围的条件有关;特别是当它作为一种资源为人类所利用时,必然会影响周围的环境。例如开采铜矿,即使是富矿,其含铜量也会在 0.7% 以下,这样每炼出 1 吨铜就要消耗 143 吨矿石,同时产生 142 吨废渣;此外还要消耗大量能源。据统计,每生产 1 吨铜约需消耗相当于 35 吨煤的能量。开采矿石使土地废弃,排出废物和消耗能源也不可避免地给环境带来影响。

可见自然资源的整体性,主要是通过人与资源系统的相互联系表现出来的。自然资源一旦成为人类利用的对象,人就成为"人类—资源系统"的组成部分;人类通过一定的经济技术措施开发利用自然资源,在这一过程中又影响环境,人与自然资源之间构成相互关联的一个大系统。

3. 地域性

自然资源的形成服从一定的地域分异规律,因此其空间分布是不均衡的。自然资源总是相对集中于某些区域之中,在这些区域里自然资源的密度大、数量多、质量好,易于开发利用。相反,必然有某些区域自然资源分布的密度小、数量少、质量差。同时自然资源开发利用的社会经济条件和技术工艺条件也具有地域差异,自然资源的地域性就是所有这些条件综合作用的结果。

自然资源的地域性使得它的稀缺性有了更丰富的表现,并由此派生出"竞争性"的特征。由于自然资源的地域性,各地资源开发的方式、种类也就有了差异,从而使文化打上地域性的烙印。因此,自然资源研究除了针对一些普遍性的问题以外,还要对付各地特有的现象和规律。

4. 多用性

大部分自然资源都具有多种功能和用途。例如煤和石油,既可作燃料,也是化工原料。又譬如一条河流,对能源部门来说可用作水力发电,对农业部门来说可作为灌溉系统的主要部分,对交通部门而言则是航运线,而旅游部门又把它当作风景资源。森林资源的多用性表现就更加丰富,它既可提供原料(木材),又可提供燃料(薪柴);既可创造经济收入,更有保护、调节生态环境的功能;既可提供林副产品,又是人们休息、娱乐的好去处。自然资源的这种多用性,在经济学看来就是互补性和替代性。

然而,并不是所有的自然资源潜在用途都具有同等重要的地位,而且都能充分表现出来的。因此,人类在开发利用自然资源时需要全面权衡,特别是当我们所研究的是综合的自然资源系统,而人类对资源的要求又是多种多样的时候,这个问题就更加复杂。人类必须遵循自然规律,努力按照生态效益、经济效益和社会效益统一的原则,借助于系统分析的手段,充分发挥自然资源的多用性。

5．变动性

自然资源加上人类社会构成"人类－资源生态系统"，它处于不断的运动和变化之中。

长期自然演化的系统在各种成分之间能维持相对稳定的动态平衡（如顶极植被）。相对稳定的生态系统内，能量流动和物质循环能在较长时间内保持动态平衡状态，并对内部和外部的干扰产生负反馈机制，使得扰动不致破坏系统的稳定性。一般说来生态系统的稳定性与种群数量和食物网的结构有关，种群的数量越丰富，系统的结构越复杂，其对外界的干扰也具有较大的抵抗能力。许多进入成熟阶段的天然生态系统就是明显的例子。反之，组成和结构比较简单的生态系统对外界环境变化的抵抗能力则比较差，如人工农田生态系统，尽管可能具有较高的生产力，但从系统稳定性的角度看来却是十分脆弱的，经营管理上稍有疏忽，杂草、病虫害等就会蔓延成灾。

在"人类－资源生态系统"中，人类已成为十分活跃、十分重要的动因，因此系统的变动性就更加明显。这种变动可表现为正负两个方面，正的方面如资源的改良增殖，人与资源关系的良性循环；负的方面如资源退化耗竭。而有些变动是一时难以判断正负的，可能近期带来效益，远期却造成灾难。人类不要过分陶醉于对大自然的"胜利"，而应警惕大自然的报复。人类应当努力了解各种资源生态系统的变动性和抵抗外界干扰的能力，预测"人类－资源生态系统"的变化，使之向有利于人类的方向发展。

与自然资源变动性有关的两个经济学概念是增值性和边际报酬递减性。自然资源如果利用得法，可以不断增值。例如将处女地开垦为农田，将农地转变为城市用地，都可大大增加其价值。边际报酬递减性是指：当对一定量的自然资源不断追加劳动和资本的投入时，很快就会达到某一点，在这点以后每一单位的追加投入所带来的产出将减少并最终成为负数。边际报酬递减性是影响人类利用自然资源，尤其是土地资源的一个最重要因素。若无这个客观性质，人类就可以通过不断加大劳动和资本的投入而获得无限的产出，而不存在资源限制问题。边际报酬递减性从经济学角度指出了自然资源的限制是不可避免的。

6. 社会性

我们在上述关于自然资源概念的论述中已经指出，资源是文化的一个函数，因此在强调它的天然性的同时也说明了它的社会性。这里要特别说明一下由于自然资源中所附加的人类劳动而表现出来的社会性。

当代地球上的自然资源或多或少都有人类劳动的印记。正如马克思所说，人类"不仅变更了植物和动物的位置，而且也改变了它们所居住的地方的面貌和气候，人类甚至还改变了植物和动物本身。人类活动的结果只能和地球的普遍死亡一起消逝"。今天，在一块土地上耕耘或建筑，已很难区分土地中哪些特性是史前遗留下来的，哪些是人类附加劳动的产物。有一点是可以肯定的，史前的土地绝不是现在这个样子。深埋在地下的矿物资源，边远地区的原始森林，表面上似乎没有人类的附加劳动；然而人类为了发现这些矿藏，为了保护这些森林，也付出了大量的劳动。按照马克思的说法，人类对自然资源的附加劳动是"合并到土地中"了，合并到自然资源中了，与自然资源浑然一体了。自然资源上附加的人类劳动是人类世世代代利用自然、改造自然的结晶，是自然资源中的社会因素。

二、自然资源可得性的度量

一种物体一旦被看作是自然资源，就必然要提出一个问题，即它可为人类利用的数量有多少？这就是自然资源可得性的度量问题。人们已做了大量工作来估算自然资源的最终开发利用极限，由于采用了不同的方法，同时对将来人类技术和经济发展的潜力作了不同的假设，所得到的结论是各种各样的，甚至是大相径庭的。现在我们暂且不涉及这些争论，先探讨自然资源可得性的度量本身。

自然资源可得性的度量,通常针对不同的资源类型而使用不同的方法。这里按储存性和流动性两大类自然资源分述之。流动性资源的估算相对容易,已有了较为成熟的方法和技术手段。在当前的科学技术条件下,全部地球表面已处于人类检测之下。由于观测手段的丰富,观测精度的提高,观测网点的加密,以及数据处理技术的迅速发展,对全球性和区域性流动资源的估算日益准确。诸如全球太阳辐射能的收支、全球水量平衡、全球气候资源、全球土地资源、全球生物资源等等,都已经有了比较明确的结论。今后的研究方向是进一步提高精度,发展更先进的数学模型,并逐步向动态监测、动态度量发展。

至于储存性自然资源的度量,由于它们存在的随机性,由于对整个地球物理过程认识的不足,由于地质构造理论和地球起源理论尚欠完善,由于深部探测技术有待发展,更由于此类资源在分布规律方面远比流动性资源复杂,因而人类对它们的认识还处于较低水平上,不能满足需要。

(一)储存性自然资源可得性的度量

1. 资源基础(resource base)

估算某些特殊的非燃料矿物资源基础的方法是,用这些矿物的元素丰度或者说克拉克值(即化学元素在单位地壳中的平均含量,单位:克/吨)乘以地壳的总重量(更常用的是乘以 1 公里或 1 英里深的地壳总重量)。这是关于储存性自然资源潜在可得性度量的一个最广义的概念。目前已对某些矿物的资源基础作了估算,所得结论如表 3-2。

从表 3-2 可见,如果这些矿物元素的年消耗停留在 1947~1974 年的平均水平上,那么所有的矿物都可维持几百万年以上的可采期限;但如果考虑消耗的增长,即使在年均 2% 的水平上,可采期限就急剧降低;而如果年均消耗增长率为 10%,则所有的矿物都将在 260 年以内枯竭。

上述可采期限的计算建立在一种假设的基础上,即假设技术进步能使全部元素都在低到可接受的成本水平下开采。显然,这是一个很难证实的假设。从理论上讲，除了用于核裂变的铀以外，各种元素都不会由于使用而消失，它们都可重复使用，各种元素的总量保持不变。但当具有一定品位的矿石都逐步开采完毕，地壳中所余矿物元素的浓度很低时，技术进步能否使这些元素被开采提炼出来？而且只能付出可接受的成本，目前尚不得而知。此外，为提炼这些元素所需的能源是否有保证？即使有保证，人类社会是否愿意并且能够接受由此而造成的环境影响？这些问题也都是不确定的。关于能源矿产的资源基础就更是难以估算。因此，资源基础只是表明了理论上的最终极限，而不能在实际上用来预测未来资源的可得性。

表 3－2　几种矿物元素资源基础及其可采期限的估算

矿物	资源基础（吨）	不同消耗增长率下的可采期限（年）				实际年均消耗增长率（1947～1974,%）
		0%	2%	5%	10%	
铝	2.0×10^{18}	166×10^9	1107	468	247	9.8
镉	3.6×10^{12}	210×10^6	771	332	177	4.7
铬	2.6×10^{15}	1.3×10^9	861	368	198	5.3
钴	600×10^{12}	23.8×10^9	.1009	428	227	5.8
铜	1.5×10^{15}	216×10^6	772	332	177	4.8
金	84×10^9	62.8×10^6	709	307	164	2.4
铁	1.4×10^{18}	2.6×10^9	818	363	203	7.0
铅	290×10^{12}	83.5×10^5	724	313	167	3.8
镁	672×10^{15}	131.5×10^9	1095	463	244	7.7
锰	31.2×10^{15}	3.1×10^9	906	386	205	6.5
汞	2.1×10^{12}	223.5×10^6	773	333	178	2.0
镍	2.1×10^{12}	3.2×10^6	559	246	133	6.9
磷	28.8×10^{15}	1.9×10^9	881	376	200	7.3
钾	408×10^{15}	22.1×10^9	1005	427	226	9.0
铂	1.1×10^{12}	6.7×10^9	944	402	213	9.7
银	1.8×10^{12}	194.2×10^6	766	330	176	2.2
硫	9.6×10^{15}	205.5×10^6	769	331	177	6.7
锡	40.8×10^{12}	172.2×10^7	760	327	175	2.7
钨	26.4×10^{12}	677.2×10^6	820	355	189	3.8
锌	2.2×10^{15}	398.6×10^9	1151	486	256	4.7

资料来源：参考文献〔7〕，第 17 页。

不能脱离目前人类的知识和技术来作资源可得性的估算，一切关于未来矿产发现的判断都受制于过去的发展趋势，而且不仅随着勘探和开采技术的改进，也随着经济形势和政治形势的变化而改变。因此，关于未来自然资源可得性的估算一般不采用资源基础的概念，而采用探明储量、条件储量、远景资源、理论资源等概念。它们是资源基础的各种动态子集，随着人类知识的发展，会不断扩展，在资源基础中所占的比重会逐渐增大。对于某些储存性自然资源来说，这种增长过程不可避免会在某个时期终止。之所以终止，可能是因为已达到资源基础的最终自然极限，这称为自然耗竭；也可能是因为开采成本增加到超过那部分资源之价值的程度，这称为经济耗竭。一般而言，经济耗竭总是先于自然耗竭的。

2. 探明储量（proven reserves）

探明储量是指已经查明并已知在当前的需求、价格和技术条件下具有经济开采价值的矿产资源藏量。

根据这个定义，似乎可以认为一定区域内的探明储量可以是明确的，而实际上并非如此。某种矿藏是否具有经济开采价值，这取决于生产者的判断和利润要求，对储量的看法因此大不一样。如果一个公司只把能带来较高纯收益的矿区视为具有经济开采价值，这就会大大限制探明储量的数字。即使需求、价格和技术水平保持不变，较低的收益要求也会使探明储量增加。而由于经济体制、生产目标等的不同，收益要求会有很大的差别。于是发达国家与发展中国家之间、市场经济与计划经济之间会对同样的藏量作出不同的探明储量判断。私人企业的生产目标往往只是追求利润；而政府部门的生产目标一般都很广泛，包括提供就业机会、减少或增加进口等。因此私人开采公司与政府生产部门之间在探明储量的看法上就会有很大的差别。

可以用已明确的探明储量来预测资源寿命，但必须作一些假设才能使这种预测有效。首先要假设地质勘探上不再有新的发现；其次还需假设生产目标、产品价格、技术等方面不变。事实上所有这些都不会不变,例如地质勘探,只要投入相当数量的资金和劳动,一般都会有新的发现。采矿企业往往不愿在勘探上大量投资,尤其是在他们已掌握足够的储量因而能满足相当长时期的预计需求时。因此,就大多数矿产来说,探明储量只反映了当前的消费水平和企业在勘探上的政策,而不是资源储存量的潜在规模。实际中,有些公司出于经济利益的考虑还会隐瞒探明储量,因为这样可以少纳税或抬高产品在市场上的价格。

除了利润要求和勘探政策外,探明储量还受以下因素的影响:①技术、知识和工艺的可得性。②需求水平。这又取决于若干变量,包括人口数量、收入水平、消费习惯、政府政策,以及可替代资源的相对价格。③开采成本。这部分取决于矿藏开采的自然条件和区位,但更取决于所有生产要素(土地、劳动、投资、基础设施)的费用和政府的税收政策。此外还应包括由于政策、自然灾害等原因带来的风险。④资源产品的价格。这主要取决于需求与供给的消长关系,但也受生产者价格政策和政府干预的影响。⑤替代品的可得性与价格,包括某些资源循环利用的费用。

所有这些因素都是高度动态的,而它们的变动会极大地影响探明储量。例如,人类知道并使用石油已有几个世纪的历史,但直到1859年以前,只是把渗到地表或可在浅层抽取的那部分藏量视为探明储量。19世纪机械化的推广极大地促进了对润滑油的需求,因而其价格大大抬升,这就强烈刺激深层开采技术的发展。早期钻井技术的发明使石油的开采、价格和需求都进入了一个新时期,这就使人类关于探明储量的观念发生了革命性的变化。随着这一技术上的突破,石油供给增加,价格下降,又进一步促进了石油利用技术的发展和使用范围的扩大,于是需求又得以增加。这种相互作用的过程不断继续,探明储量也就不断扩大,现在人类已能在20年前闻所未闻的地区和深度作商业性的石油开采。此外,对含油构造中所含石油的采掘比例也越来越高,40年代能采的比例还不到25%,后来发明了在岩石构造中注水或注入天然气的技术(称二次、三次采掘技术)以增加油压,使得回采率提高到60%以上。因此,探明储量的评估也取决于生产者在有关构造中能否以及在多大程度上使用此类采掘技术。

上述各种因素都有显著的空间分异,使得探明储量在各个区域也不相同。不仅价格和需求的情况在一个市场范围不同于另一个市场范围,而且总生产成本、技术的可得性、资本的可得性及其代价也都表现出显著的空间变化。因此,具有相似自然特征的藏量并非在每个国家都可列为探明储量。例如,某些国家(如前苏联)在矿产方面的目标是自给自足,这使得其探明储量的范围大为扩大,而其中相当一部分就其埋藏条件和生产成本在多数市场经济国家中是不能当作探明储量的。此外,正如前面已指出的,探明储量是勘探的结果,而各国、各地区的勘探程度也大不一样。有些国家在矿产品上依赖进口,其探明储量表面上看严重不足,但并不一定意味着其真正资源藏量的匮乏。牙买加就是一个实例,它完全依赖进口石油,这已使它负债累累,经济能力大为削弱。但牙买加其实有足够的石油储藏,至少可以满足其 50% 的需求,可是它本身既无资本又无技术来作必要的钻井勘探,以证明存在按其自身可行标准能够开采的探明储量。

3. 条件储量 (conditional reserves)

和探明储量一样,条件储量也是已被查明的藏量,但是在当前价格水平下以现有采掘技术和生产技术来开采是不经济的。显然,这种储量也不是静止不变的,资源开发史上充满着储量突破经济可行性界限的例子,而且不仅是单向突破。正如探明储量的情况一样,经济储量和不经济储量之间的关系是复杂的,而且在很大程度上受制于政治力量和市场力量。技术革新对于经济可行性边界的变化起着关键作用,当然它又需要需求和价格的刺激,也要求政治上的稳定和安全。

探明储量与条件储量之间的分界在不同时期和不同地方都不一样,铜矿储量的变化就是一个很能说明问题的例子。在 20 世纪初期,金属含量小于 10% 的铜矿石是不会被冶炼厂采用的,因而品位小于这个水平的矿藏不会归入探明储量。40 年代后,技术发展了,需求也增加了,含量仅为 1% 的矿藏也被当作探明储量。现在,由于成本和风险进一步降低,即使含量仅为 0.4% 的铜矿也是经济上可采的了。当然,这些矿藏应大到使生产实现规模经济,要充分接近地表以利高度机械化的露天开采,并且要求当地具有足够发达的基础设施和稳定的政策。若不具备这些条件,那么类似等级的矿藏仍然被归为条件储量之列。

探明储量和条件储量都是已"查明"的藏量,但它们被查明的确定程度会有很大的差别。在那些矿藏已被密集地勘探因而能确定其范围、质量和地质特征的地方,可以认为已"测出"各种储量,但其可得性的估计仍有近于 20% 的误差范围。对于那些勘探密集度不足的矿藏,则是部分通过勘探资料、部分通过地质学分析来"证明"各种储量。而在那些矿藏位置已确定但仍未勘探的地方,储量数字只能是从该区域内的地质条件中"推断"出来的。

4. 远景资源(hypothetical resources)

与前两类储量不同,远景资源是尚未"查明"的藏量,但可望将来在目前仅作了少量勘察和试探性开发的地区发现它们。例如,渤海已生产出相当数量的石油和天然气,但并非全部潜在储油层都作了钻井探测,因此这是一个存在远景资源的地区。

估计远景资源范围的常用方法是根据过去生产的增长率和探明储量的增长率外推,或根据过去每钻进单位深度的发现率外推。这种外推必须假设曾经影响过去发现率和生产率的所有变量(政治的、经济的、技术的)将继续像过去一样起作用。诸如价格和技术发展之类的因素是极不稳定的,所以这种估计会有很大的差别,不同时期所作的估计大不一样。例如,按 1973 年以前的价格水平估计的远景石油资源,显著低于按 1973 年以后的价格所作的估计。

为了克服机械外推的问题,曾经用德尔菲(Delphi)法,即请一些专家预测未来可能的发现,然后取他们估计范围的平均值。但这种方法显然仍有局限,因为各个专家都会有固有的偏向,他们对未来技术和经济状况的估计无章可循,由此作出的远景资源预测就不一定可靠。例如人们曾经指控石油公司专家们的估计太保守,认为他们从既得利益出发,企图造成一派稀缺的景象,以便维持较高的价格和利润。

5. 理论资源 (speculative resources)

如果说远景资源的估计带有某种任意性的话,那么理论资源的估计就面临更大的困难。理论资源是指那些被认为具有充分有利的地质条件,但迄今尚未勘察或极少勘察的地区可能会发现的矿藏。例如,全世界大约有 600 个可能存在石油和天然气的沉积盆地,但迄今只对其中的 1/3 作了钻井勘探。一旦在未勘察的地区钻井,很可能会发现更多的潜在资源。渤海在 25 年前还只是可能具有理论资源的地区,现在已认为它具有远景资源,不久还将确定其储量。但另一方面,如果作了广泛的钻井仍未发现矿藏,那么原来关于理论资源的估计也会被推翻。

估计理论资源的方法是根据已勘察地区过去的发现模式外推。这种方法假设目前尚未勘察的地区将会像那些条件类似的已开发地区一样,具有资源潜力并将带来利润收益。但是很多专家指出,这种可能性极小,因为已经被开采的都是规模较大、地质条件较有利、通达性也较好的构造。当开发推进到自然条件和社会经济条件都较差的地区时,是不大可能实现预期的资源潜力和利润收益的。

6. 最终可采资源 (ultimately recoverable resources)

探明储量、条件储量、远景资源和理论资源的总和统称最终可采资源。考虑到估算的复杂性以及技术、市场、政策等因素的不确定性,那么看到最终可采资源的估算是如此大相径庭就不奇怪了。几乎对所有矿种未来形势的估计都出现了显著的不同,而对石油的估计尤其意见纷纭。目前,根据公认的资料来源,大多数石油企业估计最终可采的石油资源大约为 $17 \times 10^{11} \sim 22 \times 10^{11}$ 桶,不包括沥青砂和油页岩。可是 40 年代一致认为石油的最终可采资源是 5×10^{11} 桶,而目前仅“探明储量”就已超过了这个数字。虽然近 50 年以来对石油最终可采资源的估计已增加了 4 倍,但有人认为我们的知识已达到了某种限度,今后再以这样的比率增加似乎是不可能的了。当然,对这种判断也是有不同看法的。一些专家指出,以上那个约 20×10^{11} 桶的数字,与其说是对最终可采资源的判断,倒不如说是各个石油公司对未来政治、经济条件的判断。还有专家认为,根据石油工业的兴衰得出的估计取决于石油公司的既得利益。石油公司不能或不愿投资的地方,其资源潜力的估计就低。例如,拉丁美洲是一个在政治上普遍对石油公司怀有敌意的地区,那里的石油潜在资源估计为 $15 \times 10^{10} \sim 23 \times 10^{10}$ 桶,但另外的预测则认为仅墨西哥一国就可能达到这个数字。现在,即使在石油公司内部也有人认为世界石油资源的潜力当为 $30 \times 10^{11} \sim 40 \times 10^{11}$ 桶;而最近俄罗斯学者的估计甚至高达 110×10^{11} 桶。以上各种估计到底哪个正确?这只有让时间来检验了。然而最重要的是,所有的估计都没有考虑油页岩和沥青砂的潜力,其中可能含有 300×10^{11} 桶石油。

此外,能源形式在未来可能发生经济上具有吸引力的变化和替代,这会使最终石油资源问题成为多余。自 1973 年石油危机以来,这种可能性已在加速实现。寡头垄断的价格政策曾经使油价大大高于供给成本,这就刺激了替代能源的发展,也促进了能源经济。同时,主要石油输出国内不停的政治动乱,不仅削弱了消费国对石油的信心,也动摇了石油企业对其能否适应全球政治形势变化的信心。结果是,过去 50 年来石油工业内部关于未来可采资源的预测大大降低,而且石油工业本身也被种种困难削弱,以至于没有力量充分利用世界石油资源。

(二) 流动性自然资源可得性的度量

从人类福利角度来看,未来流动性资源可得性的估计通常以资源在一定时期内可生产有用产品或服务的能力或潜力这个概念为基础,衍生出多种概念。

1. 最大资源潜力 (maximum resource potential)

最大资源潜力是指在其他条件都很理想的情况下,流动性自然资源能够提供有用产品或服务的最大理论潜力。这个概念与储存性资源的资源基础概念有类似之处。

对各种流动性能源,如太阳能、潮汐能、风能,已估算过它们的最大自然能量潜力,得出的数字显示出非常美妙的前景。例如,在理论上从太阳取得的总能量,可为世界能源消耗提供的数字是目前获取量的1000万倍以上。但实际上这种估计并无太大意义,真正的可得性取决于人类把这些理论潜力转换为实际能量的能力,取决于人类是否愿意担负这样做的代价和成本,包括对环境的影响。

对于生物、土地、海洋资源的总潜力也作过类似的估算,结果表明,如果最大潜力得以发挥,那么按目前的人口数量,地球每年可为每一个人生产出约40吨食物,这是实际需要量的100倍,也是我国目前人均水平的100倍。这里还没有考虑从二氧化碳、水和氮中化学合成食物的可能性。当然,这些除了技术上的可行性以外,还要求投入大量能源。

应该说,对于人类未来可更新资源开发规划来说,上述估算并没有什么实际意义。重要的并不是理论上的自然潜力,而是必要的人类投资能力,以及有关的社会、经济、价值观、行为、组织等方面的情况。在一些人看来,把地球生态系统当作一部机器,只是让它提供人类需要的食品和能源,这至少在道义上是说不过去的。生态学家们则进一步指出,这种做法会使全球生态系统产生可怕的单一化,并导致自然生态循环的瓦解,因而是一种灾难性的策略。

上述可更新资源和生物资源潜力的估算都建立在天然系统自然输出的基础上,而忽略了由人类经济、社会系统所施加的局限。另一种估算可更新资源潜力的方法是,根据发达地区已实现的生产能力来推算不发达地区和未开发地区的生产潜力。这种方法尤其在估算土地的农业生产潜力时用得更多。俄罗斯地理学家格拉西莫夫(Грасимов)作了一个估算,他以土壤类型的可能性为前提,假设农业经济不发达地区农耕地的比例可达到农业发达地区的水平,那么全世界的耕地面积将达到32亿~36亿公顷,而不是现在的14亿公顷。美国总统科学顾问委员会也曾作过一个估算,认为根据地球的自然条件,即使用现有技术,全世界可耕地总面积也可接近66亿公顷。显然,这种方法也是有局限的,因为它假设形成现有耕地的多种因素在时间和空间上都保持不变,这当然不符合实际。但它至少承认了某些人为的限制。

2. 持续能力（sustainable capacity）

可更新资源自然潜力的利用必须考虑时间上的公平分配,即应留给后代同等的资源利用机会。把这种考虑结合进可更新资源潜力的估算中,就要采用持续能力或持续产量的概念。持续能力是可更新资源实际上能长期提供有用产品或服务的最大能力,即不损害其充分更新的利用能力。

可以用渔业资源的例子来说明这个概念(图3—3)。从理论上讲,通过控制捕捞活动,可以使鱼产量长期维持,这个能长期维持的产量就是持续能力。在持续产量曲线的任一点上,鱼的年产量可维持一定水平,使之与可在未来年份生产同样产量的鱼资源储存水平保持协调。当人类捕捞活动初始时,由于对食料的竞争减少,持续产量水平是上升的,鱼群数及其生物生产率都可以有一定的增长率。这种情形在其他可再生资源中也很常见,如有限地割韭菜、伐薪柴,可促使再生量上升。但是,一旦捕鱼活动超过了 X 点,持续产量将开始下降;当达到临界点时,鱼群就耗竭到不能维持再生产的地步。

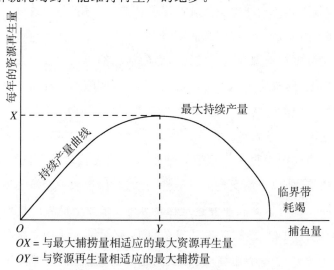

OX = 与最大捕捞量相适应的最大资源再生量

OY = 与资源再生量相适应的最大捕捞量

图3—3 渔业资源的持续产量曲线

在水资源管理上,对于含水层也可采用类似的持续产量概念,即不能让抽取率超过补给率。这可以作为水资源管理的一条准则,对当前补给相对均衡的地区尤其适用;但对于含水层是过去气候条件遗留产物的地区,应用这条准则就比较困难了。例如,在人类生存完全依赖自流泉的撒哈拉地区,就很难牺牲目前的生计来为后代维持水资源的完整。可更新资源的利用应控制在持续能力以内,这通常已作为公理而被广泛接受。但撒哈拉那种特例却表明,是否遵循这一准则取决于价值判断和对优先权的考虑。

一些经济学家指出,维持持续产量是要付出代价的,因为它意味着需抑制当前的消费。所放弃的这一部分消费可看作是对未来的一种投资,其好处必须与其他形式的投资放在一起来评价。保护某一种可更新资源很可能要以其他方面的付出为代价。这样,后代在这一种资源上得到了平等的机会和权利,但是很可能在其他方面又失去了本来可以得到的机会和权利。再以撒哈拉为例,如果把水资源的利用控制在持续能力水平上,就不可避免地导致该地区经济发展的衰退。这样,后代可能会有等量的水资源储存,但其他方面本来可以得到增长的东西却会显著减少。

因此,如果仅从费用—收益的角度,可以想像在某些情况下把某种可更新资源利用到耗竭的程度并不是不可接受的。但是对于那些认为人类具有道义上的责任,应保护其他生命的生存权利的人来说,这种思想是要受诅咒的。生态学家们则认为这是一种短见策略,因为从长远来看,遗传基因和物种多样性的损失对于人类自己的生命支持系统是一种极大的威胁。

3. 吸收能力 (absorptive capacity)

人类利用自然资源的结果之一是产生各种废物,为了排放人类活动自觉或不自觉产生的废物,就要利用环境媒介即大气、水、土地等。这就需要另一个衡量资源潜力的概念,即吸收能力或同化能力,也就是环境媒介吸收废物而又不导致环境退化的能力,在环境学中称为自净能力。

　　废物进入环境后都要经历自然界的生物分解过程,整个环境系统具有一定的吸收废物而又不导致生态或美学变化的能力。但是,如果排放的速率超过了分解能力,或者所排放的物质是不可降解的,或只有经过很长时间才能降解,那么环境变化就不可避免。

　　任何环境媒介的吸收能力都不是一成不变的,它不仅随气候等环境因素的变化而发生天然变化,也可以被人类改变。例如,一条河流降解污水、废水的能力,可以因为增加了其流量或含氧量而提高;相反,若水被抽取从而减少了流量,或如果河道被裁弯取直、被挖深、被混凝土化从而减少了氧的吸收量,河流的吸收能力将会降低。如果到了极端情况,即需要氧气来维持其功能的细菌极度缺氧,那么全部生物分解过程就会完全停止。

　　把废物排放量控制在吸收能力限度内,这应该是一个普遍原则。为此社会必然要付出经济代价,因而有一个如何权衡生态效益、社会效益与经济效益的问题,这在很大程度上又取决于价值判断。

4. 承载能力（carrying capacity）

　　现在应用得最广的可更新资源可得性度量的概念是承载能力,它是指一定范围内的土地(或生境)可持续供养的最大人口(或种群)数量。这个概念建立在一个设想的基础上,即应把资源利用限制在不使环境发生显著变化而使资源生产力得以长期维持的水平上,在这一点上它类似于持续能力和吸收能力的概念。

　　承载能力的概念是从畜牧业中引申出来的,最初是指一定面积的草场可长期维持的牲畜头数。后来著名生态学家奥德姆（Odum）[8]在试图确定各区域内人类居住的极限时采用了这个概念,联合国粮农组织（FAO）[9]关于土地人口承载力的研究更把这种方法发展到很精致的程度。还有一些研究用这种方法来计算旅游区的承载能力,在确定区域旅游活动的极限时,不仅考虑了自然损害,也要考虑旅游者的感应。在所有这些应用里,要建立一个简单、唯一、绝对的承载能力值都是不可能的,任何计算都在很大程度上取决于管理目标和资源利用的特定途径,取决于利用者所要求的生活标准和生活空间。此外,承载能力显然还受投入水平、技术进步等因素的影响。

有些学者对承载能力概念作了深入的研究,认为应区别几种不同的承载能力。首先是生存承载能力(survival capacity),即有足够的食物保证生存,但既不能保证所有个体的苗壮成长,也不能保证种群的最优增长,而且当周围环境稍有变动就可能造成灾难性的后果。第二种承载能力概念是最适承载能力(optimum capacity),即有充分的营养保证绝大多数个体苗壮成长。显然,最适承载能力总是小于生存承载能力的。第三种承载能力概念是容限承载能力(tolerance capacity),它在很大程度上是基于密度方面的考虑,在容限能力水平上,地域限制迫使种群中的多余个体外迁,或对某些基本需要(如食物和繁殖机会)实行限制。这些概念也可应用于人口承载力,贫穷国家处于生存承载水平和容限承载水平上,而北美、西欧国家可以认为具有最适承载能力。

参考文献

〔1〕A. H. 马斯洛:《动机与人格》,华夏出版社,1987 年。

〔2〕Simmons, I. G., *The Ecology of Natural Resources*, 2nd edition, Edward Arnold, London, 1981.

〔3〕Zimmermann, E. W., *World Resources and Industries*, rev. edition, Harper, New York, 1951.

〔4〕中国自然资源研究会编:《自然资源研究的理论和方法》,科学出版社,1985 年。

〔5〕《中国大百科全书》编辑委员会编:《中国大百科全书·经济学》,中国大百科全书出版社,1988 年。

〔6〕Haggett, P., *Geography: A Modern Synthesis*, 2nd edition, Harper & Row Publishers, New York, 1975.

〔7〕Rees, J., *Natural Resources: Allocation, Economics and Policy*, 2nd edition, Routledge, London, 1990.

〔8〕R. P. 奥德姆:《生态学基础》,人民教育出版社,1981 年。

〔9〕FAO, Potential Population-Supporting Capacities of Lands in the Developing World, EPA/INT/513, Rome, 1982.

第四章　资源配置与
人类需求关系分析

一、"人类—环境系统"中的资源配置

在经济学家眼中,土地、劳动力和资本都是生产者使用的资源。这些资源的数量和质量是关系到一个国家生产总量高低的重要因素之一。仅就自然资源而言,不同的学者对其有不同的看法,如卡尔·索尔(Carl Sauer)曾指出:"资源是文化的一个函数"[1],用鲁滨逊(Harry Robinson)的话来说,"自然资源在人们发现其用途和人类文化发展到能对之加以利用的阶段之前,它对人类是没有什么实际意义和价值的"[2]。这种观点如今已受到了很多学者的批评。事实上,资源的有无及资源的配置状况对一个地区或国家的经济发展有巨大的影响。汉森(Hanson)曾指出:"若一个国家资源质量很差,则它仅能将其全部资源用于为其人民提供维持其最基本的生活所需,而难得有机会增加资本储备"[3],这种说法尽管有些绝对化,但资源状况的好坏的确是区域经济发展的重要前提之一。

(一) 资源的空间配置

地球表面各种现象的分布是不均匀的,无论是自然现象还是人文现象,都有这种特征。同样地,地球表面资源的分布也是不均匀的,仅从对人类发展有较大影响的能源来看,目前人类利用的几种主要能源的储量分布均有很大的区域差异性。如目前已知的石油储量主要分布在中东及前苏联地区。资源的这种地域分布差异对人口数量、人类活动、人类生活水准等都有一定程度的影响。当然,从发展的眼光看,上

述影响的程度是在不断地减少的。随着人类科学技术的发展，交通运输条件已有了相当大的改进，但至少从目前来看，资源供给的空间差异性仍具有举足轻重的作用，而某些类型的资源，如土地资源（单位人口拥有的土地数量和质量）的空间差异则较其他普通可更新资源类型面临着更严重的问题。

资源配置的空间特征很早以前即为地理学家、经济学家和政治家所重视，早期的一些学者认为气候、土壤等自然因素支配着民族的性格和国家制度的形式，也就是说，地理环境是发展的基础，它决定着发展的图式，是导致区域差异的决定性因素之一。这实际上说明，自然环境、自然资源的空间差异，决定着人与环境供求关系的空间差异，从而决定着人类发展的空间差异。

当然，上述观点已经受到了许多批评。近两个世纪以来，随着人类社会的进步，自然因素的作用已逐步有所减小，而技术和资本的作用正逐步增大，甚至在局部地区这已成为人对自然环境系统的制约力量。但是，上述变化是一个长期的逐步过程，在相当长的一个时期里，自然资源、环境的空间分布特征对经济、社会空间分布的影响仍将是巨大的。

（二）资源的时间配置

自然资源在时间上的有效配置是保证经济持续发展的重要前提。由于资源的配置是动态的，且资源利用的决策通常不能以普通经济决策的方式逆转，因此必须考虑其长期影响。但是，由于实际上只有当代人参与资源的时间配置，后代人并不参与这种配置，因此其重要性和后效性更为明显。正如某些西方学者所指出的那样，如果不考虑消费偏好以及技术等方面的因素，保护某种自然资源就是把消费从当前时期转移到以后时期，或者永久保护起来，开发利用某种自然资源则是将消费从以后时期向当前时期转移。

资源的时间配置存在着如下几个问题：

1. 时间跨度问题

资源配置影响的时间跨度是相当大的,通常比一般的资本投资持续时间长得多。例如,一个植被群落被破坏后,恢复起来可能需要几十到几百年甚至更长的时间;当一个油田开采完后,要恢复它则至少要经过几个地质年代的时间;而生物资源的某些破坏(如物种消失等)则实际上是完全无法恢复的。因此,自然资源的开发利用如果仅仅用只考虑若干年限的普通经济理论进行指导有时是很不够的。

2. 不可逆性问题

时光不可倒流,从这个意义上说,所有的事件都是不可逆的。但是,从另一个角度来看,对于经济决策而言,只要能投入一定的资源和技术,任何决策又都是可逆的。当然,更确切地说,任何决策都是处在可逆与不可逆序列中的一个位置,只是不同的决策的逆转代价不同,普通经济决策的逆转代价相对较小,而自然资源开发利用决策的逆转代价相对要高得多,甚至无法逆转。例如农民在决定种植何种作物时,要考虑各种投入、产出、销售等方面的因素,选择对其最有利的作物进行种植,如果决策错误,那么他可以在第二年种植之前重新进行决策,这样,他的损失并不十分大。然而,当一个自然景观被破坏后恢复起来却是相当困难的,而且完全恢复原来的状况实际上也是不可能的。

对这个问题还可以换一个角度来看,农民种植作物的决策属于一种私人决策,不论其可逆性如何,这种决策的后果对个人的影响虽然较大,但对整个社会却是微不足道的。然而,诸如土地破坏、物种消失等问题是一种落在全社会所有人头上的问题,不但产生后难以逆转,而且将为当代甚至子孙后代带来重大的不利影响。

资源开发利用不可逆性的效果有时还受到资源本身数量、性质等的影响。某种动物数量巨大,那么死去其中一只影响不大;但对于某些濒临灭绝的物种来说,死去一只也可能意味着物种遗传信息的消失。除了生物之外,自然界的许多景观(如峡谷、山峰等)也都具有独一无二

人类—环境系统及其可持续性

的美学特征，破坏了它也就相当于失去了遗传信息，影响是巨大和长远的。

3. 不确定性问题

资源开发利用中存在着许多不确定性，包括资源利用技术的不确定性，资源替代技术的不确定性，资源需求的不确定性和资源利用的风险和有害影响的不确定性等。

关于资源利用技术发展的不确定性问题：资源的价值是和人们利用它的能力有关的。随着技术的发展，对目前利用价值较低的资源可能会发现它的新的利用价值；另外，本来无价值的东西可能会变得有价值。这样就提出一个问题，许多目前看起来无价值或没有多大价值的东西（如某些物种）是否值得保护？如果某种将来可能发现有巨大用途的物种因没有得到保护而消失了，那么这种损失将是不可弥补的。但如果要对这类资源都加以妥善保护，那么，至少在资金方面对许多国家来说又是无法承受的。

关于资源替代技术发展的不确定性问题：如果某种替代技术的发展相当快，而当代人又没有及时预见到这种发展，那么有可能人为地使资源的利用停留在一个较低的水平，从而使当代人的生活水平受到影响。反之，如果对技术的发展过于乐观，则可能使资源过早地被耗尽，从而对后代人带来不利影响。

关于资源需求的不确定性问题：这种不确定性既与资源替代与利用技术的不确定性有关，也受到许多其他因素的影响，如各代人的兴趣、偏好、人口数量、收入等都有可能存在很大差距。因此，对未来各代人的价值取向问题，当代人是很难判断的。

关于资源利用的风险和有害影响的不确定性问题：自然资源的开发利用由于技术、环境、资金等诸多因素的影响，存在着一定的风险性，如基因工程、核电开发等。另外，关于资源利用的各种有害影响问题也有不确定性因素存在，如对于温室效应等影响的具体机制和可能导致的后果还缺乏一致的理解。

4. 代间协调问题

由于自然资源本身是稀缺的,而在自然资源开发利用中又存在着影响时间跨度大,以及不可逆性、不确定性等问题,因此它在各代人之间如何进行有效分配具有十分重要的意义。问题在于,只有当代人才参与资源的分配,而对后代人来说,不存在这种参与分配的机会。这就提出了一个分配是否公正的问题。代间协调是十分复杂的问题,它不仅是一个道德方面的问题,而且也涉及对各种不确定性的估计。在此方面存在着各种不同的观点,例如,一种观点认为发展应是适度的,为保持持续的发展应考虑到后代人的权利;而另一种观点则认为人类社会总是在不断进步的,后代人的生活肯定要比当代人好,因此没有必要在发展的同时考虑后代人的问题。

采用贴现率来确定资源开发的水平也存在着相当大的问题,因为计算中虽然考虑了自然资源提供给后代消费者的服务价值,但这些价值又被折算成了现值,而不论贴现率大小如何,经过一段时间未来价值的现值都可能变得相当小,这显然是一种对后代不利的结果。

(三)可更新与不可更新资源的时间配置问题

在上一节中,从总体上讨论了资源的时间配置问题。但如前所述,对自然资源从不同的角度可以分成相当多的类型,而不同的资源类型在时间配置上是不同的。这里对可更新与不可更新资源的时间配置问题分别进行讨论。

可更新资源具有不断更新的能力,因此,如果管理得当可以保持其永续利用。但是,单纯从经济学的观点来看,可更新资源的最优开发利用要求资源生产所获得的净效益现值最大。由于市场贴现率可能大大高于社会贴现率,而生物资源的生产率有限,因此这种经济上的最优可能造成资源的枯竭。这就要求在开发可更新资源时必须考虑其自然生长率或补充率。对此类问题,一般说来,政府也可以通过税收等措施来限制这类资源的开发速度。

按照西方经济学的观点，在可更新资源的开发利用过程中，财产权确立与否是一个十分重要的问题，这可以通过下列例子予以说明[4]。

假定有一个鱼塘，对鱼塘里面的鱼而言，幼小时价值不大，随着鱼的长大其价值也在不断增长，但时间过长，鱼也会衰老死亡，失去价值，因此要确定正确的捕鱼时间。

假定这个鱼塘只有一个所有者，那么他要决定是一次性捕鱼还是持续多年捕鱼。如果是一次性捕鱼，那么按最大现值原理，他可以按如下方法确定捕鱼时间：

$$V=\frac{P_t-C_t}{(1+r)^t}-I_o=V_o-I_o$$

式中，P_t 为时刻 t 鱼的销价，C_t 为时刻 t 的捕鱼成本，I_o 为购买鱼塘的初始投资，V_o 为在时刻 t 捕鱼的现值，r 为贴现率，V 为净现值。

如果鱼塘主人希望鱼塘能不断提供鱼产品，那么他就必须考虑要使将来所有可能生产量现值最大化，这样，捕鱼间期由下式决定：

$$V=\frac{P_t-C_t}{(1+r)^t}-I_o+K_{to}$$

式中，K_{to} 为在时刻 t 体现在鱼塘中的资本在时刻 0 的现值。当 $K_{to}=0$ 时，该式即为前式。

如果这个鱼塘没有明确的所有者，那么应该由国家或各级政府采取一定措施控制捕捞率和捕劳时间，使鱼塘维持再生产，否则由于任意捕捞，鱼资源很可能将受到破坏。

关于不可更新资源，由于它最终可能枯竭，因此其时间配置的主要问题是如何减缓枯竭时间的到来，或在枯竭到来之前通过技术革新提供代用资源，以保证人类对这类资源的需求。

不可更新资源开发利用的私人目标与社会目标可能存在相当大的差别。对于私人所有者来说，其决策是使开采资源的净收入现值最大

化,即:

$$V = \sum_{t=0}^{T} \frac{P_t - C_t}{(1+r)^t}$$

式中,V 为净收入现值,P_t 为时间 t 开采资源的价格,C_t 为时间 t 开采资源的单位成本,T 为耗尽状态到来的时期,r 为贴现率。

由于 r 等于市场利息率,因此在私人所有的不可更新资源的开发利用条件中,市场利息率起着极为重要的作用。在这种情况下,资源开发利用很可能存在短期效应、外部效应等问题。

对于自然资源的公共投资而言,决策标准有多种情况,如最大现值标准、效益成本比标准、内部回收率标准等。但是与私人所有者相比,公共部门在进行资源开发时通常更多地考虑经济效率之外的环境、持续利用等目标,这是两者的重要区别之一。

总而言之,在市场经济体制下社会及个人关于自然资源开发利用的决策既可能是相同的,也可能是不同的,甚至完全抵触。这种差别对资源时间配置的影响是巨大的,这可以从几方面来讨论:第一,个人投资时间范围相对较短,一个项目的服务年限一般不超过几十年,而对社会而言,它必须保证经济的持续发展,这不仅涉及当代人,也涉及后代人;第二,私人投资往往忽视资源的环境价值,从而常使资源在开发时受到一定程度的破坏;第三,私人开采资源的最优条件实质上是一个效率条件,在这一条件中,市场利息率起着决定性的作用。由于市场利息率常常偏离社会贴现率,而且社会贴现率也只能反映相对较短时间内的效率问题,因而资源的时间配置对于后代人来说很可能是不公正的。也就是说,由于市场利息率通常偏高,从而可能导致掠夺性开采的不良后果。

值得注意的一点是,与竞争市场相比,在存在垄断现象时,由市场决定的资源开采率往往偏低,这是与垄断的经济行为相联系的,但从环境与资源保护的角度来看,这种行为却是有利的。因此在西方也有这样的说法:"寡头是自然保护主义者的朋友"。

人类—环境系统及其可持续性

二、"人类—环境系统"中资源供给
与人类需求的无限性和有限性

(一) 自然环境系统供给的无限性与有限性

自然环境系统是人类生存的条件,自然环境系统在适应和满足人类需求方面有无限性和有限性两个方面。所谓无限性是指自然环境系统是永恒存在的,且其体系十分庞大,无论是由于自然环境系统内部动力引起的变化,还是由于人类的干扰所导致的变化,都只能是使自然环境系统的局部发生某些变化,主要表现为物质、能量从一种存在形式转化成另一种存在形式,而自然环境系统作为整体仍然是存在的。所谓有限性则是完全从人类利用自然环境和自然资源的角度来看的,一方面,由于技术、资金、信息等方面的限制,人类利用自然环境的能力是有限的,因此能为人类所利用的自然资源的组分和类型也是有限的;另一方面,自然环境自身的变化和人类对自然环境的改造主要是影响人类自身的生存,而不是影响自然系统的存在。从上述两个角度考虑问题,我们说自然环境系统既具有无限性,又具有有限性,自然环境系统的无限性是绝对的,有限性是相对的。我们更为关心自然环境系统的有限性,因为自然环境系统的有限性与人类的切身利益更密切相关。

自然环境系统在供给人类需求方面的有限性,包括其数量有限性、质量有限性、容量(空间)有限性等几个方面。

1. 自然环境系统供给的数量有限性

自然环境系统供给的数量有限性主要是指资源供给的有限性,包括可更新资源和不可更新资源,特别是能源、矿产资源和某些生物资源(森林、草原及珍贵物种等)。对于某些资源类型来说,数量的有限性对人类的进步和发展有着很大的影响,例如,鲁滨逊(Harry Robinson)曾指出:"英国的经济困境,在很大程度上就是由于必须依靠大量进口原料来支撑它的工业而造成的"[2]。美国是自然资源十分丰富的国家,但是,由于经济的高度发达,美国已经几乎用尽了已经探明的锰、铬、镍和铝土矿。目前,美国不得不大量进口铁、铝、镍等;美国的石油产量虽然仍然很高,但仍必须进口大量的石油以满足其需要。

应当指出,自然资源供给的有限性是与人类利用技术的发展以及能否寻找到替代物质紧密相关的。

另外,某些生物资源虽然对人类生存与发展从目前来看尚未发现有多大影响,且这类资源的供给与人类需求的关系尚未被认识,但有些由于其数量过少,且其生存受到很大威胁,人类仍然必须十分重视其数量的有限性。在保护这一类资源上,如果不是必须花费不可承受的巨额资金,那么也要尽力维持其生存。保护此类资源至少需要从法律与道德上给以约束。

2. 自然环境系统供给的质量有限性

哈特利(S. Hartley)认为:"资源,从广义上讲,不仅要看其数量,而且还应看其质量和稳定性以及它同自然环境其他条件的关系"[5],斯坦普(L. Stamp)曾提醒人们要特别注意陆地可耕地面积的有限性问题,他指出:"在陆地的总面积中,约 1/5 太冷;约 1/5 太干旱;约 1/5 是山地;约 1/5 是丛林或沼泽地。因此,对资源的可供给性还必须从质量上进行考虑,即考虑自然系统供给的质量有限性问题。不同的土地,其农业生产力相差可能有几十倍之多"[6]。质量的有限性在很大程度上与数量的有限性有类似的效果,都可能造成局部或整体上的供给不足。当然资源供给质量的有限性也是相对的,它与人类的技术发展水平有一定的相互联系,资源利用技术的提高可以使得资源供给质量有所提高。

3. 自然环境系统供给的空间和容量有限性

自然环境系统具有一定的空间、容量属性。这表现在两个方面:第一,某些资源(如土地资源)可以作为载体,容纳一定的人口及人类的活动;第二,诸如土地、水体、大气等资源可以作为载体,容纳人类生产和生活活动所排放出来的废物,承受人类对自然环境系统施加的影响。随着人口数量急剧增长以及人类经济活动的加剧,在某些地区,自然环境系统在空间和容量上的有限性问题已迫切地摆在人们面前,尤其是人类活动所排放出来的大量废物,如温室气体、氟氯烃化合物、放射性废物以及某些重金属等,它们的排放量已大大地超过了自然系统的自净容量,导致了一系列人类未预测到的环境影响。近些年来各国开展的土地承载力研究和自然环境容量研究、全球变化研究,就是为了保护和扩大人类生存空间而作的努力。

自然环境系统作为一个整体,并不是脆弱的,它有极强的抗干扰能力。但在某些局部上,尤其是从一个相对短的时间来看,自然环境系统却可能是相当脆弱的,这尤其表现在地球表层的一个适合于人类居住的狭窄空间内和与人的生命周期相应的相对短的时间内。如前所述,生态系统是由各种生物和非生物因素交织在一起形成的一个庞大网络,中间任一环节的破坏都有可能造成整个生态系统的崩溃。众所周知的例子是,在热带雨林地区虽然林木十分茂盛,但由于林木残落物分解过快,使土壤中的腐殖质积累并不多。实际上热带雨林地区的土壤很贫瘠,只是由于林木茂盛,使得地面的温度相对较低,且枯枝落叶量大,才使营养元素的生物循环得以维持;而一旦森林被砍伐,使表土暴露在炎热的阳光下,那么整个生态系统即无法继续维持而趋于崩溃,再想恢复原来的面貌是十分困难的。

(二)人类需求的无限性与有限性

人类对自然环境系统的需求同样具有无限性与有限性两个方面,从人的个体的需求到人类社会的整体的需求,以及由于人口数量增长所带来的对自然环境的巨大压力,无不表现着无限性与有限性的矛盾。从总体上看,人类需求的无限性是绝对的,有限性是相对的。

1. 从生理要求到精神满足与自我实现——需求无限性表现之一

西方经济学理论认为，人的欲望分为几个层次，当比较低层次的欲望如吃、穿、住、行满足之后，人就会追求更高层次的目标。因此人的欲望是无限的，也是无法完全满足的。

在任何国家，生产的目的都是为了满足人类日益增长的物质和文化生活需要。就人类社会的总体而言，人类需求的无限性是需求的基本表现特征之一。在中国，虽然从整体上看，正处于走出温饱迈向小康的阶段，但在研究人们的需求时，不能只停留在满足人们的基本生活水平，而应考虑到人们需求的不断变化和增长以使社会发展能够适应这种需求。

2. 人口增长与对环境的压力——需求无限性表现之二

人类对自然环境系统产生压力的一个方面，是以人口数量的急剧增长为背景的。在人口数量急剧增长的情况下，即使是人均消费水平维持不变甚至有所降低，人类的总体需求水平仍然保持着一定的增长，甚至是快速的增长。这种需求的增长实际上必然对自然环境系统产生巨大的压力。

以人口数量快速增长为标志的人类需求增长多数是一些低层次的需求，其中物质的成分远大于精神的成分；而以人自身需求档次升级为标志的需求增长则其精神部分的比例大为增加，物质需求的增长也多表现为与产品的深加工与精细化有关，与对初级产品需求的增长并不同步。此外，以人口数量急剧增长为标志的社会，其通常的重要特征之一是技术水平落后，人口素质较低，保护自然环境系统的意识与能力较低，这与人口相对稳定的社会形成鲜明对照。

3. 自我约束——需求有限性表现之一

人类的自我约束是人类需求有限性的表现之一，这种自我约束的形成原因实际上也是由于人类自身的危机感而形成的一种被动型调控。从经济发展的角度来看，自工业革命以来，大规模的环境、资源与生态问题的出现使人们开始认识到没有自我约束的发展是一种盲目追求经济效益的发展，它本身所带来的后果是双重的，即经济增长和生态环境的破坏同时并存，后者实际上已威胁到了人类的生存。因此，发展应是适度的，或者说是持续的。在此认识的基础上，许多国家纷纷建立了大量的法规与标准，并采取了其他许多措施对经济活动加以约束。当然，这种约束所导致的需求有限性是相对的，也是不彻底的，并且是随着时间、技术以及人类自身的发展而变化的。

就人口问题而言，近百年来人口数量的急剧增长已使人们在经过了几百年的论争后逐渐认识到，限制人口的增长是十分必要的，正如阿诺德·汤因比（Arnold Toynbee）指出的："人类的目标应该是得到最大的幸福，而不是最大数量的人口"[7]，在这个前提下，世界的适度人口一定比最大数量的人口要少得多。对于经济较落后的发展中国家而言，限制人口的急剧增长是缓和人类与自然系统需求矛盾的最为重要手段之一。

4. 技术、资金、信息的约束——需求有限性表现之二

人类需求有限性的另一个侧面表现在人类技术进步与资金、信息等方面。鲁滨逊指出："技术一方面影响着人类对资源的需求，另一方面影响人类所利用资源的供应"[2]。他还指出："发达国家之所以发达，原因就在于他们掌握了高水平的技术，相反，不发达国家之所以落后和贫困，大多是（若非全部的话）由于它们的技术水平低造成的"[2]。从总体上看，人总是向往美好的生活，但技术进步的步伐并不是永远飞速的，自人类诞生以来，在一个相当长的时间里人类还停留在游牧与农耕阶段，改造自然的能力很小，形不成较高水平的需求。只是到了近代，出现了工业革命，技术发生了革命性的突破，资金也有了较为充分的保证，这才使得需求有了较大幅度的增长，但这种增长与人类自身的愿望相比差距仍是存在的。

三、人类对自然环境系统的副需求及影响

（一）一般表现

在人类发展的漫长历程中，人与环境以不同形式在不同程度上相互作用。这种相互作用的基础是物质能量和信息的交换过程，人与环境系统的供求关系是这种相互作用的重要组成部分。从这个意义上说，这种供求关系并不是单向的，而是双向的，并且有着较强的反馈机制。也就是说，自然提供给人类以空间、物质和能量，这是供求关系的主线，而人类也可以改造自然，使之适合于人类的生存和发展。但是，人类对环境的作用如果不当，反过来又可能对人类自身的生存构成威胁。由于自然对人类活动影响的承受能力在某些方面是很低的，某些作用的累加效果可能会使人与环境这个脆弱的系统在某一时刻突然发生崩溃。

"人类—环境系统"中自然环境系统供给与人类需求的关系并不是简单的单向供求关系，而是复杂的供求系统。在这个系统中，不容忽视的一个重要方面（而且日益显得重要）就是人类对自然环境系统的副需求。这种副需求可以看成一种特殊的供求关系，即由人根据自然环境系统的供给完成自己的运作，再反过来提供给自然环境系统。这种反向需求之所以为人们所瞩目，是因为人所提供给自然环境系统的大多数都是自然环境系统所不需要的物质与能量类型，并且反过来会危及到人类自身的安全，如向自然环境中排放污染物等；另一方面，这种副需求的强度正随着人类改造自然能力的不断提高而逐步增大。

从某种程度上来看，人是一种经济动物，他按照自己的意志进行经济活动。从经济学的角度来看，人的经济活动包括从生产→流通→分配→消费的全过程；而在这些过程中，人类都给予自然界一定的作用，例如消费过程并没有"消费掉"任何东西，它只不过是将物质或能量从一种存在形式转化成另一种存在形式。同时，由于人在进行经济活动

时可能是完全按照自己的意志行事；也就是说，在双向供求中，人不仅是自发地影响环境，而且还能在生产活动中根据环境特性进行有意识的但在某种程度上却是盲目的改造，因此这种反作用可能产生相当严重的副效应，这种副效应显然不是人们所预期的。例如，在干旱地区进行灌溉，在增加产量的同时却往往造成地下水位的上升，使土壤发生次生盐渍化，大规模兴修水利往往也带来许多问题。当副作用未涉及或很少涉及破坏者自身（如体现为一种外部不经济性）明显的利益而表现为一种对整个社会的影响时，其后果尤为严重。人类对自然系统的反作用具有时空的分布特征，在不同地区、不同时间，对于不同环境要素，这种作用的程度和方式可能不同，对人类自身的影响方式也可能不同。

（二）问题的症结——外部性和公共物品

自从外部经济的概念被提出以来，经济学家、环境学家一直对外部性的问题感兴趣。尤其是自 20 世纪 50、60 年代以来，随着环境与生态问题的不断加剧，外部性被当作市场机制的一个缺陷来专门加以研究。

在市场机制起主要作用的社会里，价格引导消费者挑选可以彼此替代的商品以及支配不同行业之间资源的分配。但是在某些情况下，价格很可能没有反映消费者的边际估价或者生产者生产这一单位商品的边际成本，从而导致市场的扭曲。发生市场扭曲的原因是多方面的，如垄断等因素都可能导致市场的扭曲。从我们所关心的角度来看，这种扭曲发生的原因之一就是外部经济效果。也就是说，当某一商品的生产或消费所产生的效应扩散到从事商品交换的消费者或生产者之外，就产生了外部经济效果，这些扩散到外部的效应没有在市场价格中完全反映出来。

外部性包括外部经济性与外部不经济性两种。外部不经济性的方式是相当多的，其中主要的就是当今最为人们所关注的环境污染和生态破坏问题。也就是说，经济活动在其生产产品、满足人们物质文化需求的同时，常常带来一种伴随的后果，即环境的污染和生态的破坏。这种伴随的后果是一种生产者不会出卖、也不可能卖出的产品，但它却强加在其他人身上；也就是说，受到这种伴生影响的单位和个人不得不实际地支付许多形式的机会成本。

以污染为例，如果有一家企业生产化学品并把污水排放到河中，这对下游的渔业、供水以及旅游等方面将造成不利影响。每生产一单位的化学品就要排放一定量的污水，这种污水的社会成本随排放量的增加而增加，其增长率不断上升。对于排放量非常小的污水来说，其社会成本为零，因为河流能够把这些污水冲淡，并净化为无害。但当排放量增加的时候，总成本会急剧上升，从而污水的边际成本也将上升，因为河流中污水的不断积聚，将越来越影响水的使用功能。当水污染的损失增大到一定程度时，这种损失将有可能超过生产化学品企业所创造的效益。

经济活动在环境领域的外部性有几个显著的特点：

（1）具有普遍性。经济活动总要产生废物，因此尽管外部性有外部经济性与外部不经济性之分，但在此领域中外部不经济性是普遍存在的，并且绝大部分为外部不经济性。

（2）对产生外部性的经济单位和整个社会来说，效果是不同的。从单个经济单位来讲，由于通常不对其外部不经济性负责，可以获得很高的利润；但是对整个社会来讲，由于要计入外部不经济性的后果，因此不一定是最佳的。

（3）由于环境领域的外部性通常缺乏市场，因而对其产品的定价甚至确定其产量都是很难的。这是造成外部性很难解决的重要原因。

除了外部性之外，公共物品的大量存在也是造成环境问题的重要原因之一。公共物品是指即已由一人消费，其他人仍可消费的商品。公共物品包括的范围很广，诸如国防、警察、司法、经济调节、教育、卫生等。而私人物品是指一旦被一人消费，其他人就不能消费的商品。无论是在市场经济还是在计划经济体系中，公共商品都是整个经济中的一个重要组成部分。

公共物品不同于私人物品的特点有很多，最主要的是以下几个方面：

（1）非竞争性：同一单位公共物品可以被很多人消费，它对某一人的供给并不减少对其他人的供给，例如国防、广播即具有此类特征。而食品则属私人物品，它具有排他性。在纯私人物品和公共物品之间也有一些中间性商品。

（2）非排斥性：一旦某一商品提供给某些人，它就不能或至少要花很大的成本才能阻止其他人从中受益。

（3）非拒绝性：以国防为例，一旦国家抵御了外国的入侵，任何人就得到了保护，即使某人不想要这种保护而宁要那种由入侵带来的混乱也不行。污染问题也具有同样的性质。

实际上，在有了外部性的概念之后，纯粹的公共物品可以定义为具有极端的外部性的事物。在现实生活中，环境质量在私有—公共物品中的位置是侧重于极端公共属性一端的。一旦将某一给定的环境质量水平提供给任何一个人，则这种环境质量水平实际上就会按添加费用为零的条件让社会中其他全部成员去分享；如果环境质量发生恶化，则受到影响的也通常并非某个个人，而是全社会。

在某种程度上可以说，环境质量所具有的公共物品属性是造成环境质量广泛恶化的根源之一，诸如大气、海洋、河流等实际上不能为私人所有，因而具有公共财产属性是必然的。但是，在几个世纪以前燃烧污染大气或向河流、湖泊中倾倒废物由于数量很小，尚未构成对环境的显著影响。而自工业革命以来，在西方国家由于过度地、无限制地滥用公共财产，自然环境已大大恶化。例如一个人将生产中的废水排入湖泊，如按个人的费用—效益准则，他所获得的效益通常要超过他的费用，因此如果每个人都遵循同样的准则，社会又缺乏必要的制约因素，其结果必然是环境质量的持续恶化，而反过来又对社会中的每一个成员包括污染者自己带来损害。在这种情况下，传统的市场经济是无法解决这个问题的，政府和社会有必要进行干预或运用法律的手段进行解决。

参考文献

〔1〕卡尔·索尔："人口史"，《科学美国人》，231（3），1974年。

〔2〕Harry Robinson, *A Dictionary of Economics and Commerce*, Macdonald and Evans, 1977.

〔3〕Hanson John Lloyd, *A Textbook of Economics*, 7th ed. , Polymouth Mcdonald and Evans, 1977.

〔4〕Alan Randall, *Resource Economics*, Grid Publishing Inc. 1981.

〔5〕Hartley, S. , *Population: Quantity and Quality*, Englewood Cliffs, 1972.

〔6〕Stamp, L. , *Applied Geography*, Penguin Books Ltd. Harmondsworth, 1963.

〔7〕阿诺德·汤因比:《人类和饥饿》,上海人民出版社,1983 年。

〔8〕Jan Bojo, Karl-Goran Maler and Lena Unemo, *Environment and Development: An Economic Approach*, Kluwer Academic Publishers, 1990.

〔9〕Frances Cairncross, *Costing the Earth*, The Economist Books Ltd. , 1991.

人类—环境系统及其可持续性

第五章　社会发展与资源、环境的开发利用

人类历史已经历了狩猎—采集社会、农业社会和工业社会几个阶段。在这社会进化的过程中,随着技术与文化的进步,人类关于环境和自然资源的概念在不断发展着,人类对自然资源的开发利用及其环境影响也在广度和深度两方面不断发展着。人类社会发展到今天,在自然资源的开发利用上已取得了巨大的成就;同时又面临着严重的自然资源稀缺问题和环境退化问题。

一、人类社会的进化与资源、环境开发利用的发展

(一)狩猎—采集社会中资源、环境的开发利用

1. 早期的狩猎者与采集者

考古发现与人类学研究都证明,大多数狩猎者和采集者都以小群聚居的方式生活,很少有超过 50 人的,他们一起劳动以获得必要的食物维持生存。狩猎者多为男人,采集者多为女人。在热带地区,女人的采集提供 60%～80% 的食物,她们还抚养孩子,所以这些部落都由女人统治,为母系氏族社会。在寒冷的近极地地区,植被极其稀少,食物来源主要是狩猎和捕鱼,这是男人干的活,所以这些地区盛行父系氏族社会。当一个部落的人口增加到一定程度,在步行范围内已不能获得充足的食物时,整个部落就会迁移到另一个地方去;或者部落化整为零迁徙到不同的地区去。很多原始部落都常常面临这种食物稀缺的景况,因而都是流浪部落,而且彼此相隔很远。他们随着季节变动或被捕

动物的迁移而搬迁,以便取得充足的食物并使所费劳动最少。

这些狩猎者和采集者为了生存,已具有初步的天气预报知识和找水知识,他们发现了很多可吃或可药用的动物或植物,并已会用石头和动物骨头制作原始武器和工具,来猎杀动物、捕鱼、砍切植物、裁缝兽皮以制衣和做帐篷。虽然妇女一般都生4～5个孩子,但通常只有一两个能够活到成年。此外,疾病也导致了很高的死亡率,杀婴作为一种控制人口的手段普遍存在,人的平均估计寿命只有30岁。这使得人口规模与食物供应基本能保持平衡。

早期的狩猎者和采集者从自然环境中获取食物和其他资源。至此,源于自然界的人类开始了与自然界的分离。但他们人数不多,大有自由迁移的余地;用以改变环境的力量仅仅是自身肌肉的能量,自然资源开发利用的环境影响很小而且是局部性的。

2. 后期的狩猎者与采集者

狩猎者和采集者逐渐改良了他们的工具和武器。考古证据表明,大约1.2万年前出现了矛、弓和箭,使人类可以捕猎大型野兽。人类还学会了使用火和陷阱,学会焚烧植被以促进可直接食用的植物和被猎动物喜食的植物的生长。

后期的狩猎者和采集者对环境产生了稍大的影响,尤其是用火使森林转变为草地的环境影响较为明显。但他们人数仍不多,又四处迁徙,而且仍然主要依靠自己的肌肉力量来与环境抗争,所以对环境造成的影响还是很小的。早期和后期的狩猎者与采集者仍都属于“自然界中的人”,他们通过适应自然来求得生存。

(二) 农业社会中资源、环境的开发利用

1. 野生动植物的驯化

大约1万年前,人类历史上发生了一个重要的变化,即开始了对野生动植物的驯化。世界上一些地区的部落在处理捕来的野生动物的方

式上开始有了变化,他们不是立即杀死这些动物以供眼前的食用,而是把它们喂养起来,驯服它们,并让它们繁殖,以供较长时期的食物、衣料和负载之用。人们也开始驯化挑选出来的野生实用植物,把它们栽种在离家较近的地方而不用到很远的地方去采集它们。

考古学的证据显示,最早的植物栽培很可能是从热带森林地区开始的。那里的人们发现,用原始锄头挖一些坑,把薯类和芋类植物的根或块茎放入坑中,这些植物就能生长起来,提供更多的食物。这就是最早的农业和最早的园艺。

为了准备栽种,人们用刀耕火种的方式清除小片森林。先是把树和其他植物砍倒、晒干,然后放火焚烧,使之变成草木灰,由此给热带地区缺乏养分的土壤添加植物生长需要的养分,再把那些根和块茎放入树桩之间的坑中。这些地块一般只能栽种和收获2～5年,以后就再也不能种作物了。因为这时土壤养分已经耗竭,周围森林的植物也开始入侵并密集地生长起来。于是,种地人又转向新的有林地块,开始新一轮的刀耕火种,所以这种种植方式又称游移种植(shifting cultivation)。被抛弃的地块休闲10～30年后,又生长起来次生林,土壤肥力也有所恢复,为再次的刀耕火种提供了条件。

这种农业还只是农业的雏形,西方文献称之为生计农业(subsistence agriculture),一般只种植足以养家糊口的作物,仍依赖人的肌肉力量和石器棍棒。这意味着那时的人类只能小规模种植,对环境的影响仍然相对较小。

2. 农业的发展

真正的农业不同于上述生计农业,它是随着畜力的使用和金属犁的发明而出现的,开始于大约7000年前。用被驯化的动物牵引犁并由人来掌舵,使土地得到翻耕,这不仅大大提高了作物产量,也使人类有能力耕种更大片的土地。原先肥沃的草原土壤由于其深厚而缠结的根系是不能靠人力耕种的,这时也能够加以开垦了。于是农业向草原地区扩展,这很可能是人类文明中心转移的一大动因。

在一些干旱地区,人类学会了挖掘水渠,把附近的水引入农田灌溉庄稼,人类对水作为资源的认识有了很大的发展,并进一步提高了作物产量。这种靠畜力和灌溉支持的农业通常能收获足够的粮食以保证日益增多的人口的生存,甚至有时还会有富余供交换或储存起来以应付天灾人祸。

显然,男性农夫比男性狩猎者生产的食物更多,因此生计农业向真正农业的发展标志着父系统治盛行起来。

3. 以农业为基础的城市社会的出现

农业的发展具有四方面的重要影响:

(1)由于食物供给更多、更稳定,人口开始增加。

(2)人类越来越多地清理和开垦土地,开始了对地球表层的控制和改造以满足人类的需要。

(3)由于相对少量的农夫就可以生产出足够的粮食,除养家糊口外,尚有剩余供出售,于是城市化过程开始了。很多以前的农民迁进了永久性的村庄,这些村庄逐渐发展成小镇和城市,并成为贸易中心、行政中心和宗教中心。

(4)专业化的职业和远距离贸易发展起来,村镇和城市中以前的农民学会了诸如纺织、制陶、制造工具之类的手艺,生产出手工制造的商品用以交换食物和其他生活必需品。于是资源得以流通,自然资源开发利用的环境影响也扩散开来。

大约在5500年前,农民和城市居民之间贸易上的相互依赖,使得很多以农业为基础的城市社会在先前的农业聚落附近逐渐发展起来。食物和其他商品的贸易使得财富不断地积累起来,并促成了对管理阶层的需要,以调节和控制商品、服务和土地的分配。土地所有权和水的占有权成为很有价值的经济资源,于是争夺资源的冲突增加。统治者和军队掌握权力并夺取大片土地,强迫农奴和无地的农民生产粮食、修建灌溉系统、建造庙宇殿堂,很多古代文明就是这样建立起来的。

4. 环境影响

比之早期的狩猎－采集社会和生计农业社会,以农业为基础的城市社会对环境的影响要大得多。若干文明中心出现了,人口日益增加,需要更多的食物,需要更多的木材作燃料和建筑材料。为满足这些需求,大片森林被砍伐,大片草原被开垦,许多野生动植物的生境被破坏而退化,乃至导致某些物种的灭绝。已开垦地区经营管理不善常常使土壤侵蚀大大加速,森林进一步遭受破坏,牧区出现过度放牧,使曾为肥美草原的地方变成沙漠。水土流失导致河流、湖泊和灌溉渠道的淤塞,很多古代著名的灌溉系统就这样遭致毁灭。

城市中人口集聚,废弃物累积,使得传染病、寄生虫等传播开来。13 世纪欧洲流行黑死病(鼠疫),使当时的人口下降到公元前 1000 年的水平。一些地方的水源、土地、森林、草地和野生生物等重要资源基础的逐渐退化,是使历史上一度辉煌的文明衰落的主要原因。中东、北非、地中海地区在公元前 3500 年到公元 500 年间都曾经有过经济和文化非常繁荣的农业文明,但这些文明都建筑在掠夺土地资源的基础上,结果终于走向衰落,例如美索不达米亚文明就是如此。中美洲的玛雅文明和中亚丝绸之路沿线的古文明也是如此(详见第六章)。农业的发展意味着人类已从狩猎者和采集者那种"自然界中的人"变成了农民、牧民和城市居民这种"与自然对抗的人"。人类对待自然的态度的这种变化具有深远的意义,很多学者认为这就是今天资源与环境问题的发轫。

(三) 工业社会中资源、环境的开发利用

1. 早期工业社会

17 世纪中叶开始于英国的工业革命,是自然资源开发利用史上的一个里程碑,也是人类历史上最重大的文明进化之一。自此,小规模的手工生产被大规模的机器生产所取代;以牲畜为动力的马车、犁耙、收

割机和以风为动力的帆船被以化石燃料为动力的火车、汽车、拖拉机、收割机和轮船所取代。

这些技术革新和发明,在几十年内就使欧洲和北美洲以农业为基础的城市社会转变为更加城市化的早期工业社会。工业社会(包括后来更先进的工业社会)的基础,从本质上说就是以人类智慧来提高人均能源消耗量。农业、制造业、交通运输业等都大量使用靠燃烧煤和石油提供动力的机器,替代那些曾经由人力和畜力做的工作。这在大大提高生产力、促进商品流通和贸易的同时,对自然资源的开发利用及其环境后果也产生了革命性的影响。

工业发展使流入城市(同时又是工业中心)的矿物原料、燃料、木材、食品等物资大大增加。其结果是,提供这些资源的非城市地区环境退化、资源耗损;而城市地区则被这些资源利用后的排泄物——烟尘、垃圾和其他废物所污染。

在农村,以化石燃料为动力的农业机械,以不可更新资源为原料的化肥,以及新的植物育种技术,大大提高了农作物的单位面积产量。农业生产力的提高又使从事农业的人数大为减少,于是大批农村人口迁入城市,城市化进一步扩展,废气、废水、废渣和噪声在城市里蔓延开来。

2. 发达工业社会

第一次世界大战后,效率更高的机器和规模更大的生产技术发展起来,构成后期工业社会的基础。后期工业社会有以下特征:

(1) 生产极大增长,同时利用广告之类的手段人为地制造需求,刺激消费,从而使消费也极大地增长。

(2) 对不可更新资源(如石油、煤、天然气、各种金属)的依赖大大增加。

(3) 合成材料出现,部分替代了天然材料,然而很多合成材料在环境中的分解是非常缓慢的,造成了环境污染。

(4) 人均能源消耗急剧上升。

人类—环境系统及其可持续性

后期工业社会在自然资源开发利用上所取得的成就,使生活在其中的大多数人都获得了可观的福利。例如,发明并大量生产了许多价廉物美的新产品;人均国民生产总值(GNP)显著上升;农业工业化,使农业劳动生产率大大提高,少数农民就可以生产出满足全社会需求的农产品;卫生、健康、营养、医疗条件大为改善,出生率得到控制,人均期望寿命也显著提高;由于健康条件、生育控制、教育水平、人均收入、老年保险等方面条件的改善,人口增长率也逐渐下降。

3. 环境影响

发达工业社会在给人类带来巨大福利的同时,也使业已存在的资源问题和环境问题更趋尖锐,并且产生了一些新的在各种尺度上都存在的问题,这些问题已威胁到人类自身的生存和发展:

(1) 地方尺度上,如污染物甚至有毒物渗入地下水。

(2) 区域尺度上,如森林破坏、土地退化、空气污染。

(3) 全球尺度上,温室气体(二氧化碳、甲烷等)在大气中累积和臭氧层破坏所引起的全球气候变化,一些物种已经灭绝,某些资源近于耗竭。

工业化使人类抗争自然的能力大大提高,于是人们(尤其是生活在发达国家城市里的人们)的一个错觉——即人类的作用在于征服自然——更加强化了,工业社会中的人更是"与自然对抗的人"。很多评论家指出,只要人们继续持有这种世界观,人类就会继续滥用地球生命支持系统,资源问题和环境问题还会进一步恶化。土地资源的严重退化已使许多古代农业文明衰落,在发达的工业社会,农业的工业化、不断扩展的采矿、城市化等等也使得表土、森林、草原、野生生物等可更新资源不断退化,不可更新资源渐趋耗竭,这会不会导致工业文明的衰落呢?

(四) 指数增长与资源概念的演变

从狩猎—采集社会经农业社会到工业社会,人类对自然资源的开发利用经历了漫长的历史过程,把各个社会发展阶段贯穿起来看,可以发现人口数量、资源消耗、环境影响程度都呈指数增长,人类关于自然资源的观念和认识也在不断发展。

1. 指数增长的性质

把历史上各个时期的人口数量标示在坐标图上,我们得到一条 J 形曲线(如图 5-1)。

有人对不同历史阶段的人均能源消耗也作过估算,把各数值标绘在坐标上,得出的也是一条 J 形曲线。

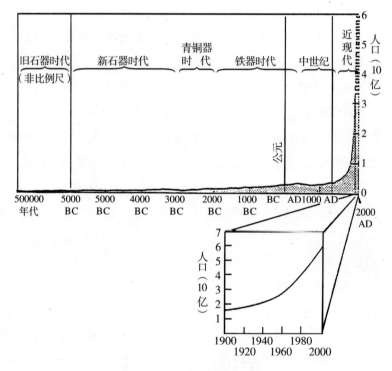

图 5-1　历史上的人口增长
(据参考文献〔1〕,第 322 页)

此外,《增长的极限》[3] 一书对世界化肥消耗、世界城市人口、世界工业生产、世界经济增长等都作过统计分析,把不同时期的数值在坐标图上连接起来也都得出了 J 形曲线。这些 J 形曲线其实是指数曲线,所以学术界把呈 J 形曲线的增长称为指数增长。有一个古代的故事有助于我们理解这种指数增长的性质。阿凡提与国王下棋赢了，国王问阿凡提要什么奖赏，阿凡提只要求在棋盘的第一个方格上放 1 粒麦子，在第二个方格上放 2 粒，第三个方格上放 4 粒，第四个方格上放 8 粒……，在以后的每格上都放上前一格两倍的麦粒数，一直到棋盘的最后一个（即第 64 个）方格。国王大笑，认为这是小事一桩，便欣然同意。后来他明白犯了一个最大的错误，因为他罄其所有也达不到这个要求。仅仅是在第 64 个方格上，国王就要付出 2^{63} 粒麦子，这是现在全世界小麦年总产量的 500 倍。阿凡提要弄了国王，他提出的数字是一个指数级数的和：

$$\sum_{n=0}^{63} 2^n \qquad [n = 0,1,2,3,\cdots\cdots,(64-1)]$$

这种指数级数常常给人以无足轻重的感觉。它开始的数量很小，但很快就会增长成巨大的数字。例如人口增长，2％的增长率似乎并不大，但若干年以后的人口数是：

$$A(1+r)^n$$

式中 A 为现在的人口基数，r 为增长率，n 为年数；按 2％的增长率，总数翻一番只需 35 年。凡呈指数增长的事物，其数量翻番的时间约为：

$$70 \div 增长率百分数$$

由此看来，一直呈指数增长的人口数量、资源消耗和环境影响程度若继续下去，总有一天会到达地球生命支持系统的极限。

2. 自然资源概念的演变

人类社会进化过程中，人口不断增多，生活水平不断提高，因而对自然资源的需求不断增加；另一方面，人类认识能力尤其是科学技术不断进步，关于自然资源的概念也不断发展，人类对自然资源的开发利用在种类、数量、规模、范围上都不断前进。表5-1对人类社会进化过程中自然资源概念的演化作了一个简单的概括。在石器时代，铜不是资

表5-1 自然资源概念的演变

社会发展阶段	文化时期	人类技术水平	新增的自然资源种类
狩猎—采集社会	旧石器时代	粗制石器、钻木取火	燧石、树木、鱼、兽、果
	新石器时代	精制石器、刀耕火种	栽培植物、驯化动物
农业社会	青铜器时代	青铜斧、犁、冶铜技术、轮轴机械、灌溉技术、木结构建筑	铜、锡矿石、耕地、木材、水流
	铁器时代	铁斧、犁、刀、冶铁技术、齿轮传动机械、石结构建筑、水磨	铁、铅、金、银、汞、石料、水力
	中世纪	风车、航海	风能、海洋水产
	文艺复兴期	爆破技术	硝石（炸药与肥料）
工业社会	产业革命期	蒸汽机	煤的大量使用
	殖民时期	火车、轮船、电力、炼钢、汽车、内燃机	石油
	一战前后	飞机、化肥	铝、磷、钾
	二战前后	人造纤维、原子技术	稀有元素、放射性元素；石油和煤不仅作为能源，也作为原料
	50年代后	空间技术、电子技术、生物技术等新技术	更多的稀有金属、半导体元素、遗传基因

资料来源：参考文献〔4〕，第33页。

源；在青铜器时代，铁不是资源；狩猎—采集社会里土地、水流就像阳光、空气一样，并不被看作资源。随着农牧业的兴起和灌溉技术的利用，土地、水也就成为资源了。生物工程技术兴起以前，生物基因未当作资源，但它现在是一个重要的资源。在人类生活水平较低的时期和地区，人们主要注意温饱，资源的概念是物质性的；而当生活水平提高后，人们就把风景、历史文化遗产、民俗风情等审美性的事物也当作资源了。50年代以前，石油都采自陆地；现在人类已在海洋开采石油。其他资源的开采范围也在向海洋扩展，未来的人类很可能会到月球、火

人类—环境系统及其可持续性

星上去开采资源。"洪水猛兽"曾被看作灾难,但当人类有能力驾驭它们以后,也可以变为资源。

另一方面,正如今天大部分十分珍贵的资源在几个世纪以前被认为毫无价值一样,当年很有价值的资源在今天看来可能也没有什么价值。例如某些作为染料用的植物,在染料化工发展起来以前曾是很宝贵的资源,但现在已无太大价值了。

总之,人类社会进化过程中对自然资源的认识和开发利用能力是不断发展的,因此有些学者(主要是历史学家和经济学家)对资源和环境问题的前景持乐观态度。

二、当代社会的资源、环境问题

如前所述,自然资源问题是随着人口数量、人类技术水平和生产力以及人类生活水平等的发展而变化的。当代世界人口已达 60 亿,而且增长的势头仍然很猛;技术水平方面,虽然信息社会已初见端倪,但发达国家仍处在工业社会阶段,广大发展中国家甚至还处在向工业社会过渡的阶段,人类社会基本上还是与自然对抗、向自然界夺取的社会;就生活水平而言,占世界人口大多数的发展中国家人民仍然贫困,生活水平亟待提高。在这样的情况下,人们普遍认识到,当代社会的人口膨胀、资源短缺、环境恶化已成为全世界共同的危机,它们对人类的挑战已远在意识形态、社会制度、国家利益之上。

(一) 全球的资源、环境问题

如果说资源和环境问题在历史上就已出现,但毕竟是局部的。在当代社会,除局部性问题更加恶化以外,人类又面临全球性的困扰。世界环境与发展委员会 1987 年发表的著名报告《我们共同的未来》中这样描述人类的变化:"我们这个星球正在经历一个惊人的发展和重大变化的时期。我们这个拥有 50 亿人口的世界必须在有限的生存环境内为另一个人类世界留下生存空间。据联合国预测,全球人口将在下一个世纪的某个期间稳定在 80 亿～140 亿之间……经济活动成倍增长，在下一个 50 年，全球经济将增长 5～10 倍"。

目前全球环境正陷入困境，尽管自然资源消耗和废物产生的规模已经十分庞大，但许多穷国的工业化和经济发展仍未实现，他们需要拼命地从工业化和经济发展中取得利益。农业和工业发展的压力高速排挤着其他物种，使它们濒临灭绝；同时也明显地侵蚀我们这个星球的土壤、森林、水域，降低了地球的承载能力，改变了地球大气的质量。如果人口继续倍增，经济活动继续迅猛发展，这些压力只会有增无减。如何摆脱这一困境，这个问题将影响我们这个星球在下个世纪的前途。

1. 大气圈——全球共同的资源

地球大气犹如一层屏蔽，保护着我们的星球，使之免遭太阳紫外线直接辐射的损害；同时大气圈又作为一个巨大的热容体，维持着地球表层的温度。目前人类大规模的矿物能源消耗不断将各种气体排放入大气层中，已经明显地危及大气圈的上述两种功能；这些气体不仅破坏了屏蔽紫外线的臭氧层，而且加强了大气圈作为一个整体的吸热特性，增强了大气圈的温室效应，所以称为温室气体。

臭氧保护层一旦遭破坏，无疑将使进入地球表面的紫外线辐射增加，从而危及生态系统。如果目前的趋势继续下去，那么大气中温室气体的积累量在 40 年内将增加到工业化前的 2 倍；到 21 世纪，温室气体的排放量还要再翻一番。按照目前所建立的全球气候系统模型，对这种温室气体倍增的效应尚有争论；但最近的一致看法似乎是，温室气体增加 1 倍将使地表平均气温上升 1.5～4.5℃，热带地区增温较少，而高纬地区增温较多。这种气候变化足以明显地改变世界上大部分地区的降雨格局和气温模式，对农业和林业产生重大影响，实际上对一切生命都有影响。

全球变暖的具体影响在许多方面仍然是未知数，原因之一是目前用以模拟气候变化的计算机模型还不能可靠地预测区域变化。然而在今后 50 年中全球变暖的后果很可能包括如下方面：海平面可能升高

30 厘米,同时伴随风、洋流、两极冰盖的冰雪积累、强风暴出现的频率等要素的变化;带病生物分布区的变化及其对人类健康的影响;降水分布的变化,这将影响水资源的利用和农业;沼泽、森林和其他自然生态系统的变化,这可能导致更多的植物和动物物种的灭绝。

2. 世界人口趋势——对自然资源的压力

世界各国都认识到了人口问题的严重性并采取措施控制人口,因此大多数国家每个妇女的平均生育率不断下降,然而由于生育率超过死亡率,世界人口仍不能达到稳定。按照联合国人口处的预测,1990～2025 年期间世界人口将增加 32 亿,其中 30 亿将出生在非洲、亚洲和拉丁美洲的发展中国家和地区;而在现在的发达国家和地区,将只增加 1.66 亿人口。发展中国家近年来人口的迅速增长,已形成了年轻人占主导地位的人口结构。随着这些年轻人达到其生育年龄,人口无疑还将进一步增加。这一人口构成状况将使得全球人口总量更难稳定,这也意味着在今后几十年内自然资源和粮食供给的压力将会继续加剧。

世界人口的另一主要趋势是城市人口迅速增长。据估计,未来增加人口中的 90% 将是城市人口,这是大多数发展中国家必然要经历的城市化的结果。这一发展趋势必将加剧城市地区的供需矛盾以及提供基本服务设施和基础设施的困难。

由此看来,人口危机主要是发展中国家的事,"挣扎在生存边缘上的人们,必然把凡能找到的耕地、牧场和燃料都利用起来,而不顾对世界资源的影响"[5]。实际上发达国家虽然人口增长率较低,但其每增加一个人口所耗费的自然资源,远比第三世界每增加一个人口所耗费的多。有人估计,若全世界人口都享有美国人 20 世纪 90 年代中期的生活水平,那么在当时的生产力和技术水平下,地球所能供养的人口最多仅为 10 亿左右。因此,人口对世界自然资源的压力,并非仅仅是发展中国家的问题,发达国家的奢靡消费,也是增加自然资源压力的一个原因。

3. 粮食和农业

过去20多年中,发展中国家的粮食大幅度增产,这使60年代普遍流行的马尔萨斯人口论一度销声匿迹。取得这一成就的原因是多方面的:种植面积扩大,选用高产新品种,化肥和农药的大量使用等等。然而这一成就的环境和资源代价也是明显的,而且这些代价在很长时期内是无法偿还的。目前世界农业所面临的挑战是,一方面是要农业增产,同时又要推行既在经济上合算又在资源和环境方面可接受的方法。

全球粮食和农业当前的主要趋势可以概括如下:

(1) 全球谷物产量持续增加,但从1983年开始增长速度已经放慢。绿色革命带来的收益可能已经到了极限,虽然还可望进一步增产,但已不大可能达到过去20多年的增产水平。

(2) 就人均产量而言,亚洲和发达国家较高,而其他地区尤其是非洲,人均产量很低。人均占有量也很不均衡。

(3) 世界谷物的库存已降到80年代以来的最低水平。

(4) 许多地区增加耕地面积的潜力已接近极限,按目前的人口预测,第三世界所有地区人均占有耕地将减少,供养日益增多的人口对农业用地的压力越来越大,而且面临土地普遍退化的威胁。

(5) 在大多数地区,虽然营养不良人口的相对百分数可能下降(非洲除外),但绝对数量将增加。在相当一部分地区,温饱仍然是一个严重的问题;粮食分配不平等,穷人无法获得足够的粮食,更加剧了这一问题。

未来世界粮食和农业资源的根本问题有两个,一是人均耕地面积的进一步减少,二是全球气候变化对农业的影响。

在许多发展中国家,耕地已显不足。若一个国家的潜在可耕地有70%已在耕作中,通常就称这个国家"土地资源不足"。而在亚洲,估计目前已有82%的可耕地投入耕作生产。在拉丁美洲和撒哈拉以南的非洲,虽然可耕地还有很大的储备,但这些保留地中大部分土壤条件较差,或者降水很不可靠,或受其他自然条件如土壤结构、地形坡度、土壤酸碱度等的限制。扩大耕地往往还要牺牲草地、林地、湿地和其他土地,而这些土地一般都在经济上很有价值,或者在生态上比较脆弱,开垦为农地会付出很大代价。因此,扩大耕地的前景不可乐观。相反,随着城市用地的不断扩大,随着荒漠化、盐碱化、涝渍和土壤侵蚀不断毁损土地,耕地会变得越来越少。可是如前所说,人口还会有较大增加,因此人均耕地将会显著减少。预计到2025年,全球人均耕地面积将从目前的0.28公顷下降到0.17公顷;在亚洲,则将降到0.09公顷。

大气中二氧化碳含量增加,会使作物光合作用强度增加,因此有可能使农业增产。但温室气体增加的其他的后果,例如作为世界粮食主产区的广大中纬地带降水量的减少,作物生长关键期土壤水分的亏缺,全球变暖促使作物病虫害增加等,将会抵消这种所谓"二氧化碳施肥"的效果,甚至会导致全球粮食产量的明显下降。

4. 生物资源

滥伐热带森林已成为当代具有全球影响的破坏资源和环境问题。据估计,1987年有1700万公顷郁闭林被砍伐,若加上被广泛砍伐的疏林地,那么全世界热带森林现在每年消失2040万公顷。滥伐热带森林的直接原因有三个,它们经常同时发生作用。第一,贫穷国家为了发展农业,安置穷人,不得不把森林变为耕地或种植园,以生产粮食满足食物需求,或生产橡胶、咖啡、可可、柚木等经济作物出口换取外汇。第二个原因是这些地区的人民需要直接出售木材赖以为生。森林消失的第三个原因是很多地区的人民对薪柴、饲料等的索取造成了严重的林地退化。砍伐森林所损失的不仅是树木和这些树木为无数物种所提供的生存环境,并且造成土地的严重退化;而现在更为引起人们关注的是森林大面积消失对全球气候的影响。森林被砍伐后,丧失了从大气中吸收二氧化碳的能力;而且林木燃烧、分解还会向大气排放大量二氧化碳。滥伐森林是大气中二氧化碳人为增加的仅次于燃烧矿物燃料的第二大根源。

大量的森林消失、土地退化及其他形式的环境退化大大加速了天然生境的损失和物种的灭绝,这种破坏程度是6000万年以来地球上从未有过的。一个宇宙中很可能是独一无二的地球生命支持系统历经30多亿年演化才形成的生物多样性正在丧失。生物多样性是地球上全部生命形式组成的宝贵资源,既包括野生的,也包括人工驯化的。这种资源可以从三种尺度上来看。最小的尺度是基因多样性,即有机个体基因构成的差别;最大的尺度是生态系统多样性,即囊括在不同自然环境下发生和发展的不同有机体的种种集合;介于两者之间的是一般尺度上的物种多样性。生物多样性减少的代价的确是昂贵的,除了一些物种的直接经济价值永远消失以外,生物多样性所提供的、人类社会赖以存在的各种"生态服务"也在逐渐丧失。因此,保护生物多样性刻不容缓。此外,从伦理上看,生命的所有形式都应受到尊重,人类必须考虑其他物种的健康。但最重要的或许是,科学正在不断地发现生物多样性能够缓和人类面临的许多困境和环境的破坏。

5. 能源与矿物原料

世界能源利用一直呈螺旋上升的趋势,矿物燃料消费的增长率在1986年是2.4%,1987年是3.1%,而1988年达到3.7%。若以世界储量寿命指数(即当前探明储量与年产量之比)来衡量矿物能源的可利用期限,那么石油为41年,天然气是58年,煤是218年。化石能源消耗量的持续增长将引发一系列的经济和环境问题。与此同时,薪柴——穷人的"石油"——预计将比今天更难获取,这意味着贫困地区满足基本生活需要的燃料将更紧缺,被砍伐的森林面积将进一步扩大,更多的畜粪和作物秸秆将用于炊事而不是用作有机肥。以上预测并未考虑日益增加的全球变暖效应,也未考虑目前正在积极寻求制定国际协定的种种可能性,这些国际协定企图稳定甚至减少二氧化碳的排放量,由此而降低矿物能源的消耗量。

最主要非燃料矿物的需求量和消费量,预计未来每年增加3%～5%。而就这些矿物的世界储量寿命指数来看,铝是224年,铜是41年,铅是22年,汞也是22年,镍是65年,锡是21年,锌也是21年,铁矿是 167 年。可见很多主要矿物资源不久即将枯竭。

6. 水资源

在一些地区,水资源的数量已感不足。虽然在全球范围内,水基本上是一种可更新的资源,但一些流域中被引走的淡水量已接近可更新供应的数量,而从某些地下含水层抽取的水量超过了天然补给量。随着人口的增加,农业、工业和城市用水的数量也要增加,预计今后取水量的年增长率为 2%～3%。目前人类每年从自然界取走的 3500 立方公里淡水中,约 2100 立方公里用于消耗(例如灌溉系统和工业冷却塔的蒸发),余下的 1400 立方公里变成废水又回归到河流和其他水体中,并常常是处于被污染的状况。

这就带来了水资源的另一大问题,即水污染。其主要来源,一是不断扩展的城市化造成的生活污水;二是工业生产过程中不断产生的废水;三是现代农业中大量使用化肥、农药所造成的化学物质径流,特别是氮肥,是产生所有水质问题中最广泛、最严重的问题之一。此外,农业灌溉使一些河流的含盐量增加,土壤侵蚀导致河道淤积等等。所有这些水污染问题,不仅导致可利用水资源的减少,而且还严重地影响自然界生态系统,例如造成水域富营养化,导致有害元素通过水生生物食物链的积累。

全球变暖很可能通过水文循环对水的流动,进而对淡水资源产生重大影响。就全球而言,较暖的气候将导致海洋蒸发的增加,因此可能增加河川径流和淡水资源;但各区域的变化将是非常不同和非常不确定的。据大气环流模型预测,全球表面大气温度平均每增加 0.5℃,大气年降水量将增加 10%之多。但据分析,降水很可能主要在北半球大陆的高纬度地区和全球低纬度地带增加,而中纬度地区将减少。因此,温度升高和降水减少将使北半球农业生产高度发达、集中了全世界大部分人口和城市的广大地区土壤水分和河川径流减少,水资源进一步紧张。

7. 海洋和海岸带

自 1950 年以来,世界海洋和淡水鱼类的总捕获量增加了近 4 倍,1988 年达 9740 万吨。其中海洋鱼获量由 1760 万吨上升到 8400 万吨,世界捕鱼量的绝大部分是在海洋中获得的。世界海洋和淡水渔场正在接近可持续产量的极限,联合国粮农组织曾估计这个极限为每年 1 亿吨。当渔场接近这个极限时,诸如富营养化作用、化学制品污染和养育场所的破坏等环境压力,将对其资源的生产力产生越来越大的影响。巨大的捕鱼压力和污染相交织的恶果已经在某些海域出现。一些处于重捕区和污染区的渔场,其捕捞量正在不断下降。1/4 的海洋渔场捕捞量已超过可维持再生产的资源量。

海岸带富营养化作用是全球普遍的现象,并且正在加剧。在富营养化过程中,过分丰富的养分(主要是氧和磷)引起藻类和其他水生植物迅速生长,当这些生物死亡时,分解出来的细菌要大量消耗水中的氧,导致鱼类和其他海洋生物大量死亡。养分来源主要是陆地的废物,特别是污水。此外,海洋中被抛弃的鱼网、海滩上的废弃物、石油在海洋运输过程中的溢漏以及钻井平台事故的泄漏等,都会导致海洋生物的灭绝和其他海洋资源的破坏。

全球变暖而使海水膨胀并使高山冰川和极地冰原融化,这将加速最近 100 年来一直在继续的海面上升。预计在下一个 100 年内,全球海平面将平均上升 100 厘米,将淹没由现在海岸线向内陆直到 20 公里远的土地,并严重影响世界上人口最稠密的大河三角洲地区,位置低下的一些岛国也将受到威胁。在过去几十年里,世界上约 70% 的砂质海岸已经受到侵蚀,海面上升肯定会加剧这种损失,这对世界上极有经济价值、高度发达的海边胜地尤其是个威胁。此外,可以预料,一个较高的海平面将使风暴潮加剧,使陆地排水受阻,使沿海洪水泛滥增加。

(二) 中国的资源、环境问题

在国家尺度上看,各国的自然资源情况大相径庭,所面临的自然资源问题也大不一样。美国、加拿大、澳大利亚、俄罗斯这样的资源大国，人口压力相对较轻，经济较发达，资源问题不是那么严重；而中国和许多发展中国家情况相反，资源、环境问题比较严重。

1. 中国自然资源的基本特点

（1）自然资源总量大，资源类型齐全

中国陆地面积 960 万平方公里，居世界第三位；耕地面积约 20 亿亩，居世界第四位；森林面积 18.7 亿亩，居世界第六位；草地约 60 亿亩，居世界第二位；地表水资源 2.6 万亿立方米，居世界第六位；按 45 种主要矿产资源的潜在价值计算，居世界第三位；水能、太阳能、煤炭资源分别居世界第一、第二、第三位。中国是世界上少数几个资源大国之一。

中国地形多样，气候复杂，形成多种多样的可更新自然资源和不可更新自然资源。中国目前已发现矿产 162 种，其中已探明储量的 148 种，是世界上少数几个矿种配套较为齐全的国家之一。此外，中国生物多样性也居世界前列。

一国的经济发展规模在一定程度上与该国的自然资源总量和类型有关。目前除日本外，世界上的经济大国都是自然资源大国。自然资源总量大、类型多是中国综合国力的重要方面，表明中国有较大的综合开发利用优势。

（2）人均资源量少

由于中国人口众多，各类资源人均占有量都低于世界平均水平。中国资源人均值与世界人均水平的比值，矿产是 1/2，土地面积为 1/3，森林资源是 1/6，草地资源是 1/3。尤其是耕地和水资源，前者中国人均 1.6 亩，不及世界平均水平 5.5 亩的 1/3；后者中国人均 2600 立方米，是世界平均水平 11000 立方米的 1/4。水土资源是难以增加也无法从国外进口的，它们已成为中国的稀缺资源。中国稀缺的耕地资源不仅人均数量少，而且后备资源也不足，据查净面积只有 1 亿多亩。与人口大国印度相比，其不仅耕地总面积（约 25 亿亩）和人均占有量（3

亩)皆大于中国,而且还有后备耕地资源 15 亿亩,远比中国丰富。中国主要自然资源的人均占有水平低,并将继续降低,这一难以改变的事实表明中国人口对资源的压力过大。

(3)资源空间分布不均衡,资源组合结构不匹配

中国耕地资源、森林资源、水资源的 90% 以上集中分布在东半壁,而能源、矿产等地下资源和天然草地相对集中于西部,自然资源的东西部差异极其明显。南北资源组合的差异也很大。长江以北平原广,耕地多,占全国总量的 63.9%;但水资源少,仅占全国总量的 17.2%。而长江以南则相反,山地面积大,耕地面积少,仅占全国耕地总量的 36.1%;但水资源丰沛,占全国总量的 82.8%。长江以北煤炭占全国的 75.2%,石油占 84.2%;而长江以南则严重缺乏能源。

(4)资源质量不一

在地表资源方面,中国耕地质量不够好,一等耕地约占 40%,中下等地和有限制因素的地占 60%;草地资源主要分布在半干旱、干旱地区与山区,资源质量较差;有林地资源则较好,一等有林地约占 65%。

在地下矿产资源方面,除煤炭以外,多数矿产资源贫矿多而富矿少,共生矿多而单一矿少,中小型矿多而大型矿少。在铁矿的保有储量中含铁量大于 30% 的富矿只占总储的 7.1%,90% 以上为贫矿。在能源中,优质能源石油、天然气只占探明能源储量的 28%。中国有些矿种虽然储量大,但矿石品位低,杂质多,产地分散,开发难度大。有的矿种计算储量的标准较低,如铁矿石以含铁量 30% 为标准,而很多国家要大于 50% 才算铁矿石。因此与国外相比,中国矿产实际储量还要低,开发难度更大。

2. 中国自然资源的供需矛盾与开发后果

(1)粮食的供需

人口数量的增长是粮食需求增加的重要因素。中国人口基数已经很大,今后 20~30 年内还将仍保持较高的增长速度,对粮食的需求将持续增长。但增加粮食供给的前景并不乐观,这使增加粮食生产受到

严重限制。第一,随着社会经济的发展,耕地不可避免地还要继续被占用,而中国后备耕地资源不足,因此耕地面积将逐年下降。第二,水资源不足,尤其是土地增产潜力较大的北方地区水资源紧缺,成为粮食增产的严重限制因素。第三,化肥投入的报酬递减趋势已经出现,今后靠化肥提高粮食生产的潜力有限。因此,中国粮食将长期紧缺,供不应求。

（2）能源的供需

中国煤炭资源丰富,但煤炭储量的地域分布极不平衡,煤炭运距不断增加,成为煤炭供给的一大限制。石油、天然气资源探明储量有限。水电、核电成本昂贵,很难大量开发。中国能源供应紧张的形势已持续多年,1985 年煤炭缺口 3000 余万吨,1986 年缺电约 400 亿千瓦时,使 1/4 的生产能力得不到发挥,损失的潜在工业产值 4000 亿元。按照当前对能源生产的需求及其增长速度来估算未来的能源需求,同时根据中国资源状况、运输条件及其他外部条件综合平衡,中国 2000 年的能源缺口将达 5 亿吨标准煤;如果能建立资源节约型的国民经济体系,则未来的能源供需仍有 1 亿吨标准煤的缺口。

（3）矿产资源的供需

中国主要矿产品已经供不应求,铁矿、锰矿、铬矿的进口量逐年上升,铜、铝、铅、锌、锡等有色金属也早就开始进口。近年来矿产品进出口的逆差都在 31 亿美元以上。可以说,中国已成为矿产资源进口大国。预计到 2000 年,中国现有铁矿的生产能力将有 10%～20% 消失,铜、铅、锌的生产能力将消失 40%。如果地质勘探无重大突破,那么到下世纪初中国金属矿产资源将出现全面紧张局面。

（4）资源承载力

中国在相当长时期内都将处于人口负荷过重的临界状态,并有可能超过资源承载极限。据一些学者研究[6],中国目前土地资源生产力的合理承载量为 11.5 亿人,超载约 1.5 亿。若按温饱标准计算,中国土地资源的最大承载能力为 15 亿～16 亿人口。若严格控制人口的目标能实现,2030 年人口将达到资源承载极限。若按目前的人口增长率,2015年就会突破这一极限。面对着人口的膨胀与经济高速增长对资源的需求日益增加的压力,中国正处于历史上最严峻的资源状况承载着历史上最大人口数的危机时刻。

(5) 资源开发的环境影响

中国资源开发的强度越来越大,所引起的生态环境问题长期积累,至今环境污染已迅速蔓延,自然生态已日趋恶化。部分地区土地长期集约经营,重用轻养,不适当地使用化肥和农药,造成土壤板结和污染,土地肥力下降。城市工业高速增长,乡镇企业大发展,相当程度上是以拼资源和环境污染为代价。此外,城乡基本建设大量占用本来已很有限的耕地,使十分紧张的人地关系随人口压力的不断增加而更加严峻。水土流失面积由 50 年代初的 116 万平方公里增加到现在的 153 万平方公里,每年流失表土 50 亿吨左右,带走氮、磷、钾约 4000 多万吨,相当于中国化肥的全年总产量。森林面积减少,目前覆盖率仅为 12%。草原退化面积达 7.7 亿亩,估计主要牧业省区可利用草原单位面积牧草产量到 2000 年将比 1988 年下降 30%。沙漠化土地不断扩展,平均每年达 1500 平方公里。环境污染已从城市向农村蔓延。工业三废和农药污染的耕地近 3 亿亩。估计 2000 年情况将更加严重,70% 的淡水资源将因污染而不能直接利用。

工业化国家在发展历史中都经历了"先污染,后治理"的过程,即不顾资源与环境代价促进经济增长,达到相当的发展阶段有了一定的能力后,再进行大规模的资源保护和环境治理。例如开始大规模治理环境污染时,美国的人均 GNP(国民生产总值)已达 11000 美元,日本亦超过了 4000 美元。而中国目前人均 GNP 还不到 1000 美元,社会尚无力量集中更多资金进行大规模的资源与环境治理,也很难指望在近期内跨越发展与治理的门槛。因此,社会经济发展与资源、环境保护的两难选择,将是长期困扰中国的矛盾。

三、自然资源限制下的人类社会未来展望

人类社会在经历了狩猎—采集社会、农业社会和工业社会后，进一步的发展已面临严峻的资源与环境限制，其未来将是什么样呢？一些未来学家指出，今后 50～75 年之间，人类将进入另一个重要的社会发展阶段。从技术发展角度看，可称之为信息社会或后工业社会；而从资源与环境的角度看，未来人类社会有几种可能：

（1）可持续发展的社会（sustainable development societies），也有人称之为持续地球上的社会（sustainable earth societies）。在这样的社会中，人与自然协调发展，共同为人类也为其他物种维护地球生命支持系统的完善。

（2）高度发达的技术社会（highly advanced technological socie-ties），或称超工业社会（superindustrialized societies）。这种社会继承工业社会"与自然对抗"的世界观，以人类技术水平的重大进展为基础，使人类能更有力地控制自然。

（3）未来的狩猎—采集社会（advanced hunter-gatherer societies）。由于极度的工业化和人口增长，同时又未能充分保护好资源和环境，或由于核战争之类的突发事件，使得地球资源耗尽，环境崩溃，人类大量死亡，幸存者寥寥无几，不得不过着类似狩猎者和采集者的生活，不得不回头去再作"自然中的人"。

以上三种预言到底哪一种实现？我们现在还很难判断，只有让历史来证明。我们现在需要认真对待前面已指出的那些问题，还要密切注意资源与环境问题的新动向，采取新策略。

就环境污染来说，我们迄今还只注意到危害人类健康的几十种常见水、气污染物。它们一般都是可见、可嗅或可测定的，其排放源都是所谓点源，也较容易监测。今后我们需要更多地注意对人类健康具有潜在危害的几千种微量化学剂，它们充斥在空气、水和食物中，大多数很难探测到，各国现行的污染控制法也很少注意到它们；其中有很多是

从无数分散的"非点源"上排放出来的,很难测定,也很难控制。

今后我们还会面临一系列更复杂、更隐蔽、分布更广泛、影响更持久的资源和环境问题,其中很多是全球性的大问题,如全球变暖、臭氧层破坏、海平面上升、酸性大气和降水沉降。要降低全球变暖的程度,就必须急剧减少二氧化碳和其他温室气体的排放;要制止臭氧层的破坏,就必须逐步禁止使用氟氯烃;要减少酸性沉降对森林和湖泊中水生生物的危害,就必须急剧减少二氧化硫和一氧化氮的排放。此类问题就涉及限制使用某些资源和开发替代能源,其中很多重大策略都需要制定国际协议和进行国际合作。

为了保护不可更新资源,使之能持续利用,我们需要大力加强矿物资源的循环利用和重复利用,节约能源,加速开发利用恒定的和可更新的能源。人类必须改变目前的生活方式和消费习惯,凡直接或间接导致资源浪费、环境污染或退化的,都应当抛弃。

野生生物保护应更加重视大型自然保护区,而不是现在这样重视在动物园和避难所内保护少数濒临灭绝的物种。一个很迫切的重要任务是制止(或至少要减缓)世界上现存热带森林的迅速破坏。人类还需尽最大的努力来恢复已退化的森林、草原、土地,应该积极开展并大力加强恢复生态学(restoration ecology)的研究。

对人口控制、环境治理和资源保护的研究,迄今大部分都是互相独立地进行的,解决一个领域的问题可能引起其他领域的新问题。我们应加深认识这些问题的相互关系,迫切需要对这些问题作综合研究,进行综合治理,制订协调的策略。

人的世界观和态度、行为是造成资源、环境问题的关键,也是解决这些问题的关键。人类必须在思想方式上有大的变革,把与自然对抗、从自然中夺取的态度,改变为与自然协调、利用自然的同时也保护自然的态度;把重视事后治理污染变为重视事前制止污染,防止潜在污染物进入环境,防患于未然。

参考文献

〔1〕 Simmons, I. G., *The Ecology of Natural Resources*, 2nd edition, Edward

Arnold，London，1981.

〔2〕 Miller Jr. ，G. T. ，*Resource Conservation and Management*，Wadsworth Publishing Company，Belmont，California，1990.

〔3〕 Meadows，D. H. et al. ，*The Limit to Growth*，Universe Books，New York，1972.

〔4〕 中国自然资源研究会:《自然资源研究的理论和方法》,科学出版社,1985 年。

〔5〕 美国环境质量委员会:《公元 2000 年全球研究》,科学技术文献出版社,1984 年。

〔6〕 中国科学院国情分析研究小组:《开源与节约——中国自然资源与人力资源的潜力与对策》,科学出版社,1992 年。

第六章　人类活动在"人类—环境系统"变化中的作用与影响

一、"人类—环境系统"变化的第三驱动力

新兴的地球系统科学认为,影响地球表面"人类—环境系统"变化有三大驱动力:第一是日地作用,第二是地核驱动,第三是人类活动。日地作用和地核驱动是引起"人类—环境系统"变化的真正外部作用力,而人类活动对"人类—环境系统"的干扰则是内部作用力的外化[1]。目前,这种外化了的内部作用力引起的环境变化,在某些方面已经接近或超过了由自然因素引起的环境变化的强度和速度。

(一)人类活动与环境相互作用的一般特点

人类活动,作为影响"人类—环境系统"的营力作用于环境,使环境产生巨大变化;而变化了的环境又反作用于人类。人类与环境之间的这种相互作用具有如下特点[2]:

(1)对立统一性。人类作用于环境,当其作用力超过环境的自我调节能力时,受作用的环境必然反作用于人类。即人类对环境的作用和环境对人类的反作用互为因果,互相依赖,构成一个对立统一体。

(2)正相关性。人类对环境的作用愈强烈,环境的反作用也愈显著。人类作用呈正效应时(如实行环境保护措施),环境的反作用也呈正效应(提高环境质量,有利于人类生存、健康和社会经济发展)。反之,人类将受到环境的报复(负效应)。

(3)时间和空间上的可分离性。从时间上看,环境的反作用可以与人类的作用同时发生,也可以滞后人类的作用。从空间上看,环境的

反作用可以发生于与人类作用于环境的同一区域范围内,但环境的反作用亦可易地发生,或在更大更宽的区域范围内发生,有时甚至会产生全球性影响。这是当前人类关心的热点。在这里必须指出的是,不应该将这里所说的"人类与环境作用的时间和空间的可分离性"与地球上所发生过程的时间尺度与空间尺度相关性的概念混淆起来。由于人类长期对环境施以负效应的破坏,实际上人类目前正同时受到环境的两重报复:累积报复(环境对历史上人类长期作用的叠加报复)和瞬时报复(环境对人类现时作用的同步报复)。

（二）人类在"人类—环境系统"中的优势地位与能动作用

作为一种营力,人类活动为什么对"人类—环境系统"有如此巨大的作用和影响? 在前面第二章中我们已较充分地论述了人类是唯一在生态系统中占优势地位的物种。下面说明人类在生态圈中的优势地位是如何确定的,说明人类的优势地位表现在哪些方面。

1. 人口数量

一般物种的种群增长由于受到各种限制因素的制约,其总数不会永远呈指数增长趋势,而是在一定的时候大致维持在环境系统对该物种的承载能力之上。其可用以下公式表达:

$$N = K/(1 + e^{(a-rt)})$$

式中 N 为种群个体数,K 为系统承载能力,e 为自然对数的底,a 为积分常数,r 为种群增长率,t 为时间。这个代数式的几何解释如图 6—1[3]。

由以上公式和图 6—1 表明,增长曲线有一条外渐进线 K,即一个种群会逐渐增长到接近环境系统的承载能力极限,此时 $r=0$,种群数量稳定在一定水平上,曲线呈 S 形。其所以如此,是因为若干限制因素(也称为环境阻抗)不允许种群按自身的生物潜力曲线增长。图 6—2 以动物为例[4],显示了各种环境阻抗及其影响。若无此类因素,任何生物的增长潜力曲线都会呈 J 字形,产生出可怕的绝对数量。

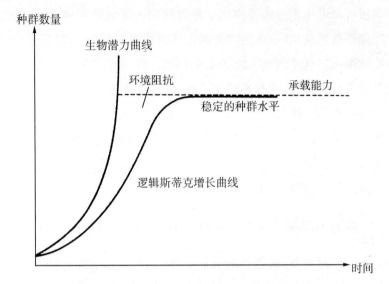

图 6—1　逻辑斯蒂克增长曲线与生物潜力曲线

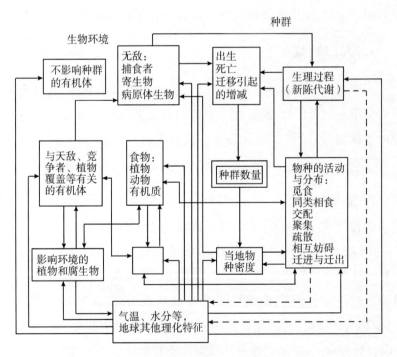

图 6—2　作用于动物种群的主要环境阻抗及其影响

当然,有些种群的数量不一定静态地稳定在某一水平上,而是围绕环境系统承载能力有所波动;还有些种群可能超越环境系统承载力,然后必定会面临死亡率增加和出生率下降的局面,于是种群数量回落到承载力水平以下。

然而我们都已经看到,迄今人口的增长历史表明,人类是唯一呈指数（J形）增长的物种,而且在今后相当长的一段时间内人口数仍呈J形增长。虽然从理论上讲全球应出现一种地球资源与环境系统可以维持的稳定的人口水平,而且就国家或地区而言也有了人口数稳定在某一水平的实例。但世界人口增长曲线什么时候会呈S形,现在尚不很清楚。因此,在种群规模和增长方面,人类显然已在全球生态系统中占据绝对优势,并将继续发展这种优势。人类之所以能达到这种优势地位,与其所具有的其他优势地位是有关系的。

2. 人类的适应能力

几乎所有物种都局限于适宜的生态环境内,例如大象只能生存在热带,北极熊仅出现于寒带。而人类则在几乎全部地球生态系统中都能生存。这是由于人类具有极强的适应能力,包括生理上的适应能力和文化上的适应能力。按著名地理学家卡尔·索尔（Carl Sauer）的看法,人类最宝贵的适应能力是其消化能力,这使人类能吃各种各样的食物。人处在食物网中任何消费者级别上都能生存,因此某一食物链的中断对人类的影响不大,他们可以转向另外的食物链。

3. 人类的意识和智力

人类是唯一具有反射性意识能力（即增强自己智力的自觉性的能力）的物种。由于有了这种意识,某些潜在的限制因素所造成的问题,对人类来说只不过是用文明手段适应环境就可以解决的问题。例如天气太冷不适于生存,只需穿上衣服就能解决。人类又是唯一具有主观能动性、能有意识地计划和控制自己行为的物种;是唯一能靠教育传授本领和知识的物种,因而能使每一代人的智慧、经验和技术得以积累,使文明和技术不断发展。因此,人类已部分地从本能和天然遗传中得到解放,其进化的动力主要是在文化方面而不是在生物学方面。人类与其他物种的最大不同之处,在于人类具有通过改变自己的文化而不是通过改变物种的遗传因素来改善自己与环境的关系的能力。

4. 人类的社会化大生产和现代科学技术

当代人类在生态圈中的优势地位的最重要方面,在于已形成社会化的大规模生产力,并且掌握了似乎无所不能的科学技术。人类可以靠社会化生产和科学技术大规模提高食物产量,解除食物资源短缺的限制;靠科学技术在极地建造温室,解除不利气候的限制;靠科学技术控制疾病,大大提高人类寿命,降低死亡率;甚至可以在一切生物皆不能生存的太空和外星创造出适于人类生存的环境。人类的社会实践活动已深刻地改变了自然资源系统的形态、结构,影响着它的前途和命运。人的行为和活动已具有了全球规模,就其威力和对自然资源系统的影响而言,堪与地质力量和达到地球的太阳能相比。

但人类毕竟是自然界的产物和其中的一部分,是源于自然、依赖自然的一个生物种群,人类与自然资源系统的其他组成要素具有千丝万缕的联系,其中最重要的是物质能量联系。

(三) 能量转换和利用——人类作用于"人类—环境系统"的主要途径

能量是联系人类及其环境的中介,这种中介的形式是多种多样的。首要的一种形式显然是人力本身,它只需要一般的生存条件就可直接发挥作用,虽然社会组织可以极大地改变其效率。而其他形式的能量对人类来说是外在的,在成为有用的作功方式以前必须经过转换利用,并因此需要对它们有某种程度的认识。我们已经看到,

人类—环境系统及其可持续性

人类在进化过程中先后认识而加以利用的外部能量形式有火、畜力、风力、水力、化石燃料和原子能，现在还开始了有经济意义的太阳能、海洋能、地热能等新能源的利用。随着人类利用外部能源的进展，对其他自然资源的利用也不断加速，从而使"人类－环境系统"的人口承载潜力不断提高。

当代人类社会的主导能源是化石燃料。人类利用储藏于煤、石油、天然气中的能量，以及水能和原子能，使自然资源的开发利用达到了前所未有的规模，整个经济不断向能源密集型发展。然而，人类对自然资源的态度主要被眼前的经济利益所左右，克服这个问题的主要途径是进一步扩大人类经济活动。但是这种趋势是难以持续的，因为当代经济赖以为基础的化石燃料是不可更新资源，迟早要面临资源枯竭的问题；此外，这种形式的人类活动带来了严重的环境影响问题。

以当代农业为例，它是靠巨大的物质能量投入维持的。以化石能源为动力的机械取代了传统的人力和畜力，耕作实现机械化，施肥大量使用化学肥料，除草也以机械方式或化学方式进行，以及农药的使用等，都加剧了物质能量投入和对环境的影响。图6－3概括地表示了现代农业中的能量流，由此，可见化石燃料的重要作用，它使每个农业人口可以养活32倍于己的城市－工业人口，然而其资源代价也是巨大的。有人算过一笔经济账，美国每公顷谷物产量大约价值23.4美元，而需投入的物质能量就价值21.87美元[3]。此例和图6－3中都还没有包括这种投入所产生的副作用和对环境的影响。

表6－1和表6－2显示了能源作为一个极其重要的因素在人与环境关系中的作用。表6－1显示了不同食物生产系统中的相对生产率（以干物质量和能量含量表示），由此可以看出从无化石能源辅助的系统到有化石能源投入的系统生产率急剧增加的情况。

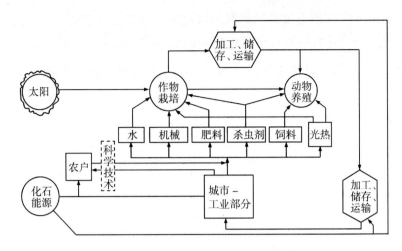

图 6-3　当代农业中能量流的简化网络图示

表 6-1　自然资源系统的食物生产率（净第一性生产中的可食部分）[4]

农业水平	干 物 质 （公斤/公顷·年）	能 量 （焦耳/米²·年）
食物采集文化	0.4~20	840~41870
无化石能源辅助的农业	50~2000	104675~4187000
有化石能源辅助的谷物农业	2000~20000	4187000~41870000
有能源辅助的海藻养殖理论值	20000~80000	41870000~167480000

表 6-2　按能量流划分的生态系统类型[7]

生态系统类型	能量流范围 （焦耳/米²·年）	均 值
1. 无额外天然太阳能辅助的生态系统,如开放性海洋和高地森林。人的作用:狩猎、采集。	4187000 ~ 41870000	8374000
2. 有额外天然太阳能辅助的生态系统,如潮汐河口、低地森林、珊瑚礁。自然过程有助于额外太阳能输入,例如潮汐、波浪带来有机物质或促进营养循环,额外太阳能进入有机物质生产过程。这是地球上最有生产力的天然生态系统。人的作用:捕鱼、狩猎、采集。	41870000 ~ 209350000*	83740000

人类—环境系统及其可持续性

| 3. 额外人为太阳能辅助的生态系统,如在传统农业中由人力或畜力辅助的食物与纤维生产生态系统,以及现代机械化农业中由化石能源辅助的农业生态系统。例如,绿色革命使作物不仅利用太阳能,也利用化石能源作为肥料、杀虫剂,并常需灌溉,某些水产养殖生态系统也属此类。 | 41870000 ~ 209350000* | 83740000 |
| 4. 化石能源辅助的城市—工业系统。化石能源已经取代太阳能成为最主要的直接能源。这些生产财富的经济系统,也是环境污染的发生器。它们依赖上述 1~3 类生态系统提供生命支持(如供氧)和提供食物。 | 418700000 ~ 12561000000 | 837400000 |

* 最有生产力的天然生态系统以及最有生产力的农业系统看来也有上限,即 209350000 焦耳/米^2·年。

表 6—2 把食物生产放到更广的背景上来考察,即按照能量特征和密集程度来作资源系统分类,然后考察各类资源系统中人对能量流的影响。最上面是天然的资源系统,其中人类仅在狩猎—采集水平上起作用,人与自然都未给食物生产提供任何能量辅助。第二类是天然辅助的资源系统,其中有天然的额外能量输入,最典型的例子是潮汐为河口海湾和藻(珊瑚)礁带来能量和营养碎屑,也带走废物;另一个典型例子是红树林河口,洪水带来稳定的淤泥输入。第三与第四类资源系统都受到化石能源输入的作用,并有赖于其他系统提供物质。甚至还有需要更多能量投入的系统,例如宇航员在太空的生存环境中,每人每天需要 2.7×10^{12} 千卡(1 卡=4.18 焦)的能量投入,这简直是一个天文数字。

(四) 人类活动作用于"人类—环境系统"的限制因素

1. 限制因素与人类活动

人类活动作用于"人类—环境系统"受到好多因素的限制。在对生态系统的研究中经常提到一个重要的概念——限制因素。李比西(Liebig)首先提出所谓"最小量定律"(Law of minimum)[6],指植物生长受制于其所必须的化学物质中最小供给量的因子限制,后来这个概念被扩展到包含更多因素。人们认识到一个有机体的稳定存在有赖于一整套复杂条件,于是现在用得更多的是"容限"(tolerance)概念。容限不仅指种群对环境因子的耐性,也指对种内攻击和种间竞争的耐性。每一种因素都有一种容限,而且,会随着其他因素的变化而产生协同变化。

在天然生态系统中,最基本的限制因子必然是投射进该系统中的太阳能量,但是在这个总限制范围内还会有很多其他的限制因子起作用。某一种矿物养分的供给不仅会限制植物的生长,而且由于它对动物的新陈代谢有重要作用,因而也会限制动物的数量。现在已知像硼这样的微量元素对于动物营养是很重要的,这就使人们对限制因子的作用方式有了新的认识,即生态系统中一个很不起眼的成分也会成为一种限制因子。人类可以通过诸如施放化肥之类的活动缓解某种限制因子;人类活动也会带来一些更严重的限制因子,例如向海岸带水体中排放未经处理的废物,这会减少其中植物所能得到的光照从而限制了光合生产力,以及带来其他一些限制,例如降低其旅游价值。

2. 物种多样性与人类活动

生态系统还有一个较易测度的特征,即生态系统的物种多样性,常表达为物种的数量比或物种所占的面积比。此类比率在生态系统演变的早期和中期呈增长趋势,但一旦达到稳定状态或顶极状态就不再增加甚至略有减少。多样性表明生态系统的复杂程度,也表明系统中能量流的强度以及能量转换的效率,即越是多样,能量流越强,其转换效率越高。生态系统中的物种越多样,某物种的食物来源也越多样,其捕食者也同样越多样,构成的食物网络越复杂,于是任何意外的扰动将被衰弱。因此就提出了一个假设:生态系统的稳定性是其多样性的函数。看来这个观念对一般情况是完全符合的。

此外,一些研究表明:某一个营养级的稳定性随其竞争物种的增加而增加。还有一些研究表明:某营养级的多样性随高一级营养级稳定性的降低而增加。此外,在某些系统中,一个关键成分可决定整个系统的稳定性。在人为生态系统(例如农田生态系统和排污系统)中,往往要取走大量资源或注入大量废物,系统稳定性取决于系统受到干扰后恢复到初始状态的能力,或在某种持久应力下维持新稳定水平的能力。关于生态系统受人类活动改变后恢复能力的分析和预测是一个新课题,这显然是一个实践意义和学术意义都十分重大的领域。

3. 资源、环境系统的稳定性与人类活动

生态系统还有一种复杂的稳定机制,用控制论术语就称为负反馈环,它趋向于维持系统的稳定状态。在有机体的生长繁殖、死亡和迁移,及其所涉及的非生物成分过程中,都有许多反馈环,它们控制系统中物质能量运动的数量和速率。

系统的不稳定性是无序的结果,按照热力学中的熵概念来作解释就是:无序程度增加的系统,其熵增加;趋于有序的系统,其负熵增加。由此看来,生命本身就是一种巨大的负熵并在不断积累负熵。如果能够测量系统中熵或其等价物的变化速率,那么就可以用此类参数来衡量系统的"健康"状态,这对于控制资源过程显然是很有用的。人在资源开发利用过程中的主要活动看来是不断破坏生态系统的稳态机制和增加不稳定性,有时竟达到使生态系统彻底崩溃的地步。例如草坡过牧,开始时迅速降低植物生产力(因而减少植物产量),然后又导致土壤侵蚀。在此类资源过程中,如能及时掌握生态系统的"健康"状态,显然有利于控制其破坏,并找到恢复生态平衡的措施。

(五)人类活动对"人类—环境系统"的作用方式

1. 人类对物质能量流的干预

按生态学术语来说,人类对生物资源的利用就是在一定的空间范围内取走生态系统中富含能量的物质,又把资源利用后的产物返还同一系统或其他系统。能量作为热能消散后就不可恢复,但其他产物对

全球生态系统而言,事实上并未消失。

　　人类输入生态系统的物质和能量有多种形式,但现在大多数输入资源过程的能量都来自化石燃料,某些物质也来自矿物和岩石。整个生物资源的利用过程都伴随着人为的物质和能量投入。人在地球表面的迁移能力有赖于掌握一定的能源,而这方面技术的发展又意味着把植物和动物物种从其自然生境转移到其他地方。很多物种到了新的生境就不能生存;但某些物种在新的生境反而大量繁殖,前面所述的兔子在澳大利亚引入和大量繁殖就是广为人知的一例。当某些生境未被本土动物占据,或当外来物种战胜本土物种时,引进的物种就可能成功地繁殖;这也可能是由于它们避开了天敌,并且在新生境上无任何新天敌之故。高度人为干扰的生态系统,如城市垃圾堆放地和农作物地,常常为引进新物种(如老鼠)提供生境。

　　在作物生产过程中,作物的竞争者被人为地除掉,以便把本来要被它们消耗掉的物质和能量让给选定的作物。这些竞争者被称为"杂草"或"害虫"、"害兽",而在天然生态系统中是无所谓"杂草"、"害虫"的,所有这些都是文化上的概念。除掉竞争者也就使生态系统简单化,从而减少了系统中总的能量流。这种把食物链引导向人类聚集的过程可能会增加作物产量并使之更富营养,但系统中总的能量流并不一定比天然状态更多,损失的部分是靠化石燃料来补偿的[9]。

2. 人类对生物演替过程的干预

　　生物演替过程意味着建立多样性,但人类活动常常打断甚至逆转这一过程而将生态系统保持在某种早期阶段。例如,过度垦殖就引起生态系统退化到演替的早期阶段,并极易造成土壤侵蚀;半干旱草原的过度放牧使荒漠地区扩大;森林的过度砍伐使其倒退为灌丛和草地。此类逆向演替是不稳定的:或将顺向演替(在一定的自然条件下并制止人为破坏),或将进一步逆向演替(若进一步人为干预)。但人类对这种不稳定性的反映常常是再增加物质能量投入,这使人类干预呈螺旋形上升;为了维持某一阶段的暂时稳定,就必须投入一定物质能量;为取

人类—环境系统及其可持续性

得下一阶段的均衡,则要投入更多的物质能量。

生态系统单一化的另一个后果是某些生物的灭绝。由于长期的生物捕杀、采伐以及生境破坏,很多动、植物物种已在地方范围和区域范围乃至全球范围内被消灭,这种基因(遗传)资源损失的后果很可能是灾难性的。

3. 人类对资源、环境系统的控制

人类干预生态系统过程的后果就是把天然生态系统转换为能被人类利用的自然资源,这种转换的表现常常可以从资源利用方式上看出来。因此可以按照资源利用类型来分析人类的控制作用。

在过去的某一历史阶段,所有生态系统都无人类参与而保持原始状态。但现在这样的地方已是凤毛麟角了,大多数陆地表面都不同程度地受到人类活动的干扰。我们可以根据人类干预程度的强弱排列出一种资源利用序列,在这个序列的一端是人类尚未触及的生态系统,或人类有意尽可能保留其天然状态的生态系统,如极地、高山和外海以及自然保护区;另一端则是人类的建设使其自然性质完全改变的生态系统,如城市。

我们希望了解多种人工生态系统的性质和特点,例如它们的第一性生产力和第二性生产力,它们对人类日益增长的需求和索取的反应,以及它们被人类干预的性质和过程。但目前我们的认识水平尚未足以使我们获得有关的完备数据,虽然"国际生物学计划"一类的研究也产生了许多有关生态系统生产力的知识,但迄今还只能限于对人的作用作一般的说明。

除了完全无人迹的土地外,某些自然风景区和自然保护区代表着受人类干扰最少的状态。人类利用和经营此类地区的目标一般是尽可能小地扰动其自然现状,甚至使其回复到更原始的状态。这种目标甚至可能会引导到过分的地步,例如会使人们去制止一些天然演替过程(如林火),而这些过程在天然状态下的偶尔发生对于保护某些特殊生物或景观是有积极作用的。此类生态系统的限制因子常常是某些有意

保护的生物的数量，或者是参观旅游者的数量，它们如果数量过多就会损害景观的质量。因此，人类控制此类生态系统的方式之一是控制某些已超过承载能力的动物种群数量，或保护濒临灭绝物种。

水资源的汇聚量较多地受人类控制。在开发程度较低的地区，这种活动常常能与原有的土地利用很好结合。除了由于建坝而使一些陆地为水体取代而造成大的景观变化外，流域范围内并无什么变化。而关于森林对于产水的作用是有利（由于稳定释放）还是有害（由于蒸腾使系统内相当一部分水分返回大气圈），目前尚无完全一致的意见。水资源一旦被储存，其利用就完全受人类控制了，例如用于灌溉和导向城市作生活与工业供水；然而水体越大，受人类控制的影响越小。

畜牧业和林业是历史悠久的土地利用方式，它们受人类控制的程度是逐渐加强的，但都保持着天然再生过程。现代林业在发达国家（如欧洲国家）更像种植业，人类控制森林的营养投入，精心地剪枝扶壮，慷慨地使用杀虫剂，有控制地择伐等等。因此林业中受人类控制的程度很不一样，从很少人工控制到完全人工控制都有。总的看来，现代林业的人工控制比放牧业多，但比种植业少。按生态学观点看来，"林业"就意味着取走当地生态系统中的物质能量，意味着优势群落的消失。

农业受人类控制的程度很高，其可分三种基本类型。第一种是游动农业（shifting agriculture），即土地耕作一段时间后又弃耕，以使其返还原来状态，恢复地力。可是当人口达到一定水平，需要在地力恢复以前就再次播种时，此类农业的收成必然递减，并引起土壤侵蚀和土地退化。第二种是传统农业，它是靠人力（和畜力），并大量返还有机物或从周围生态系统中取得有机物（有机肥）以维持其产量和稳定性的农业。同样，若人口过多，此类生态系统也易退化。第三种是现代农业（或称石油农业），呈工业化趋势，靠大量的化石燃料投入维持其高生产力，这些物质能量都取自系统之外，系统内的有机物也多被取走而很少返还。

受人类控制程度最高的是城市生态系统，它更是靠从系统外输入物质能量来维持的，它本身又对其他生态系统发生影响。

人类—环境系统及其可持续性

二、人类对"人类—环境系统"的改造及其地理后果

(一)科学技术发展与人类对自然界的改造

人类改造自然的思想可以在古代思想家那里找到其渊源,例如荀子"制天命而用之"的观点,以及《圣经》中关于神为人创造天地、人利用万物、主宰和统治万物的表述。近代英国哲学家培根和洛克更进一步把这种思想推向轰轰烈烈的实践。培根的名言"知识就是力量"鼓舞着人类向大自然开战,他认为人类为了统治自然需要认识自然,科学真正目的就是认识自然的奥秘,从而找到征服自然的途径。洛克则指出:"对自然的否定就是通往幸福之路"[10]。不言而喻,这种思想及其实践对于人类社会的发展起了伟大的促进作用,而科学技术本身无论在过去、现在和将来都是协调人地关系的重要手段。整个科学技术的发展就是一部人类不断深入广泛地认识、利用和改造自然的历史,整个人类生产力的发展就是不断应用科学技术向大自然进攻的历史。到了20世纪,工业社会的科学技术和生产力发展到如此辉煌的程度,以至几乎没有什么自然条件可以阻挡人们为满足自己不断增长的需要而去向地球索取。

在"人类—环境系统"中,主动积极的方面是人类。人类在利用自然资源的同时,也参与了地理环境物质与能量的交换,并且不可避免地改变着地理环境。原始的狩猎者和采集者已在某种程度上改造了"人类—环境系统";火的掌握,耕作业与畜牧业的产生,化石能源及冶金技术的发明和应用,灌溉系统的建立,机械工业的发展……人类在这一系列科学技术进步的阶段中都对自然环境打上了自己的烙印。但是,在人类改造自然的历史中,只是现代科学技术的出现和发展才形成了质的飞跃。

人类以强大的现代科学技术和社会化大生产为武器,上演了一出出沧海变桑田、"大荒"变"大仓"、荒山变梯田、荒原成沃土、沙漠变绿洲

的威武雄壮之话剧。人类"点石成金",沉睡千万年的地下矿藏终见天日,成为造福人类的巨大财富。人类进行了"绿色革命",使食物产量提高了不知多少倍。人类修筑了运河与大坝,开辟了道路与航道,"让高山低头、河水让路","喝令三山五岳开道"。人类创造了城市、工业等人文景观,彻底改变了自然界的面貌。

当代的工业生产,大约每 10 年翻一番。从 1913 年到 1974 年的 60 年中,世界人口增加了原来的 2.2 倍,而钢产量增加 8.3 倍,化肥产量增加 50 倍,铝的产量增加 200 倍,合成树脂和润滑油增加 890 倍。

现代工业生产以大量消耗能源和水为其特征。每生产 1 吨合成纤维需要 2500～5000 吨水,生产 1 吨铝比生产 1 吨钢需要多 15 倍以上的能源和 10 倍以上的水。20 世纪上半叶期间能源的消耗增加了 3 倍,其中石油和天然气的消耗超速增长,最近 25 年来前者增长 4 倍,后者增长 6 倍。

目前,全世界每年在生产和生活方面对水的需求达 3500 立方公里,几乎占世界径流量的 1/10。每年从岩石圈中开采大约 1000 亿吨矿石,其中化石燃料超过 70 亿吨;每年消耗食物产品 90 亿吨;燃料的燃烧消耗 80 亿～160 亿吨气态氧[11]。

为了提供地球上人口生存所需的食物,人类已把大片的天然植被开垦为农田。今后,要充足地供养日益增加的人口,到 2020 年至少需把粮食产量提高 2 倍,畜牧产品扩大 3 倍。若以现有的耕地和牧草地,即使考虑到可预见的生产方式和技术进步,要达到这种目标是不可能的,必须开垦新的土地。但是地球上可开垦的土地已所剩无几,同时需要保留森林以维持生态平衡,进一步扩大农垦的面积也未必合理,加之城市化、工业化、基础设施建设、矿山、水利建设等也需要土地,扩大耕地的潜力是有限的。

资源耗竭仅仅是科学技术对自然环境作用的一个方面,另一方面是人类大规模开发利用自然资源的同时,排出相当数量的废物污染环境。全世界每年排入大气的二氧化碳达 240 亿吨,其他气体(多数为有毒或有害的气体)5 亿吨,烟尘 10 亿吨。大多数有害物质经径流集中

人类—环境系统及其可持续性

到河流和湖泊中,致使河湖遭受污染。此外,每年还产生大量的固体废物,仅生活残渣就有 10 亿吨。

工业和城市固然是环境污染的罪魁祸首,但农业也同样负有责任。全世界每年往农田里施放 30 亿吨化肥和 400 万吨有毒的杀虫剂和农药,其中绝大部分渗入地表水和地下水中。

人类在改造自然界中创造了巨大的物质财富,极大地提高了人类的福利;但也产生了消极影响,使人类社会自身遭受经济的和生态的双重损害。经济上的损害表现为物质上的损失,即各种宝贵的资源无可挽回地耗竭和退化;同时也表现为生产条件的恶化和生产成本的增加,如可供利用的优质原料趋于减少,矿产开发的难度增加,需要增加污水处理和粉尘处理的设备,等等。生态上的损害,是指人类生活环境质量变坏,各种有害物质损害人类健康,景观美学质量被破坏,等等。

(二)人类改造自然界的地理后果

人类改造大自然的结果,除了对人类社会本身产生影响外,对“人类—环境系统”的冲击更为明显。按照“人类—环境系统”的结构和功能,人类改造自然界的地理后果可从以下几个环节上分析。

1. 景观形态和结构的改变

城市景观、工业景观、乡村聚落、人工园林、人工梯田等,已根本改变了自然景观的原始形态和结构。人类通过机械搬移和重力作用,也显著改造了自然景观的面貌。如矿石开采和搬运的直接后果,形成了人为的中、小地形:采石场、沟、矸石山、土石堤、废石堆等;其伴生的后果是形成塌陷、崩塌、滑坡,以及地下水和水文网局部水位和水文状况的变化。又如植被的毁坏直接改变了地表覆盖的形态和性质,土壤的耕作直接改变了地表微形态,它们在重力作用下还导致水土流失这一从属后果。到目前为止,世界上差不多一半的耕地(600 万～700 万平方公里)已被严重侵蚀和冲刷,陆地每年因水蚀和风蚀而丧失的肥沃表土数十亿吨,并且造成冲沟、沙丘、地上河、吹蚀等人工地貌,致使自然景观的形态和结构发生不可逆转的改变。

由于人类活动的影响已直接或间接地触及到地球表层几乎每一个角落,地球表面实际上已不存在天然景观,而差不多全部为人为景观所取代了。但是,无论景观的变化如何强烈,它依然是自然界的一部分,并且完全服从自然规律。人类不可能消灭天然景观之间的差别,人类也不能创造新的景观组成成分,而只是把新的要素,如工程建筑物、农田、采伐迹地、人工水体等移入景观。景观总是排斥异己的东西,人类作用停止后,自然景观总是要恢复被破坏了的平衡。人工移入的新要素并不稳定,没有人类经常、固定的支持,它们就不能独立存在,工程建筑物总是遭受自然消磨和破坏,农田会长出杂草,采伐迹地将重新演替为森林,人工水体将被淤塞。

只有当人类对景观的作用恰好符合景观原有的自然趋势时,人为要素才能获得稳定的结果,如人工造林、坡地改梯田。此外,当人们偶然地或有意地把某物种移入另一景观,而该景观恰好具备有利的生景条件时,这种人为要素也能获得稳定的后果,典型的例子是 1859 年运到澳大利亚的家兔急剧地繁衍开来。

根据人类活动对景观形态和结构的改变程度,可把自然景观分类为几个变种:

(1)原始景观:极地、极高山等未受人类活动直接影响或经济利用的景观,但仍存在人类间接的影响,如科学考察和人工排放物的漂移。

(2)轻微改变的景观:在粗放的经济利用下,如有限的狩猎、捕鱼和森林择伐,景观中只有个别成分受到损害,但是基本的自然联系仍然没有被根本改变,而且变化具有可逆的性质,如自然保护区、某些苔原和荒漠景观。

(3)强烈改变的景观:遭受到强烈的人类活动干扰,致使景观中很多成分受到损害,并导致景观结构发生重大的改变,这种变化往往是不可逆的,而且是有害的。如土壤侵蚀,沼泽化,盐渍化,以及大气、水体和土地的过度污染等。

(4)文化景观:城市、工业区、农田等人工生态系统中,人类活动的强烈程度和影响程度都超过了自然因素,但是符合自然界的规律,而且对人类社会有利。

2. 水分循环和水量平衡的改变

在现代技术水平条件下,对河流进行调节和再分配已成为常事,这显著地改变了"人类—环境系统"中的水分循环和水量平衡,其中最严重的地理后果是由于建立人工水库引起的。各种大型水库改变了周围地区的气候,引起地下水位上升,又导致从属的沼泽化、盐渍化和森林退化。

人工灌溉系统的发展使陆地水平衡发生根本的变化。人工灌溉增加了蒸腾和蒸发,改变了地表的反射能力,从而引起辐射平衡和气候变化,如局地大气湿度和温度改变。此外,伴随着人工灌溉,常常是地下水位的提高,盐渍化和沼泽化。另一方面,排干沼泽、围湖造田等人类活动,有时导致水源干涸、河流淤浅、邻近地区变干。

人工防护林带的建立及农业中保墒技术措施的应用,使得地表径流减少,土壤水分和地下水储量增多,蒸腾作用增强,从而导致食物产量提高。合理的排灌结合,使过湿或过干的地区水分循环和水量趋于平衡。

3. 对热量平衡的干扰

下垫面的改造(如灌溉、人工林地、水库的建立),向大气排放尘埃,大气中二氧化碳和其他"温室气体"的增加,化石燃料的巨量燃烧,这些人类活动间接地导致地球表层大气圈中热量平衡的多种多样的变化。

从全球尺度上看,在人类能源生产过程中产生的热量,每100~200年就相当于全部陆地的平衡值。大气中尘埃的增加将使地表的平均温度降低大约0.5℃。温室气体的增长将导致全球变暖。大多数学者认为,这些因素的综合作用将使2050年地球表层的温度上升1.5~4.5℃。这又将使占地球表面积2/3的海洋水体膨胀,加上冰川和冰盖的融化必然引起海平面的上升、大气循环和其他自然过程的改变。全球气候变化及其影响已成为现在学术界和决策界非常关注的问题，这将在后面的章节中详细讨论。

在区域和局地尺度，城市热岛效应、水库和灌溉区的热量变化已是可以直接感觉到的事情。

4．化学元素的人为迁移

人类从地壳中提取许多元素，最多的是碳，其次是钙、铁、铝、氯、钠、硫、氮、磷等等。人类从中获得新的物质和财富，并通过各种途径散布到地球表面。同时，人类通过作物从土壤中取走各种元素，如碳、氮、磷、钾、钙等；而施入的肥料远远不够补偿土壤的亏损。

进入人工循环系统中的元素，有许多通过人为循环系统的各个环节时逐渐消失，主要是发散到大气空间中。其中又有许多散落到土壤里，渗入地表水和地下水中，然后进入食物链。某些气体如二氧化碳和一氧化碳，可以部分为海洋吸收；大气中流动的那一部分，则通过径流进入海洋。在这种循环过程中，各种元素和物质都表现出重要的生物作用，其中有不少是对人和动物有毒的，如硫的化合物、氟、一氧化碳、碳氢化合物、二氧化氮等。二氧化碳在水中浓度的增加，将加强对石灰岩和混凝土的溶蚀作用；大气中的二氧化硫最终变成硫酸，随雨水下落，这就是加速金属和建筑物腐蚀的酸雨。

虽然在现代工业中许多的人工排放物（各种酸、酚、石油产品的废液等）开始有了独立的排污道，但大多数排放物尤其是化肥和农药、杀虫剂则进入水体中，导致水体生物化学状况的恶化。

元素水迁移的最后归属是海洋，致使世界海洋污染日益加剧，加上海洋越来越被大型油船和海上油井泄漏之类的污染所害，使它与大气圈的气体和热量交换受到影响，并导致海洋生物生存条件的恶化。

5．生物学平衡的打破

有机界对人类的作用是非常敏感的，是最容易被人类活动改变的自然要素。人类大面积地砍伐森林，将林地改变为牧场和农田，使广大

人类—环境系统及其可持续性

的天然植被完全消失。最近 300 年来，人类砍伐的森林面积为陆地总面积的 1/5；取而代之的是人工植物群落、居民地、建筑群和荒地。人类活动也使大量物种遭到灭绝，导致对生态平衡和生态稳定性至关重要的生物多样性受到威胁。

人类对物种、生物群落和生态系统的干扰，尤其对植被的大量破坏，又使其他自然要素更为脆弱。例如，众所周知森林的保土、保水、抗蚀作用，一旦森林毁坏，水土流失、水文状况恶化的结果也就不可避免。此外，植被也同生物循环的各个环节息息相关，森林大面积减少的后果之一是地表绿色植物吸收和消化二氧化碳的量减少，从而破坏大气中氧的循环和平衡。在局地尺度，植被的破坏影响氮、磷、硫和其他元素的迁移。

（三）地理环境对现代社会的作用问题

上述分析表明，掌握了现代科学技术和社会化生产力的人类，已是自然环境变化的又一巨大驱动力量。那么现代人类是否再也不受地理环境的制约了呢？对这一问题的关注，使古老的"地理环境对人类社会的作用问题"有了新的意义。

显然，以往对这个问题的看法具有片面性，时而地理环境决定论大行其道，时而又走向另一极端，征服自然论甚嚣尘上。现实迫使人类反思，现在的调子已经改变。鉴于人类对自然环境的影响日益增长，人们已把注意力转移到自然环境的命运问题上来，并且以对这个问题实际的、具体的研究，取代以往的纯理论兴趣。

那种认为人类可以随着科学技术的进步而摆脱自然界的影响并且征服自然的论调，现在越来越没有市场。人们日益认识到，"我们统治自然界，绝不像征服者统治异民族一样……"。如同一切过程，社会发展需要一定的外部条件，这种外部条件是地理环境提供的，人类从地理环境中获得了生存和发展必须的一切资源。随着社会的进步，人类对资源的需要量将增加，资源利用所引起的环境变化也将扩展和加深。从这个意义上看，人类对自然界的依赖，甚至比过去更大,人类与自然界联系的纽带将更趋广大和复杂。在 19 世纪,谁会担心臭氧层空洞和温室气体的效应问题呢？而现在,这已成为威胁人类环境与发展的重要问题。没有大量迫切需要的资源就不会有现代化工业。不难设想,若失去化石能源,会对现代经济和社会产生什么样的灾难性后果。

甚至最现代化的科学技术也不得不对付自然条件的变化和差异。例如,新材料的发明和应用,必须考虑不同的温度、湿度、光照等自然条件,遗传工程必须注意对整个生物链的复杂影响,如此等等,说明自然环境与现代社会尤其是与现代科学技术之间的联系变得越来越复杂。

科学技术的进步迫使人们把最大的注意力转到"人类－环境系统"的变化上来,转到环境对人类社会的反作用方面来。现代科学技术不可能仍然站在传统的、消极的立场上,而要求对人类干预自然过程的最适当途径问题作出回答。科学技术进步对自然界造成的负面影响,往往产生于人类以良好的愿望从事改造自然条件的活动之后。历史的经验证明,人类并非经常能够达到预期的目的,常常得到意外的后果。因此,要回答人类干预自然过程的最适当途径问题,必须深入地认识"人类－环境系统"。

（四）科学技术在"人类－环境系统"中的作用

随着科学技术的进步,人类社会不断发展,人类与自然环境的冲突也不断升级,而人类又依靠科学技术的进步来调整这种冲突。

当自然生态系统不能维持狩猎－采集社会的人口生存时,人类开始了对野生动植物的驯化,并开始利用畜力和发明了金属犁、灌溉技术,从而解决了危机并进入农业社会。很多当代原始部落由于没有出现这一科学技术机制而停滞在初级社会阶段。可以推知,历史上由于没有发现和利用这一科学技术机制而沦于消亡的原始部落也不少。农业社会后期又出现了人类与环境的新冲突,人类调整这个冲突的关键科学技术是机器生产和化石能源的使用。若干古代农业文明的消亡和衰落的原因,从某种意义上看正是没有找到这一机制,从而不能解决人口增长与地力耗竭的矛盾。现代人类依靠这一机制步入工业社会,使人类文明得以维系并大大发展。但现代社会中又出现了人口爆炸、资源耗竭、环境恶化的威胁,要解决当代人类与环境的矛盾,仍寄很大希望于科学技术的发展。

未来社会已经在某些国家初见端倪,被称为信息社会或后工业社会。人们设想,未来社会中人口将被控制在适当水平,对不可更新资源的依赖程度将减小,可更新资源将得到持续利用,环境将得到治理和保护,从而实现人地关系新的协调。要达到这些目标,寄很大希望于以下高新技术:新能源新材料技术、生物技术、信息技术、环境保护技术、太空技术、海洋开发技术等等。这些新技术的正确应用,将对"人类—环境系统"的可持续发展作出重大贡献。

另一方面,科学技术也会被人类滥用和误用。诸如原子弹、化学武器、细菌武器等科学技术对人类社会和自然环境带来的灾难,已是众所周知的滥用科学技术的实例。如果从更广泛的视角来看,科学技术进步使人类物质文明提高的同时,也加快了对自然资源的掠夺和对自然环境的耗损,下面将会看到这样的历史教训。科学技术在人类与环境关系中的作用可谓"成也萧何,败也萧何"[12]。

三、 历史上人类活动不适当地作用于"人类—环境系统"所引起的环境后果及教训

前面已不止一次地提及,人类的生产和生活活动既受控于环境,又作用于环境,导致环境发生变化。而发生变化了的环境反过来又对人类有所影响,既有正面影响(有益影响),也有负面影响(不良影响)。当负面影响危及人类正常的生产和生活时便产生了环境问题。在本书的第一章中,我们也已指出,新兴的环境科学(包括环境地理学)并不研究"人类—环境系统"的全面性质,而重点研究人类作用于环境引起人类对环境反作用而危害人们生产和生活的那部分内容。按照这一思路,

以下章节将着重讨论和阐述人类活动对"人类－环境系统"的副影响及其所引起的环境问题和后果。本章余下部分将首先讨论历史上人类活动不当地作用于"人类－环境系统"所引起的环境后果，或可称之为人类利用与改造自然的历史教训。

现在人类已认识到，必须使自己的行为符合自然规律，否则就会破坏自身赖以生存的自然环境和自然资源。一旦资源和环境破坏了，人类的文明也就随之衰弱或衰亡了。有人曾经用这样一句话来勾画历史的简要轮廓："文明人跨越过地球表面，足迹所过之处留下一片荒漠"。这种说法虽然有点夸张，但并不是凭空而言。人类已糟蹋了自身居住其上的大片土地，这正是人类的文明不断从一处移向另一处的主要原因，也是若干古代文明衰败的主要原因，这也是决定全部历史发展趋势的一个主导因素。

历史学家指出"历史上绝大多数战争和殖民运动的发起，是因为入侵者想占有更多的土地和自然资源"。但他们却很少注意到，这些征服者或殖民者常常是在夺取邻国土地之前就已经破坏了他们自己的土地。一些现代史作者注意到现在强大富有的国家，好多都是有着丰富自然资源的国家。然而，他们很少注意到许多贫困弱小的国家也曾一度有过丰富的资源，很少注意到地球上好多贫困的民族之所以贫困，主要是因为他们的祖先滥用和浪费了现代人赖以生存的自然资源[13]。以下就是历史上人类活动不当地作用于环境和不当地利用资源，导致环境和资源破坏，从而导致文明衰落的典型例子。

（一）两河流域的环境退化与苏美尔文明的衰落

公元前 3500 年，苏美尔人在两河（底格里斯河和幼发拉底河）流域的下游建立了城邦，这是世界上最早的文明发源地之一。苏美尔人也是世界上最早使用文字的社会，这个时间大约在公元前 3000 年。使用文字的同时，苏美尔人在幼发拉底河流域修建了大量的灌溉工程，这些工程不仅浇灌了土地，而且防止了洪水。巨大的灌溉网提高了土地的生产力，使成百万的人从田间解放出来，去从事工业、贸易或文化工作，他们创造了灿烂的古代文明——苏美尔文明。

但是两河流域,特别是下游,严酷的自然条件给文明的发展带来了严重的限制。首先是降雨量稀少,年内分配又不均,在作物最需要水的8～10月正是枯季;其次是气温很高,夏季往往超过40℃,高温增大了土壤表面的蒸发,导致土壤的盐渍化;另外平坦的地形和低渗透性的土壤,在上游森林覆被受破坏而引发的洪水时期加剧了土壤的涝化和盐渍化。土壤盐渍化的直接结果是土地生产力的下降,其表现是不耐盐的小麦(仅能容许土壤的含盐量<0.5%)为耐盐的大麦(能在含盐量为1.0的土壤中生长)所取代。在公元前3500年,整个苏美尔地区全部种植小麦。随着土地垦殖史的延续,土壤中的盐分越来越多。公元前2500年,苏美尔地区小麦占谷类生产的15%;而到了公元前2100年,小麦仅占2%。小麦在这块土地上消失的时间是公元前1700年。

由小麦为大麦所取代的另一个更严重的问题是耕地的减少,盐碱化的泛滥和人口的增长是其直接原因。为此,苏美尔人每年都要花大量的人力来开垦新的土地,但新垦土地的量毕竟有限。到公元前2400年,耕地的数量达到了最高,然后逐渐下降。在公元前2400～前2100年间,新垦土地中有42%的部分出现盐化;到公元前1700年,竟达到了65%。当时的文字记载是"earth turned white(土地变白了)"。

自然资源状况的恶化,使文明的"生命支持系统"濒于崩溃,并最终导致文明的衰落。在苏美尔地区,历次朝代更替都没能恢复土地的生产力、改善环境和资源的恶化状况。苏美尔地区永远地沦为了一个人口稀少的穷乡僻壤。美索不达米亚文明的中心永远地北移了。

(二)地中海地区的环境退化与古文明的衰退

地中海文明包括环地中海地区的各个文明,主要的有黎巴嫩地区的腓尼基文明,古希腊文明和古罗马文明,以及北非和小亚细亚地区的文明。历史从这个地区找到的例证很有说服力地证明了文明人是怎样毁坏了自己的生存环境。

腓尼基人的国土位于地中海海边,由一条狭长的海滨平原和与之平行的一条狭长的丘陵地带组成。其自然条件非常优越,肥沃的土壤,充足的降水,郁郁葱葱的草被和森林,包括著名的黎巴嫩雪松。有利的地形阻止了好战的内陆部落的入侵,给腓尼基人提供了可靠的保护,同时也阻碍了腓尼基人的陆上发展,因此向地中海发展而成为航海家和商人就是一种必然。腓尼基人很早就发现了遍布在其国土上的木材是一种畅销商品,对于埃及及两河流域等大平原上的文明人来说更是珍贵。于是随着木材交易的盛行,林地迅速减少。公元前8~前6世纪,腓尼基人度过了他们的黄金时期,但是这种繁荣有着明显的局限性,因为它依靠的是海上权力庇护下的木材交易。当希腊的舰队在公元前480年成为海上霸主时,腓尼基文明就开始衰落了。

而在希腊,第一次大规模的破坏发生于公元前680年,原因是人口的增长和聚居区的扩大,造成了耕地的减少和土地生产力的下降,于是希腊人开始其殖民政策,以求缓解本土上的人口压力。尽管希腊人从其亲身的教训中痛切地认识到保护土壤的重要性,肥料的使用可保持土地的肥力和土壤的结构,台地可防止水土流失,等等;尽管从公元前590年开始历代统治者为了恢复土地的生产力,号召人们种植橄榄树及修筑台地,并采取了一系列保护环境及鼓励生产的措施,但是人口增长的压力实在太大,以致谁也没能阻止希腊文明在公元前339年的伯罗奔尼撒战争之后衰落。

几个世纪以后,古罗马也出现了同样的问题。人口的增长引起植被的消失、水土的流失和洪水的泛滥,这一切使肥沃的表土被带进河流,并在河口处沉积下来。环境的恶化使强大的古罗马文明遭到毁灭性的打击,繁荣的都市一个接一个地消失于沼泽和荒漠中。古代罗马主要港口之一的佩斯图姆港在公元前1世纪被沉积物完全淤塞,整个城市变成一望无际的沼泽,疟疾的流行使该城直到公元9世纪荒无一人。庞廷沼泽出现于公元200年左右,而400年以前在这块土地上曾出现了16个繁荣的市镇。

地中海地区各个国家的文明兴衰过程非常相似:起初,文明在大自然漫长年代中造就的肥沃土地上兴起,持续进步达几个世纪;当越来越

人类—环境系统及其可持续性

多的土地变成了可耕地,或者当土地上原先的森林和草地被遭到破坏的时候,侵蚀就开始剥离富于生产力的表土;接下来持续的种植和渗透淋溶,消耗了大量作物生长所需的矿物质营养。于是,生产力开始下降,随之其所支持的文明也开始衰落。当然有些国家为延续自己的繁荣,通过征服以掠夺邻国的资源,但这种治标不治本的手段,并不能避免它的衰落而只能是延长其苟延残喘的时间。

(三) 中北美洲低地丛林环境退化与玛雅文明消亡

中北美洲低地丛林的玛雅文明最早出现于公元前 2500 年。其后到公元前 450 年,人口一直在稳定地增长,聚居地的面积和建筑结构的复杂度也越来越大。这是一个高度文明的社会,其文明的成就反映在他们对宇宙的认识程度,城市、建筑的设计艺术和独特深奥的玛雅文字方面。这样一个伟大的文明后来却突然地消失了。第一个鼎盛时期的玛雅文明大约在公元 900 年神秘地自行毁灭了;第二个鼎盛时期出现于两个世纪之后,在原地址以北 250 公里,也在 15、16 世纪前后突然消失了。

早期玛雅文明的基础,据人们估计是一种"swidden(砍伐和焚烧森林植被而形成的暂时农田)-agriculture"系统:即每年在 12 月至来年 3 月的旱季用石斧清除一片林地,在雨季来临之前用火烧,然后种植玉米和大豆,秋季收获。开垦的土地在使用几年之后,因肥力的下降和很难清除的杂草的侵入而被放弃。应该说,这种农业系统在热带地区非常适宜,而且生产力也很稳定。但是因为使用过的土地必须等到地力恢复,丛林再生以后才能再次使用,这段时间一般需要 20 年或者更长。所以,大片的土地只能维持一小部分人的生活。然而据考古证实,可认为当时整个玛雅低地丛林中生活的人口最高可能接近 500 万,而今天这块土地却仅生活着几十万人。这样一个庞大的人口对其生存的土地来说,很明显不可能靠"swidden-agriculture"系统来维持。那么这样一个高度的文明怎样解决其食物问题呢?

最近考古工作者发现,后期玛雅社会已经产生了集约化程度很高的农业系统。这种系统的特点主要体现在对土地的治理上:在坡地,清理丛林以后,土地被垒成了台地以防止水土流失;而在低湿地区采取了网格状的排水沟,不仅可排除洪水,而且利用沟中的淤泥来垒高地表。当时玛雅人主要的作物是玉米和大豆,也有棉花、可可之类。但是,热带雨林地区土壤的侵蚀非常严重,今天看来这些土地的3/4属于侵蚀高敏感地区,在这种地区,一旦森林覆被破坏,土壤也就随之流失了。而农业用地、木材以及燃料的需求,都使森林的消失不可避免;与之相关的是河流中泥沙的含量增高,造成低地和沟渠的淤塞、地下水面的抬升。另外,玛雅社会不饲养家畜,因而对土壤中有机肥的补给不足,环境及资源的恶化直接导致农业生产力的下降,威胁着玛雅文明的生存。公元800年,食品的生产开始下降,墓葬发掘显示出婴儿和妇女因营养不良而大量死亡。而对统治者和军队来说,食品的减少,就意味着对农民的剥削的加剧和城市之间的战争的频繁。在随后的几十年内,高死亡率导致人口锐减,城市逐渐变成了废墟,整个丛林只剩下少数的幸存者,历史上又一个高度的文明就这样消失了[14]。

(四)古丝绸之路沿线文明的消失

新疆塔里木盆地的塔克拉玛干沙漠南部,是中国历史上记载的发达地区之一。这里早在新石器时代就出现了灌溉农业,公元前2世纪张骞出使西域时,看到不少沙漠之中的城廓和农田。此后,西域广大地区统一于汉朝中央政府管辖之下,发展屯田、兴修水利。作为西域交通要道的丝绸之路南道所经楼兰、且末、精绝、于田(于阗)、莎车等地均有很发达的农业。到了唐代,农业更为发达,《大唐西域记》详细记载了焉耆、龟兹、莎车、于田等地的农业盛况。古楼兰王国以楼兰绿洲为立国根本,历经好几个世纪,曾经繁盛一时。然而在今天,古代的大片良田已沦为流沙,古城废墟历历在目,曾经浩瀚的罗布泊已经干涸。罗布泊西南的楼兰古城,现已为一片荒凉的风蚀土丘、风蚀低地和沙丘环绕,古楼兰绿洲也全变成不毛之地;尼雅河下游三角洲上的精绝古国,如今在干涸的河流沿岸残存着枯死的胡杨林,而古城已被3~5米高的沙丘包围;丝绸之路上的碉堡和烽火台,现在已是深入沙漠之内3~10公

人类—环境系统及其可持续性

里、依稀可见的遗迹。丝绸之路沿线的古文明已消失在荒漠之中。

丝绸之路沿线的环境变迁和古文明消失,固然与气候变干、降水量减少、冰川融水萎缩、河流断流、水系改道等自然因素的波动有关;但土地的过度开垦、水资源和生物资源的不合理利用、天然植被的破坏,以及盛唐以后民族纷争不断、战火摧残农业、灌溉兴废不常等人为因素也不可忽视。实际上,人为活动加剧了土地盐碱化和水资源的耗竭,没有人为因素,自然条件无从发生作用,人为因素是这里古文明消失的主导原因。

(五)文明中心变动的启示

人类,无论是古代人还是现代人,都是大自然的子孙而不是自然的主人。人类如想保持相对于环境的优势,就必须使自己的行为符合自然规律。人类征服自然的企图,通常只会破坏自身赖以生存的自然环境。一旦环境恶化,人类的文明也就随之衰落。任何一个文明社会存在的基础,都在于一个持续的"生命支持系统",文明持久的原因是保持了养育人类的土地的可持续性。

上述几个文明衰亡的根本原因,就在于她们赖以生存和发展的土地资源被破坏了。人类文明发展的历史,是一个对资源和环境施压越来越大的历史。这种压力,不仅仅表现于环境改造和资源破坏的强度不断增大,也很明显地体现在影响范围的变化上。在古代,压力还只局限于地球的局部范围或各个孤立的地域上,耗尽当地资源后尚可移居到新的土地;而到了近代,这种压力随着人口的增长、土地的开发已遍及世界的各个角落,其影响已出现于杳无人迹的"三极(南极、北极、世界屋脊)"乃至球外空间,历史上移居的模式再也不是可行的解决办法了。美索不达米亚文明、地中海文明、玛雅文明、丝绸之路沿线文明的历史,向今天人类提出一个尖锐的问题:当代文明所面临着严重的环境压力,我们会重蹈历史的覆辙吗?

历史学泰斗阿诺德·汤因比在 86 岁高龄溘然长逝时,留下了最后一部书稿,他为之取的书名是:《人类与大地母亲》(*Mankind and Mother Earth*)。在这部从全球角度对世界历史进行全景式考察的巨著中,老人的最后一段话是:"人类将会杀死大地母亲,抑或将使她得到拯救? 如果滥用日益增长的技术力量,人类将置大地母亲于死地;如果克服了那导致自我毁灭的放肆贪婪,人类则能使她重返青春。人类的贪婪正在使伟大母亲的生命之果——包括人类在内的一切生命造物,付出代价。何去何从? 这就是今天人类所面临的斯芬克司之谜[16]"。

参考文献

〔1〕 Boughey, A. S. , *Ecology Population* , Macmillan, New York, 1968.

〔2〕 Solomon, M. E. , *Population Dynamics* , *Studies in Ecology* 18, 2nd edition, Edward Arnold, London, 1976.

〔3〕 Simons, I. G. , *The Ecology of Natural Resources* , 2nd edition, Edward Arnold, London, 1981.

〔4〕 Odum, E. P. , *Fundamentals of Ecology* , 3th edition, Holt Sounders, Eastbourne, 1971.

〔5〕 Odum, E. P. , *Ecology* , Holt Sounders, Eastbourne, 1975.

〔6〕 Liebig, J. , *Chemistry in Its Application to Agriculture and Physiology* , 4th edition, Tarlor and Walton, London, 1947.

〔7〕 Steinhalt, C. and Steinhart, J. , *The Fires of Culture* , Wadsworth Publishing Co. , Belmont, California, 1978.

〔8〕 Ponting, A. A. , *Green History of the World* , Sinclair Stevenson Ltd. , London, 1991.

〔9〕 Rzoska, J. , *Euphrates and Tigris : Mesopotamian Ecology and Destiny* , W. Junk, the Hague, 1980.

〔10〕 于谋昌:"走出人类中心主义",《自然辩证法研究》,1994 年第 7 期。

〔11〕 伊萨钦科:《今日地理学》,商务印书馆,1986 年。

〔12〕 蔡运龙:"科学技术在人地关系中的作用",《自然辩证法研究》,1995 年第 2 期。

〔13〕 Hughes, J. D. , *Ecology in Ancient Civilization* , University of New Mexico Press, Albuquerque, N. Mex. , 1973.

〔14〕 Culbert, T. P. (ed.), *The Classic Maya Collapse* , University of New Mexico Press, Albuquerque, N. Mex. , 1973.

〔15〕 N. J. 格林伍德和 J. M. B. 爱德华兹等:《人类环境和自然系统》,化学工业出版社,1987 年。

〔16〕 阿诺德·汤因比:《人类与大地母亲》,上海人民出版社,1992 年。

人类—环境系统及其可持续性

第七章　人类活动与环境退化

在前几章中我们已指出，人类的文明史就是人类力图使自己从自然网络的束缚中解脱出来而干扰、破坏自然地球系统的历史。物质文明程度越高，人类相对于自然的自由度就越高，对自然系统的干扰就越强。在人类出现初期，这种人为的干扰与自然系统的缓冲能力和自我调节能力相比，是微不足道的。但是从农业文明时代开始，这种干扰就不再是可以被忽略的了。人类从作为一个猎人或农户开始，就从事着推翻自然界的平衡以利于自己的活动。在农业文明发达的地区，人工植被大面积地代替了自然植被，森林变成农田，显著地改变了该地区的自然生态系统。但是真正引起人类环境全球变化的活动却是进入工业文明以后的事。近几百年来，以"征服自然"为旗帜的工业文明虽然大大提高了人类改造自然界的能力，从而大大提高了人类的物质文明，但付出的代价却是严重地破坏了人类赖以生存的地球环境。

人类活动引起的环境退化，按问题发生的地球圈层位置可分为地质环境问题、土地与土壤环境问题、水环境问题及生物问题等。

在这里，首先要说明的是，在现代工业高度发达的地区和人口稠密的都市地区，环境退化无疑主要表现为环境污染问题，但本书不打算讨论此类问题，因为这方面已有众多的专门著作问世。下面着重讨论人类活动作用于自然界所引起的自然条件与资源破坏问题。

一、人类活动引起的地质环境问题

如果采用广义地质环境概念，则人类活动引起的环境地质问题远不止下面所提到的这些。这里采用狭义地质环境概念，仅讨论人类活动对岩石圈的影响和破坏。目前受到广泛关心的地质环境问题包括大型水库诱发地震问题、过量抽取地下水引起的地层下陷问题、人类搅动土地所引起的岩体耗损问题和由于对资源连续利用所引起的矿产资源枯竭问题。

（一）大型水库诱发地震问题

由人类活动（如大规模人工爆破、地下核试验、地下采矿和大型水利工程超过岩层负荷等）而引起的地震称为人工诱发地震。人工诱发地震，尤其是水库诱发地震有些已危及人群生命和财产的安全。早在1970年，联合国即组成"大型水库地震"研究组，相继多次召开人工诱发地震会议。

最近数十年来，已积累了几十个水库大坝的震例，但资料记录完整的不多。虽然各水库区地质构造互不相同，但相当一部分水库大坝的高度都超过了100米。由水库储水而诱发地震最有说服力的例子大都发生在历史上曾发生过地震的构造区域内。下面介绍几个研究较多的水库诱发地震的事例。

第一个是赞比亚的卡里巴水库，它的水坝高128米，于1958年向水库注水。施工前该库址地区仅发生过小震。到1963年水库注满水时，库区周围地区的地震仅记录到的就有2000多次。绝大多数震中都位于库区下部。1969年9月发生了一次最大的地震，震级为5.8级。以后这一地区的地震活动就减少了。

第二个事例是印度的柯伊纳水库，此库坝高103米。这个地区以前几乎是无震的，但从1962年水库开始注水之后，局部震动不断发生。库区附近的地震记录表明，震源均位于库底浅部。1967年发生了许多大震，最后在12月11日发生了一次震级为6.5级的主震。这次主震在柯伊纳水库及周围地区造成巨大破坏，死亡177人，受伤者超过1500人。

第三个事例是中国的新丰江水库，此库坝高105米。水库建成于1959年。从那以后记录到的地震日益增多。到1972年，地震总数达到25万次，其中绝大多数震级均非常小。但在1962年3月19日发生了一次震级为6.1的强震，它所释放的能量使混凝土坝遭受破坏，为此，不得不进行部分排水处理并加固大坝。其绝大多数震源在水最深

人类—环境系统及其可持续性

处下不到 10 公里处,有些震源与附近主要断层的交切部位重合。

　　向大型水库中注水为什么会触发地震呢?曾有人认为是由于岩石上部重量增加的结果。但实际测量表明,库区下部几公里处由于建库所增加的压力仅占原有自然构造应力的极小部分。目前比较倾向性的意见认为这是由于水对地下深处岩石的滑动起了润滑作用所致。B. A. 博尔特(1978)曾计算了由上覆岩石重力所引起的地壳内 5 公里处的流体静压力,发现该流体静压力与花岗岩及类似岩石在 5 公里处的压力(1000 巴)和温度 500℃ 条件下的强度是一样的。他认为由于更深处的流体静压力总要比岩石强度大,因此他估计那里的岩石将发生流动和塑性形变,而不发生破裂,从而也不发生地震。有关的实验证实了这个估计。在实验室内把一块坚硬的花岗岩样品放在一定的温度与压力下加压,在一般情况下确实只发生流动而不发生破裂。但对含有结晶水的矿物样品和含有饱和水的岩石样品作类似实验时发现,由于水的作用使在相当于上述压力条件下的岩石面发生突然滑动(断层)。

　　1962 年以后,在美国科罗拉多州的丹佛附近发生了一系列地震。地震学家非常重视水在地震发生中的作用。虽然该区域一直有地震,但震级均很低。从 1962 年 4 月开始突然发生了急剧的变化,地震接二连三地发生。在一年多时间里,当地地震站竟记录了 700 多次地震,震级在 0.7 到 4.3 之间。震中大多数在丹佛市东北,在以洛杉矶军火库为中心,半径约为 8 公里的范围内。那里是美国原子武器制造地之一,水资源由此受到严重污染。开始时军队就地将污水蒸发掉。但从 1961 年以后,他们改变了水处理方法,把污水压入一个深 3670 米的深井内。从 1962 年 3 月到 1963 年 9 月一直通过压力把废水注入该井。后停止了一年,从 1964 年 9 月到 1965 年 9 月又重新注水,结果使丹佛发生了较大的地震。注入的废水量与地震次数之间存在着密切的相关性。1963 年初地震发生率很高,到 1964 年明显下降。当 1965 年重新大量注水时又发生了多次地震。对这种效应,博尔特作出了两点解释。首先,由于井中水位很高,使地下水流入原有的孔隙和裂缝内,由于孔隙受到的压力增加,导致岩石和断层泥物质中剪切应力减小;其次由于断层区内岩石本是破裂的,所以水流易进入微裂缝和断层面。这种水就成为润滑剂,使地壳内多年积累的构造应力通过一系列滑动地震而得到释放。如果没有外来的水压,像这样构造应力的释放可能在很多年内都不会发生,至少不能在如此短的时间内发生。

美国地质调查局于1969年在科罗拉多西部的兰吉利油田进行了研究。由于该油田中有大量油井,可随时把水注入井内,或从井内把水抽出,以测量该地壳内的孔隙压力。与此同时,在特定地点布置了地震站,以监测当地地震活动。研究结果表明,向井中注入流体的量与当地地震活动之间有极好的相关性[1]。

上述丹佛和兰吉利的调查研究表明,水在触发地壳深部发生的突然破裂中起了关键作用。这促使人们产生了控制地震发生的想法。有人建议,通过深井把水注入有可能发生天然地震的特别危险的断层内,也许能诱发出一些小地震,从而减少储藏在附近地壳内的总应变能量和发生大震的可能。当然,这只是一种设想,尚未得到应用证明。

上面介绍了大型水利工程与地震之间的关系。但同时要指出,目前全世界数千个水库中的绝大多数尚没有发生注水与发生地震之间的任何关系。据截止1976年的报道,在美国,水库附近16公里内发生过3级以上地震的水库总数仅占美国500个大水库的4%。虽然如此,但考虑到保护环境、保障人民生命财产安全,今后在可能发生地震的地区建造水库之前,一定要进行是否诱发地震的预估评价。首先,最根本的是在工程设计阶段,估计出水库在整个使用期间将承受多大的强度。为了监测伴随水库载荷变化而发生的地壳形变,在施工前,对该地区应进行详细的地震地质调查。此外,为了研究地震的影响,应当在水库及周围地区及早设置地震仪和其他仪器。如果没有适当的足够的仪器去测量和记录地震及水坝的反应,那么在附近发生了强震就会出现一些无法解决的问题,例如地震已造成大坝结构的破坏,而对此没有进行测量,就不可能与设计条件进行比较,也无法估计能否再发生地震,因此也难以提出对水坝的修复和加固措施。

（二）过量抽取地下水引起的地层下陷问题

地层下陷是指地表海拔标高在一定时间内不断降低的一种环境地质现象，是地层变形的一种形式。

地层下陷有些是由自然原因引起的，有些是由人为原因引起的。由自然原因引起的地层下陷有两种情况：一种是地表松散或半松散的沉积层在重力作用下由疏散到致密的成岩过程；另一种是由于地质构造运动，如地震等所引起的地层下陷。由人为原因引起的地层下陷是指在一定的地质条件下（指疏散岩层和塑性岩层）由于人类活动，如过量抽取地下水、石油、天然气等，或由地面高层建筑物的静压力所引起的地层下陷。由自然原因引起的地层下陷是一个很缓慢的过程，下陷量很小；由人为原因引起的地层下陷，其速度比前者大几十倍，现已成为当前世界上的一个严重的环境地质问题。

近半个世纪以来，世界上许多国家的工业都市发生了地层下陷现象，特别是沿海工业都市的地层下陷最为严重[1]。如美国长滩市由1940～1968年地层下陷了约9米。近几十年来日本东京下沉了4米，大阪下沉了6米。

稻叶佳等曾研究1930～1960年30年间东京地层下陷的资料，认为东京的地层下陷受到自然因素和人为因素的共同影响。前12年东京受地震因素的影响，地层下陷出现峰值，下陷量为10厘米/年。地震因素减弱之后，地面主要由于软地层受压缩而下沉，负荷来自市区建筑物的附加荷重、交通荷重以及地下水被大量抽取。自1955年以后的5年地层下陷量为1米。

美国加州长滩市的下陷是由于开采威明顿油田而引起的。长滩市位于洛杉矶盆地的西南边缘。1940年前开始局部下陷，至1968年下陷了约9米。伴随垂直下陷，地面发生水平位移，对许多地面和地下建筑物造成毁坏。

据地层下陷的研究资料分析，更多的工业都市的地层下陷主要是由于过量地抽取第四纪疏松地层中地下水引起的。

第四纪疏松地层是未固结的黏性土与砂砾石组成的,它们往往相互叠置或相互交叉。在砂砾层中蕴藏着丰富的承压水。承压含水层顶部或两个承压含水层之间的隔水层,大多由弱透水的、压缩性大的黏性土层组成。承压含水层有一个向上作用的水头压力。在原地下水位尚未受到人为变动或变动不大时,含水层以上土层的总压力等于土层中颗粒所承受的压力加土层颗粒孔隙水的压力。当从承压含水层中过量抽取地下水时,如果抽水量大于补给量,含水层的承压水位发生明显下降,向上作用的水头压力也明显减小,从而破坏了原土层的压力平衡状态。在承压含水层与黏土层之间产生了水力梯度,使易压缩的黏性土层中的孔隙水大大向外流出,即黏土层中的孔隙水压力减小。而地层总压力是不变的,为了保持土层中力的平衡状态,土层颗粒之间的压力必然要加大,其结果就必然造成黏土性土层进一步压缩而固结。

另外,含水层本身由于承压水位下降,水的浮力减小,而砂砾层脱水引起密度加大。这是在水被抽后立刻发生的。上述黏土层的大量压缩和砂砾层的密度加大,两者叠加在一起,在地面上的反映就是地层下陷。

中国东部沿海几个大城市地区的地面沉降主要都是由于持续过量的开采地下水所引起的。上海、天津、宁波、苏州、无锡、西安、太原等30多个城市都出现了程度不同的地面沉降[2]。其中,上海自1929年开始发现地面沉降,至1965年沉降最大处下沉达2.63米,影响范围达400平方公里。据上海水文地质大队研究,上海的地面沉降是由于集中抽取地下75～150米之间的第二、三含水层中的地下水而引起的。由于向上的水头压力减小,使第二含水层以上的3个软黏土层大量压缩,其压缩量占地面沉降量的90%以上。

北京的地面沉降过去未被引起注意。近年来,从测量水准点高程变化和研究地震及新构造运动中,发现了北京的地面沉降问题。北京的地面沉降区主要分布在东郊和东北郊。东郊大郊亭一带的新兴工业区是北京地面沉降量最大的地区,1978年的沉降幅度超过5厘米,1980年为8.2厘米,沉降中心的最大沉降量达到37.4厘米。

天津市位于渤海之滨,地面沉降问题极为严重。从 1859~1982 年最大累计沉降量为 2.15 米,目前最大累计沉降量已达 2.5 米。除市区外,还有塘沽累计沉降量为 2.294 米,军粮城为 1.543 米,汉沽为 2.016 米。

世界因抽取地下水而产生地层下陷的主要区域见表 7—1。

地层下陷所产生的主要危害是:

(1) 毁坏建筑物和生产设施,如地区不均一的下陷能引起楼房倾斜、开裂甚至倒塌,破坏地下管路系统并使铁路轨道和沥青油路面弯曲。

(2) 不利于建设事业和资源开发。在地层下陷区不宜于建高层建筑,要发展都市势必要扩大建设用地;同时,为防止都市地层下陷,就要控制对地下水的抽取量,经常造成水的供需矛盾。

表 7—1　由于抽取地下水而造成的地层下陷的主要地区[1]

地点	沉积环境与时代	压缩层的埋藏深度(米)	最大地层下陷量(米)	沉积面积(平方公里)	发生下沉的主要时间
日本大阪与东京		10~200	3~4		1928~1943 1948~1965
墨西哥墨西哥城	湖相沉积新生代末	11~50	8	2.5	1938~1968
我国台北	新生代冲积	30~200	1	—100	?~1966
美国亚利桑那州中部	湖相沉积	100~300	2.3	1	1952~1967
美国加州圣克拉拉	新生代冲积	50~200	4	600	1920~1967
美国加州桑华金流域三个地区	冲积与湖相新生代末	90~900	8	9000	1935~1966
美国内华达州拉斯维加斯	冲积新生代末	60~300	1	500	1935~1963
美国得克萨斯州休斯顿	河相沉积	50~600	1~2	10000	1943~1964
美国路易斯安那州巴乔鲁日地区	湖相沉积	400~600	0.3	500	1934~1965

（3）造成海水倒灌。地层下陷区多出现在沿海地带，地层下陷到接近海平面时会发生海水倒灌，使土壤和地下水盐渍化，如遇台风与暴雨袭击就有被海水淹没的危险。

防止地面沉降的有效办法是针对地面沉降的原因采取相应的控制措施，如由于过量抽取地下水而引起地面沉降，则可减少地下水的抽取量，或采取人工回灌地下水的措施，使地下水位逐渐恢复，就可控制地面沉降。在这方面中国在控制上海地面沉降方面已取得了成功的经验。

上海水文地质大队根据"灌水地升，抽水地沉"的道理，采取了升降平衡的方法来控制地面沉降。他们于冬季集中进行地下水人工回灌，促使地下水大幅度上升，增加土层回弹量，留待夏季抽用地下水地面下沉时消耗。这样一来，使上海地下水位变化和地面沉降变化的关系为：前一年的 10 月到当年的 4 月为冬灌期，水位上升，也是地面回升期；当年 5 月至 9 月为夏用期，地下水位下降，也是地面下沉期。如果回升量等于下沉量，则全年地面稳定；如上升量大于下沉量则全年地面上升。经过上述治理措施后，上海市区的地面沉降问题已基本得到控制，从 1966～1987 年的 22 年间，地面累计沉降量仅 39.77 毫米，年平均沉降量为 1.7 毫米[3]。

（三）人类搅动土地所引起的岩体耗损问题

人类是搅动土地的巨大营力。现在人类拥有巨大的机械力量和炸药，能够把大量土壤和基岩从一处移至另一处。这类活动通常为两个目的：第一，开采矿产资源；第二，调整地面坡度以适应公路、机场、运河、水坝、房基和其他大型建筑的建设。这些过程可完全破坏原来的生态系统与动、植物的栖息地。这种搅动土地的活动从地质作用上看，属于岩体耗损的一种类型。自然型的岩体耗损指在地球重力的作用下所出现的各种物质（土壤、碎石、岩块等）由高处运向低处的过程。人为型与自然型岩体耗损的区别在于，人类能利用机械力克服重力而把土壤和岩块由低处移向高处。还有，人类在爆破中使用炸药对岩体产生的破坏力比天然物理风化的破坏力大得多。

人类在采矿中对土地产生的搅动作用最大。搅动的方式有:开坑矿、开露天矿、采掘建筑材料等,其结果是产生了如弃土和尾矿等废物的堆积。目前,人们对土地的搅动作用有增无减。为满足能源要求对煤炭的需求量在增加,对制造业和建筑业所需的工业矿物的需求量也在增加。当较富和较易利用的矿床开采完毕时,工业界就转向品位较低的矿产,结果使搅动作用进一步增强。

人工搅动土地导致岩体耗损,其形式可表现为泥石流、土流,甚至山崩。其产生的原因包括:① 废土和废石堆放不稳,自行塌下。② 因从上部挖去大量原有的土壤或岩石,因而上面的物质失去支持。

在英国威尔士的阿伯法,当附近煤矿的弃石堆成一座 180 米高的小山时,就开始自发移动,后来迅速发展为一次稠度很大的泥石流。由于这种废石堆位于土坡上,又处于泉水线上,这就造成了一种潜在的不稳定地貌。这次巨大的泥石流推倒了下游都市的一部分建筑,毁坏了一座学校,并夺去了数以百计的生命。又如,在加利福尼亚州的洛杉矶,为在结实的山坡上开辟道路和修筑房屋,曾用推土机清除深厚的疏松土层,被清除的土层堆放在附近形成土堤。大雨时土堤为雨水所饱和,形成了泥流,顺着谷底流动很远,使下游的街道和居民院落被淹没在泥砾中。由于建筑事业发展引起的山坡搅动增加了岩屑的来源,从而也不断增加着这种环境灾害。

(四) 矿产资源的枯竭问题

矿产资源是指在一定的技术经济条件下可被人类开采、冶炼和加工的地壳物质。矿产资源是人类文明发展必不可少的条件。人类自石器时代即开始利用矿产,经过红铜时代、青铜时代,对矿产资源的利用逐步增大。早在 1915 年俄国地球化学家维尔纳茨基就曾统计过,古代仅利用 18 种元素,18 世纪利用 29 种,19 世纪利用 62 种,至 1915 年利用 69 种元素。自铁器时代至近代,被人类利用的主要矿产资源已有 100 多种。据前苏联学者彼列尔曼于 1972 年估计,每年从地壳中开采的矿石量不少于 4 立方公里,且每年以 3% 的速度增长。当时有人预测 2000 年美国对主要金属的需要量与 1960 年相比,钢是 2.97 倍,铜是 2.7 倍,铅是 2.4 倍,锌是 3.1 倍,铝是 9.3 倍,镍是 4.8 倍,钨是 4.8 倍,钼是 9.5 倍。

一方面,人类对矿产资源的开发利用极大地推动着科学技术的进步,另一方面随着科学技术的进步,人类对矿产资源的需求量也越来越大。人类对矿产资源的利用程度是衡量人类社会发展水平的尺度之一。

矿产资源是在地壳中经过几千万年甚至几亿年的地质过程中生成的,而人类对其开采消耗的过程是非常快的,以致生成的速度与消耗的速度相比是微不足道的。于是人们把矿产资源叫做不可更新资源。另外,地壳中的矿产资源也是有限的。因此,矿产资源的大量消耗,必然使人类面临资源逐渐减少以致枯竭的威胁。由于矿产资源的这种有限性和非再生性,因而对其合理利用与保护是摆在人类面前非常迫切的任务。此外,矿产资源在地球上的分布是极不均匀的,因此对稀有的、短缺的资源更应注意利用和保护。矿产资源的日趋减少和某些矿产资源的枯竭问题已成为当前世界经济发展中的一个重大的问题。因为矿产资源是有限的和不可更新的,一旦知道了某一资源的分布和储量,人们就可以根据其用量和消耗速度来预测它的枯竭时间。罗马俱乐部对矿产资源的枯竭问题进行过研究。迈德委斯等人在《增长的极限》一书中对 15 种矿产资源进行了分析,认为按 1970 年不变的消耗速度推算,有 13 种矿产将在 100 年内耗竭。如果消耗速度按指数增长,有 14 种矿产将在 50 年内耗竭。如果考虑到发现典型新矿的可能性,按矿产储量比已探明的储量增加 4 倍计算,有 15 种矿产也将在 100 年内耗竭。他们的研究结果如表 7-2 所示。

不少学者不同意上述见解。他们认为,在计算矿产资源的耗竭时间时,不能单以消费量的多少来衡量。因为当矿产储量日益减少时会有下列 4 种情况发生:① 矿产价格会上升,这样会导致对矿产资源的节约使用,也可以使品位较低的矿床重新具有利用价值,从而使潜在储量大大增加;② 在矿产资源紧缺并且随科学技术的进步时,在某些地区会产生新的探矿热潮,还会发现不少新的矿种和矿产地,其数量很难预测;③ 对

人类—环境系统及其可持续性

废弃的矿山物质会作更慎重的处理;④ 转向寻找其他替用材料。

以上这些都可以延长矿产资源耗竭时间。为延长矿产资源的枯竭时间,各国都很注意矿产资源的再循环利用问题。矿产资源是通过地质过程而浓缩起来的。在这些资源被消耗时则发生相反的过程,即物质由浓缩状态变为分散状态。这些分散状态的物质仍留在地球上。从理论上讲,它们能够被再利用,但在实际上很难实现。如煤是一种由生物作用浓缩的碳类物质,其中储存了由太阳能转化来的能量。当煤被燃烧时,能量和灰分被分散到大气中,并以长波辐射形式被消散到外层空间。显然,这种分散过程是非常难挽回的,人们无法改变这一过程。因此,就能源矿产而论,人们只能节约使用,而难以再利用。而金属矿产则有所不同,部分金属可以回收利用。目前对黄金等贵金属回收利用率较高,其他金属的再利用率还很低。

表 7-2 矿产资源枯竭年限预测

资源名称	耗　竭　年　限(年)		
	按 1970 年不变消耗速度	消耗速度按指数增长	消耗速度按指数增长(储量增加 4 倍)
铝	100	31	55
铬	420	95	154
煤	2300	111	150
钴	110	60	148
铜	36	21	48
金	11	9	29
铁	240	93	173
铅	26	21	64
锰	97	46	94
汞	13	13	41
钼	79	34	65
天然气	38	22	49
镍	150	53	96
石油	31	20	50
铂	130	47	85
银	16	13	42
锡	17	15	61
钨	40	28	72
锌	23	18	50

二、人类活动引起的土地资源和土壤环境问题

在城市化和工业化的社会里,人们往往只关心土地的经济价值,而忘却了作为人类赖以生活的土地所固有的生态学意义。乔治·马什(George P. Marsh)曾有过下列至理名言:"人们久已忘却:土地只是供他们使用的,而不是供他们浪费的,更不是供他们恣意滥用的"。马什所说的"使用土地"的意思是指下列原则:人类在其生命过程中有权使用土地,但是要求他们在把土地交给后代时,应该使土地的状况变得比他们自己接收时更好一些[4]。

人类活动引起的对土壤和土地资源的破坏主要表现为:由不合理垦殖所引起的土壤侵蚀问题、土地沙漠化问题和土壤次生盐渍化问题。除此之外,对不少发展中国家(包括中国)来说,还有一个十分严峻的问题,即在人口数量急增的同时,赖以生产食物的土地面积却在急剧地减少,下面首先讨论这个问题。

(一)固定不变的土地总表面积所导致的问题

不管对土地的利用方式作何种改进,土地的表面积却总是不变或几乎不变的。著名的古典经济学家大卫·李嘉图(David Ricardo)早就指出,土地面积是土地的最基本的和永恒的财富。尽管土地肥沃的表土层可能被侵蚀,亚表土层也可能被侵蚀,土壤的矿物质会被耗竭,土地中对人类有益的有机体会被杀死,但破坏土地固有的表面积则是完全不可能的。所以,土地的第一项基本财富是它的表面积……一切自然系统和人类环境所具有的三维空间[4]。

除了城市化急剧地占用土地外,由于人口不断增加,必然不断地要求更多的空间,要求更多的食品和纤维织品,从而使对土地的冲击越来越严重。无法改变的基本事实是,土地的面积永远这么多。与我们不断增长的需求相比,可使用的土地面积正在以可能造成灾难性后果的速度下降。

全球总表面积为 5.4 亿平方公里,其中约 3/4 被水覆盖;陆地面积只有 1.35 亿平方公里,但有一半以上不能供人们利用。根据 L. 达德利·斯坦普的计算,在海平面以上的土地中,约 70% 不适于人们集约耕作,其中 20% 的土地太冷,20% 的土地太干旱,20% 的土地太陡峭,10% 的土地没有土壤;所余下的 30% 的土地可作为人类的"栖息地",又被称为可居住的土地。不能生产食物的土地被称之为"严峻环境"。

乐观主义者总想像在干旱地带有大片的可开垦的土地,认为只要对它们进行勘察和投资开发,就可能有收获。但实际考察表明,在世界干旱区是否会有超过 2% 的土地可供开垦是值得怀疑的。

某些湿润的热带地区存在着一定面积可利用的未垦地,但利用后是否会对生态圈产生长远的影响,这是目前正在争论而尚未解决的问题。如 70 年代巴西政府对亚马孙河流域热带雨林的开发利用计划("草原化计划")就属于这样的问题。当时巴西政府曾鼓励该国东北部干旱区的农民迁移到亚马孙雨林区去。至 1975 年,已约有 5 千农户迁入该流域。政府曾计划到 1985 年至少应有 8 万户(超过 50 万人)迁入。不少科学家认为,巴西政府的"草原化计划"至少有两点是错误的。第一,亚马孙流域雨林的土壤不适合于作耕地或放牧。很多人不认识广大雨林赖以生长的土壤是贫瘠的。在那里,养分都在树里,而不在土壤里。并且,森林一旦被砍伐,薄薄的一层土壤很易遭受侵蚀。几场大雨就可以把整个土层冲刷掉。这样,其最可能的结局是:既没有农地,也没有牧场,没有了草原,也没有了雨林,只剩下被烤干了的砖红壤壳覆盖着的连绵伸延的不毛之地。第二,亚马孙雨林在世界植物的"光合作用"(制造大气圈氧气)中起着相当大的作用。当然,人们对这一问题的认识尚不深入。但人们不能不考虑,这样大的生物量被去除后将对地球大气圈产生什么样的影响。

某些土地经济学家将"人类栖息地"定义为"可被人们为任何目的加以利用和能够被利用的全部土地"。这样,"栖息地"成为一个动态性概念,即人们能够通过发展技术来增加对土地的利用,开发地球上至今尚无人类居住的地方。相反地,现有的栖息地也可因人们滥用而减少。

无疑地,这个概念是有益处的。据 N. J. 格林伍德等 1979 年提供的数据,当时地球上平均每人的栖息地为 1.215 公顷。可以想像一下,每人 1.215 公顷的土地被用来生产食物和纤维,并供住宿、交通、娱乐、教育以及文化活动,这意味着什么。而当时在美国,实际上每人平均占有土地超过 3.119 公顷。根据《1977 年统计文摘》,美国每人平均所消费的食物及纤维相当于在 0.69 公顷粮地、1.13 公顷高质量牧场、0.61 公顷林场所生产的产物。此外,每个居民平均有 0.78 公顷的土地供城市工业、交通、居住、娱乐及军事使用。

由上述可知,栖息地的概念中包括了可耕地,但远不限于可耕地。可耕地是指适合于耕种的土地。世界上可耕地的面积大大少于栖息地的面积。据联合国粮农组织和美国农业部联合作出的可靠估计,全世界可耕地的数量为 29.56 亿公顷。当然,与栖息地一样,可耕地的面积也有一些伸缩性。

对中国来说,从土地资源利用的角度,中国的各类用地(耕地、园地、林地、草地、城镇村落工矿用地、交通用地、水域面积及未利用的土地面积等)面积已有一些统计资料,但尚未见有从栖息地角度进行研究的正式报道资料。随着建设事业的发展,中国的耕地资源被破坏和耕地数量急剧减少的情况是一个十分可怕的问题。1949 年中国的土地面积为 0.98 亿公顷,近 50 年来开垦荒地近 0.4 亿公顷,但由于城市、交通、水利和农村建房占用的耕地也接近 0.4 亿公顷,故耕地面积仍与 1949 年大体相当。现在适宜开垦的荒地资源已不多了。据估计,用开荒来补偿耕地被占用,还有可能在 20 年内使目前的耕地总数保持不变。但目前在某些人口稠密地区已出现了"耕者无其田"的局面。目前中国耕地每年被占用情况严重,耕地数量减少惊人。最新统计表明,1980 年以前平均每年净减少耕地 53.8 万公顷。"六五"期间(1981～1985 年)每年净减少 49.1 万公顷。1985 年是减少耕地较多的一年,全国耕地减少 160 万公顷,开荒造田 58.8 万公顷,净减少 100.9 万公顷。1986 年以来国家采取一系列重大措施,制止乱占耕地,1986 年耕地净减少面积 64.0 万公顷,1987 年净减少 47.3 万公顷,1988 年净减少

37.5 万公顷,1989 年净减少 24.6 万公顷,似有逐渐转好趋势。但我们认为,对此问题绝不容乐观。其一,此趋势能否真的持续下去令人怀疑;其二,基本的事实是,由于人口急剧增加,人均占有耕地面积必然以越来越快的速度逐年减少。从中国"人类－环境系统"可持续发展的角度考虑,严格控制人口增长和严格控制耕地减少已成为刻不容缓亟待解决的紧迫问题。

(二) 土壤侵蚀问题

土壤侵蚀是指在风或水流作用下土壤被侵蚀、搬运和沉积的整个过程。在自然状态下,纯粹由自然因素引起的地表侵蚀过程速度非常缓慢,表现很不明显,常与土壤形成过程处于相对平衡状态。因此在这种情况下,坡地还能保存完好的土壤剖面。这种侵蚀称为自然侵蚀,也称地质侵蚀。在人类活动影响下,特别是当人类严重地破坏坡地上的植被后,自然因素引起的土壤侵蚀破坏和土地物质的移动、流失就会扩大和加速。这就是通常所说的作为环境问题的土壤侵蚀。土壤侵蚀分风蚀和水蚀两种。

1. 风蚀

以风为动力的土壤侵蚀现象,是在地表缺乏植被覆盖并且土质疏松和土层干燥的情况下,由风速达每秒 4～5 米的起沙风吹拂地面的结果。这种现象主要发生在干旱与半干旱地区。起沙风具有吹蚀原有地形和土壤、使尘沙向远处蔓延的双重作用。其结果不仅毁坏土壤,而且出现风蚀洼地,被吹运的土壤将在一定的地区重新沉降,掩埋河道、湖泊和农田,从而降低土壤肥力。

由滥垦草原引起的土壤风蚀,美国在 30 年代,前苏联在 60 年代都曾发生过,这就是著名的"黑风暴事件"。1934 年 5 月 12 日,《纽约时报》报道:"来自远在蒙他拿州以西 1500 英里的中部各州一般高达数千英尺高的尘云,昨天部分遮盖了太阳光线达 5 小时"。报道还说:"纽约一片朦胧,好像日偏蚀时投出的阳光一样,大气中尘粒的含量为通常数量的 2.7 倍"。那一天整个美国东海岸地区好像被大雾笼罩。这是被横贯大陆的气流通过风蚀作用从美国中部大平原所带来的 3.5 亿吨肥沃表土所组成的雾。在 16～17 世纪欧洲人入侵之前,这一片平原被游牧的印第安人和大量牛群所占据。尽管印第安人放火烧掉了某些地区的森林,并且破坏了某些草原,但 19 世纪以前土地利用一直适合于该地区的环境条件。从经济和生态观点上看,在大平原大部分地区放牧比农作更为合适。但上个世纪好几次雨量充沛的多雨年份延长了,促使新移民对大平原的生产能力产生了不切实际的乐观心理。在雨水多的年份,人们超出安全限度,一再扩大农场和牛群。当周期性地重现干旱年份时,便产生了上述《纽约时报》所报道的情况:由北方刮来的风横扫堪萨斯和科罗拉多东部,风过处把耕地的表土刮去一层,集结成大片尘云,向东南方涌去。30 年代的尘暴成为美国生态史上的一个重要的转折时期。20 年代的研究表明,美国至少有 8000 万公顷的土地受到加速侵蚀的损害,有 2000 万公顷的生产性土地已被弃耕。显然,土壤风蚀成为当时十分严重的问题,它以整个地区惊人的崩溃,督促政府采取富有深远意义的行动。在史无前例的风暴过去以后,美国于 1935 年成立了土壤保持局。

30 年代在美国发生的黑风暴事件于 60 年代又在前苏联发生了。在 1954～1960 年期间,数十万拓荒者在哈萨克斯坦北部、西伯利亚西部和俄罗斯东部,利用 4000 万公顷新开垦的土地进行耕作。起初的结果是令人满意的,因为增加了耕地面积,全国谷物产量比过去 6 年猛增50%。但是到了 1963 年,一切后果就全部暴露出来了。1963 年干旱的春天发生了尘暴,300 万公顷的作物由于干旱全部损失掉。狂风把已经干裂的宝贵表土刮走。1962～1965 年期间,总共有 1700 万公顷土地被风蚀损害,400 万公顷土地颗粒无收。对此前苏联于 1965 年开始使用新设计的机械把作物根茬留在地里,并增加每年的休闲面积,注意造林和恢复植被。

人类—环境系统及其可持续性

2. 水蚀（水土流失）

以水为动力的土壤侵蚀现象（即水土流失）在中国土质松软、暴雨集中的黄土高原地区和南方丘陵地区最为严重。其发展过程一般是由面蚀发展为沟蚀，最后导致土地的全面破坏。面蚀是指被雨水打散的土粒随地表细小径流较均匀地流失，主要发生在丘陵山岗顶部等径流尚未集中的地段。长期面蚀的结果使表层肥沃细土粒被冲走，土壤变薄，质地变粗，土壤肥力显著下降。沟蚀是指地表径流汇集成细股并继续增大时，将地面冲刷成大小不同的沟槽。沟蚀不仅冲走分散的细土粒，同时也冲走粗土粒和小土块。沟蚀使地面支离破碎，使耕地面积大大减少，给农业生产和交通运输都带来很大困难。

水土流失是使中国土地资源遭受破坏最严重的过程之一。据1980年估计，中国水土流失面积约150万平方公里，占全国土地面积的1/6左右。全国每年流失的土壤达50亿吨。其中最严重的水土流失区是黄土高原地区。黄土高原土壤侵蚀之所以严重，既有自然原因，也有社会原因。自然原因是：黄土本身是疏松沉积物，缺乏有机质，抗侵蚀能力很低，且黄土的垂直节理发育，易发生崩塌；另外，黄土地区降雨集中，降水强度大，更助长了侵蚀。人为因素是：无限制地开垦放牧，毁林挖草，使地面失去保护。黄土被侵蚀的速度是非常惊人的。黄河中游陕县站多年平均年输沙量为16亿吨，折合土壤侵蚀模数为4000吨/平方公里·年，即每年每平方公里地面上有4000吨土壤被侵蚀掉。每年由黄土高原流入黄河的16亿吨泥沙中约有半数来自各类坡地较肥沃的表土。以耕土层平均20厘米计算，整个黄土高原每年要破坏耕地550万亩。据历史记载，唐代后期董志塬面非常完整，南北长42公里，东西宽32公里。而今南北长虽无大变化，但东西最宽仅18公里，最窄处不到半公里，两侧沟头大有连接的趋势。坡面上的各类沟蚀是蚕食和分割这块土地的主要方式。据1957年和1979年航空照片分析比较，固源县17条沟道每年沟头前进5.32米。沟道侵蚀的结果是地表极度破碎。水土流失越重，土壤肥力损失越多，作物产量就越低。产量越低越要求多垦,越多垦,水土流失越重,这样就形成了"越垦越穷,越穷越垦"的恶性循环。据当地农民的长期生产实践和科学工作者多次考察研究得出的结论,认为在黄土高原地区应坚持牧、林为主的经营方向,同时应采取水利工程和生物工程相结合的措施,并持之以恒才可能有效地防止水土流失的进一步加重。

中国南方山地的水土流失亦相当严重。中国亚热带地区山地丘陵面积占 70%左右,植被破坏后,在大雨条件下极易引起侵蚀。四川盆地的丘陵和秦巴山地等属于强度侵蚀区,平均侵蚀模数为 8500 吨/平方公里·年。中度侵蚀区包括湘西、川鄂山地丘陵等,平均侵蚀模数为 6500 吨/平方公里·年。轻度侵蚀区包括淮阴山地丘陵、五岭山地丘陵等,平均侵蚀模数为 3000 吨/平方公里·年。这些地区水土流失日益严重的原因是植被不断地被破坏,森林覆盖面积日益减少。如岷江上游森林覆盖率解放初为 30%,现已大大低于 20%。云南省的森林覆盖率由原来的 60%左右,降到现在的 30%以下。福建省在建国初期森林面积占 65%,现在降到 20%以下。由此说明,防治中国南方山地水土流失的关键在于恢复植被。一定要保护森林,严格控制采伐强度,确定山区要以林副业为主,合理规划与利用土地。只有这样,才能有助于环境的改善和地区生态平衡的维持。

(三) 土地沙漠化问题

世界各大洲约有 1/3 以上的土地处于干旱区。干旱区的土地大部分为各种类型的荒漠,其中主要是沙质荒漠,即沙漠。许多沙漠是在当地不利的气候条件下加上人类活动的影响而形成的。据历史地理资料,印度半岛的塔尔沙漠是在当地气候条件下由人为破坏了植被而形成的。中国西北也有这样形成的大片沙漠。如内蒙古伊克昭盟南部和陕西省北部的毛乌素沙漠,至少在唐朝还是水草丰满的地区,后来才就地起沙。新疆塔克拉玛干大沙漠的内部及周围曾经分布过很多绿洲,现在都被流沙覆盖了。

在这里我们所说的沙漠化是指由于植被破坏,地面失去覆盖,在干

人类—环境系统及其可持续性

旱气候区强风作用下就地起沙的现象，是指由固定沙丘变成半固定沙丘再变成流动沙丘的现象，也是指流动沙丘向外围扩展前进的现象。目前的荒漠化地区主要分布在荒漠边缘干旱与半干旱的草原区。在这类地区，雨量稀少，蒸发量大，气候干旱多风，植被一旦被破坏，土壤就会受到严重风蚀，造成土地沙漠化。

草原地区的沙漠化是由于不合理垦殖或因过度放牧引起的。由于这一原因，全世界沙漠化土地的面积正在以惊人的速度增长着。非洲、亚洲和拉丁美洲许多地区的粮食生产能力正因此受到巨大影响。如据联合国国际开发署估计，在过去 50～60 年中，撒哈拉沙漠南部边缘 65 万平方公里适合于农业或集约放牧的土地已消失在撒哈拉沙漠中。撒哈拉沙漠不仅向南移动，也在慢慢向地中海方向移动。本世纪以来，北非干旱地区的人口增加了不止 6 倍，致使这一地区的许多国家都加快了对植被的破坏，过度放牧和扩大耕地都导致了环境恶化。据联合国粮农组织估计，每年有 10 万公顷土地变成了沙漠。曾经是具有中等植被的中东广大地区，从以色列的地中海沿岸一直到阿富汗，几百年的过度放牧，已经形成了光秃秃的类似沙漠的环境。一些专家认为，在北美，包括亚利桑那州和新墨西哥州的部分沙漠在很大程度上都是在欧洲人入侵以后过度放牧造成的。阿根廷的某些省也正在出现沙漠化土地。60 年代的 10 年干旱，导致这里的沙漠以每年 1.5～3 公里的速度在 80～160 公里宽的前沿地带向前推进。

目前，地球上沙漠及沙漠化土地面积共 4560.8 万平方公里，占地球上土地总面积的 35%，威胁到全球 100 多个国家和地区及 15% 的人口。沙漠化正威胁着可利用的土地，成为当今时代的一个严重的环境问题。

在中国北方，沙漠化土地面积共达 30 多万平方公里，其中历史时期形成的沙漠化土地面积为 12 万平方公里，还有潜在沙漠化危险的土地面积约 15.8 万平方公里，占沙漠化土地总面积的 48.2%。这些沙漠化土地共影响到 12 个省（区）的 212 个县（旗）的近 3500 万人口，威胁到将近 1 亿亩的草场和耕地。初步调查资料表明，近半个世纪以来中国的沙漠化土地平均每年扩大1000平方公里,特别是在半干旱地带的农牧交错地区最为显著。如以内蒙古东部哲里木盟的科尔沁草原为例,以流动性沙丘和半流动性沙丘为主的严重沙漠化土地和强烈发展中的沙漠化土地已从60年代初期占该盟土地总面积的14.3%,到70年代中期扩大为50.2%。察哈尔草原的沙漠化土地也从60年代初期的2%扩大到70年代末期的12%。即使原来没有沙漠化土地的草原垦区目前也有不少退化为沙漠化土地。一些原来以固定、半固定沙丘为主的疏林沙地环境也在迅速变化,如浑善达格河南部的正蓝旗,流沙面积也由50年代末期的2%,扩大到70年代末的27%。该沙区东北部的克什克腾旗西部的农田受沙漠化危害的面积已占耕地面积的44%,牧场沙漠化面积已占可利用草场面积的44%。由于沙漠化过程的发展和程度加剧,使土地生产力下降。在这些地区,粮食多年平均产量仅为15~35公斤/亩。

中国北方地区的沙漠化土地的发展过程有两种类型:一是风力作用下沙漠中沙丘的前移,造成沙漠边缘土地的丧失,如塔里木盆地南部塔克拉玛干沙漠边缘、河西走廊、柴达木盆地及阿拉善东部一些沙漠边缘的地区均属此种情况。二是由于土地过度利用破坏了原有的脆弱的生态平衡,使原来非沙漠地区出现类似沙漠的景观,如过度农垦、过度放牧、过度樵柴,水资源利用不当和工交建设破坏植被引起的沙漠化。表7-3列举了中国北方地区不同成因类型沙漠化土地所占的比例。

表7-3 中国北方地区不同成因类型沙漠化土地所占比例[5]

沙漠化土地成因类型	所占比例(%)
草原过度农垦所形成的沙漠化土地	23.3
过度放牧所形成的沙漠化土地	29.4
过度樵柴所形成的沙漠化土地	32.4
水资源利用不当所形成的沙漠化土地	8.6
工交建设所引起的沙漠化土地	0.8
自然风力条件下沙丘的前移入侵	5.5

从表 7-3 的资料中可以清楚地看出,不当的人为活动是土地现代沙漠化的主要原因。在一些生态平衡脆弱的地区,土地支持人口生活的能力很弱,使由于人口对土地的压力引起的沙漠化土地在这些地区迅速蔓延。

(四) 土壤次生盐渍化问题

在土壤学中,一般把表层含有 0.6%～2.0% 以上易溶盐的土壤称为盐土。土壤盐渍化严重时,植物尤其是作物很难成活。盐渍土的生成有一定的自然条件基础,即在干旱气候条件下的低洼地区地下水位埋藏不深的地方可以形成。在这种条件下,地下水可通过毛管上升被强烈蒸发,水被蒸发了,水中所含的盐分便沉淀析出,堆积于土壤中。人类的灌溉活动对盐渍土的生成有很大影响。正确的灌溉方式可以达到改良盐渍土的目的。反之,不正确的灌溉(灌溉水量过大,灌溉水水质不好等)可以导致潜水位提高,引起土壤盐渍化。由于人类不合理的农业技术措施而发生的盐渍化被称为次生盐渍化。土壤次生盐渍化是干旱地区土地资源农业利用中最易产生的重要环境问题之一。

在本章前面已经提到,最早的人类文明发源地之一的底格里斯河与幼发拉底河平原,即美索不达米亚,现在的伊位克,在 6 千～7 千年前,那里的人民就懂得引用河水灌溉农田,在沙漠里培育了许多作物。美索不达米亚可能是世界上最古老的灌溉区。但 6 千年前人类管理的最后结果,并没有把这里变成最肥沃的土地。相反地,历史最悠久的灌溉实践却彻底破坏了这里的土壤,至今没有复原。在缺少排水条件的情况下,美索不达米亚的地下水位开始升高。水渠渗漏和周期性的洪水也提高了地下水位。当地下水通过土壤毛管被蒸发时,就在地表留下一层薄薄的盐。千百年湿润与干旱的往复,使地面留下了一层又厚又白的外壳,致使许多地方的土地完全不能经营农业。现在伊位克南部广大地区的古老农田就像刚下过雪那样闪闪发光。不合理的灌溉毁坏了全国 20%～30% 有灌溉潜力的土地。自美索不达米亚衰败以来,被人们反复记取、时而被忘记的一条主要历史教训是:灌溉(为干旱的作物提供水分)和排水(从土壤中排去过多的水分)是整个农业灌溉系统中不可分割的两个方面。

巴基斯坦的印度河平原是遥遥领先的世界上最大的广阔灌溉地区。但早先的灌溉大多是在河水上涨时才进行,灌溉区局限在沿河的狭长地带。19世纪中叶英国人在这里建设了大规模的永久性的灌溉系统,使这地方成为印度次大陆的粮仓。他们修建了大量的水渠和供储水用的低坝。当这些设施刚刚建成,就发生了意外的事情:水井的水位开始上升。新建的水利设施改变了水循环的平衡,有1/3的水渗进到地下水中,使地下水位以每年0.3~0.6米的速度不断上升,直到离地表3~4米为止。由于毛管水上升蒸发,不到20年的时间,1米厚的土壤的含盐量达到1%,使作物无法忍受这种浓度的盐分。到1960年,水涝和土壤次生盐渍化问题给这一地区造成重大损失,严重受害的土地面积估计有200万公顷以上,占印度河平原耕地面积的1/5。由于盐渍化,土地产量大幅度下降,有的则颗粒无收。好几百万农田的生产率远远低于潜在水平。到1961年政府订下了解决问题的全部策略:决定修建近万公里的排水渠,排泄农田里多余的水分。最早的兴建区于1964年做了试验,地下水位明显下降。总的说来,到1970年,许多观测者认为,土地的恢复超过了土地的丧失。

土壤次生盐渍化使世界上大约30个国家受到不同程度的危害。中国由于在一些地区实行不合理的灌溉,也造成了大面积的土壤次生盐渍化问题。早在50年代末,冀、鲁、豫三省次生盐渍化的土地面积就曾扩大到6000万亩。内蒙古后套区1954年盐渍化的土地只占灌溉土地面积的11%~15%,1963年增至22%,1964年又增为31%,1973年增加到58%。新疆土壤次生盐渍化的合计已占耕地面积的1/3以上。由此可见问题的严重性。在中国华北平原地区曾花大力气研究解决土壤次生盐渍化问题。在施行灌溉农业措施时协同考虑蓄水、用水和排水的矛盾,在综合防治这个区域的旱、涝、盐危害方面已取得不少经验。但就全国范围而言,防治我国华北和西北的土壤次生盐渍化问题仍是一项急切的任务。

人类—环境系统及其可持续性

三、人类活动引起的水资源破坏和水环境问题

人类活动引起的水资源破坏和水环境问题，除污染问题外，可以概括为两大类：① 由于对水资源掠夺式开采利用所产生的对水资源和水环境的破坏（如过量引用地表水导致河、湖干涸，过量开采地下水导致地下水枯竭等）；② 由于人类在其他领域的活动所产生的对水资源和水环境的破坏（如盲目围垦引起湖泊面积和容积缩小，矿山排水导致地下含水层的疏干，以及都市化过程对区域水平衡的影响）。

（一）不合理使用水资源造成的对水资源和水环境的破坏

1. 过量引用地表水导致河、湖干涸

通常，人们对水资源的认识存在着两个基本概念。一是，水是可更新资源，或称可循环资源，是生态资源的一种。从全球水分循环和水量平衡的总体着眼，水的特点是其在地球上的总数量恒定不变，即水是"取之不尽、用之不竭"的资源。二是，水又是极为珍贵的资源。许多地方存在着水资源短缺问题。因为一方面直接可供人类利用的河、湖淡水量不足地球上总储水量的 0.01％；另一方面，淡水资源在空间和时间上的分布很不均匀，致使诸如在中亚和北非广大荒漠与半荒漠地区水资源严重缺乏。在东亚季风区和地中海气候区，由于干旱季节与多水季节变化显著，干旱季节水资源亦十分短缺。

中国河川径流总量约 2.6 万亿立方米，地下水总补给量约 7.718 亿立方米，扣除地表水和地下水相互转换的重复量，全国水资源总量约 2.7 万亿立方米，在世界上占第 6 位。但是，按人口与耕地计，中国人均占有水量只有世界平均值的 1/4，耕地每亩平均占有水量只有世界平均值的 1/2。不仅中国西部地区干旱缺水，中国东部地区由于受东亚季风影响，降水和河川径流的季节和年际变化也很大。在某些年份，中国的许多地区都有水源短缺的问题。合理利用和保护水资

源对中国有极为重要的意义。

近 40 年来,中国在开发利用水资源方面有巨大成绩,但也存在着一系列严重的问题,最主要是对水资源管理不善,严重浪费。尤其是在中国华北和西北等干旱地区,不合理地过量引用地表水已导致河湖干涸,最典型的例子就是新疆的塔里木河。塔里木河是中国最大的内陆河,19 世纪末某些河段还可通行大木船,1958 年还有河水流到台特马湖,但由于近年来大量引用河水灌溉,使输给下游的水量减少,致使英苏以下已完全断流,阿拉干以下河床大部被沙淹埋,难以辨认。

再如,罗布泊原也是中国新疆著名的湖泊,在 1934 年实测面积为 1900 平方公里,至 1962 年尚有 530 平方公里,目前由于塔里木河下游断流无水补给,已完全干涸。玛纳斯湖 1958 年以前面积 550 平方公里,湖水深 5～6 米,现在也已全部干涸。艾比湖由 1958 年的 1070 平方公里缩小为目前的 570 平方公里。艾丁湖由 1958 年的 124 平方公里变为目前的几十平方公里。北疆的布伦托海由于乌伦古河大量用于灌溉,使入湖河水量急剧减少,湖水位以每年 0.4 米的速度下降,面积由 60 年代的 827 平方公里缩小到目前的 767 平方公里。

有些湖泊由于引水排水不当,水质变咸。如博斯腾湖由于上游把大量农田排水泄入湖内,每年带入湖内的盐分达 63.7 万吨,使湖水矿化度由 1958 年的 0.25～0.40 克/升上升到 1980 年的 1.6～4.6 克/升。此湖已由淡水湖变成微咸水湖。

2. 过量抽取地下水导致地下水源枯竭

地下水资源与地表水资源相比有以下特点。地表水资源尤其是河湖径流,在时间分配上非常不均匀,多水季节江河漫溢,流泄速度很快,水资源不仅无法充分利用,而且还会形成洪涝灾害。而地下水则不同,地下水运动速度比地表水缓慢得多,因此,当地表河流的水量急剧减少时,地下水仍能保持一定的水量和一定高度的水位。这样它本身不但有保持供给水量的能力,还能使与它有联系的地表水获得源源不断的补充。地下水在水循环中的滞缓,对水量在时间上的分配起调节作用,使水量的变化趋于均匀。

作为重要给水水源的地下水,不仅能弥补地表水时间分配上的不均,也能弥补地表水空间分配上的不均。地下水分布区域广而均匀,在平原地区、山间盆地都有丰富的地下水源。再则,地下水水质一般较地表水为好。大气降水的矿化度很低,一般每升只有几十毫克,并不很适于饮用,但经过由地表向地下渗漏后,并在含水层中与周围岩石、土壤接触,水的矿化度逐渐增加,增加较多的是水溶性矿物组分。所以从化学成分上看,大部分地下水是最适于饮用的。大气降水在空中以及降落到地表以后,都会混入一些悬浮的杂质和沾染细菌,而在向地下渗透过程中,土壤能够滤去杂质和细菌,以达到水的自然净化。因此从洁净度上看,地下水也远比地表水好。地下水是自然界提供给人类的最好的饮用水。

随着城市及工业的发展和人口增加,世界上许多大城市对地下水的开采量越来越大,地下水位逐年下降。英国最大都市伦敦地区自1850年至1950年的100年间,地下水位下降了150米。美国第二大城市芝加哥地区自1884年至1958年不到100年内,地下水位下降了近180米。

在中国北方干旱和半干旱地区,由于降水较少和降水集中,使可利用的河道径流量很有限。在这些地区主要利用地下水源。据1992年资料,在中国181个大中城市中,33％的城市以地下水作为主要供水水源,22％的城市是地下水与地表水兼用;在华北的27个主要城市中,地下水供水量占城市总用量的87％。中国许多地区农业用水也以地下水为灌溉水源。据不完全统计,中国农业使用地下水量每年达500亿立方米左右。

由于不合理超量开采地下水,使许多地区地下水开采量大大超过其补给量,导致地下水位连续大幅度下降。华北平原的许多地区,60年代以前孔隙承压水是自流的,但由于70年代以来的大量开采,地下水资源已出现严重枯竭。如:冀县、枣强县、衡水地区的地下水降落漏斗密集区面积,已由开采初期1971年的167.2平方公里扩展为1981

年的 1200 平方公里,漏斗中心的水位埋深也由 17.47 米加大为 52.28 米,含水层被大范围疏干。在中国省会级以上的 27 座城市中,除南京、武汉、贵阳外,24 座城市分别于 60 年代至 70 年代初开始形成地下水降落漏斗。其中,具有区域性连续下降特点的有 16 座城市,尤以以地下水为主要供水水源的北方各大城市和以细粒土含水层为主的沿海城市更为突出。80 年代初期,这些城市的漏斗面积分别为数十至数百平方公里,甚至上千平方公里;漏斗中心水位累计下降 10～30 米,最大可达 70 米;水位平均下降速率为每年 1～2 米,最大达 8.24 米。

沿海城市地区由于大量开采地下水可引起海水倒灌,使淡水层遭到咸水入侵而被破坏。天津塘沽、汉沽一带地下水已下降到海平面以下。大连市是海水入侵的典型城市之一。1969 年以前,大连市海水入侵面积很小,仅为 4.2 平方公里。自 70 年代以来地下水开采量不断增大,1986 年海水入侵密集区扩大为 206.8 平方公里,咸水向陆地侵入 2～9 公里。

下面再以首都北京和中国最大的重工业城市沈阳为例作稍详细的说明。北京市地下水的供水量占全市总用水量的 60% 以上,90 年代以前自来水几乎全部取自地下水。1951 年到 1980 年,自来水供应量由 0.11 亿立方米/年增长为 3.5 亿立方米/年,加上农业灌溉用水,使北京近郊区自 1970 年以来明显地出现了地下水过量开采的局面。1980 年的开采量达 9 亿立方米,超出了地下水平均补给量达 2～3 亿立方米/年。地下水多年总计亏损达 12 亿立方米以上。1970 年以后,连年过量开采的后果使各单井或井群的地下水位下降,使分散的地下水漏斗逐步联结起来,形成大面积的区域性漏斗。1980 年漏斗面积已达 1000 平方公里,目前仍在继续扩大。北京西郊潜水区 1970 年以前还处于动态平衡状态,1970 年以后地下水平均每年以 0.5～1.5 米的速度连年下降。集中开采区地下水位已下降了 10～15 米。北京东郊属潜水—承压水区,自 1959 年以来地下水位平均每年以 1～2 米的速度下降。

沈阳市工业和生活用水以地下水为唯一的水源。在浑河南北岸的 480 平方公里范围内,80 年代初地下水开采总量即为 120 万立方米/

人类—环境系统及其可持续性

日。按这样的疏干强度,这一带的含水层将在不长的时间内被抽空。浑河北岸地下水下降区面积为 360 平方公里,其中铁西区地下水下降漏斗密集达 40 多平方公里。中心区地下水位埋深 33 米,每年最大下降水位为 6 米。自 1976 年以来,全市地下水位下降平均每年都在 1 米以上。

像北京、沈阳这样一些基本上依赖地下水供水的大城市和工业城市,如果不及时防治,无计划超采地下水,势必有一天供水不足必将成为城市和工业发展的头等限制因素。

(二) 人类其他活动引起的水资源破坏和水环境问题

1. 盲目围垦使湖泊面积和容积日益缩小

围湖垦田,可以说是中国的一个特殊问题。由于中国人口众多,耕地面积相对很少,为扩大耕地面积,曾一度大量围湖造田,造成对湖泊水体的破坏。湖泊本身有调节洪水、灌溉、供水、航运、旅游及水产养殖等多种功能。中国在 60~70 年代对湖泊盲目围垦使湖泊面积和容积一度日益缩小,不但增加了洪水灾害,而且也削弱了湖泊的其他功能,并使有的湖泊完全消失。以江汉平原为例,在建国初期湖泊数量达 1066 个,现已减为 350 个以下,湖泊总面积由 8330 平方公里缩小为不到 2500 平方公里。洞庭湖和鄱阳湖被围湖造田的面积均很可观。太湖在 1969~1974 年间被围了 23 万亩。洪湖 1956 年前面积为 90 万亩,50 年代平均年产鱼 697.5 万公斤,由于围湖,至 70 年代面积只剩下 50 余万亩,1975~1979 年间平均年产鱼量仅 260 万公斤左右,只及 50 年代的 37%。此外,由于植被破坏和陡坡开垦加重了水土流失,也使湖泊淤塞。以洞庭湖为例,1951~1959 年平均年流入泥沙 1.7 亿立方米,输出 0.4 亿立方米,留湖 1.3 亿立方米。按当时湖面积计算,平均每年淤高 3.3 厘米。近 30 年来该湖共淤高达 1.5~2 米多,近 20 年来,该湖容积减少了 70~80 亿立方米,每年淤出土地 6~7 万亩,使湖泊水面减小,水深变浅。

2. 矿山排水造成对地下水资源的破坏

开发矿产资源是发展国民经济的一个很重要的方面。但采矿时往往遇到地下水涌入矿坑的问题。然而，能够长期造成大量矿坑涌水的，必定与附近有较大的含水层有关。从供水的角度看，这些含水层只要水质适宜，当然是良好的供水水源。但是，采矿以获得矿产为目的，大力进行排水采矿的结果便在相当大的范围内疏干了地下水。在中国北方干旱地区，尤其在喀斯特地层发达地区，这一问题更为突出。矿山排水将一定深度以下的地下水疏干，实际上就是将地下水位强行降低至一定深度以下。这样必然也造成周围地区地下水短缺，甚至使矿山自身所需的供水也无法保证。这是一个需要加强研究有待解决的问题。

3. 不当的水利工程对区域水平衡的干扰

对这一问题可以中国华北平原为例予以说明。华北平原是中国最大的低平原，西部地形坡度为几千分之一，中东部为万分之一左右。这里的年平均降水量南部为 700～800 毫米，北部为 500～600 毫米。气候的共同特点是年内雨量分配极不平衡，造成春旱秋涝。在这种情况下为保证农业生产，必须发展灌溉事业，又必须排除洪涝灾害。建国初期，首先完成了治淮工程，减轻了南部平原的洪涝灾害。50 年代后期由于急切希望改变农业生产面貌，除修建地表引水工程外，还修建了不少拦蓄降水的"平原水库"，并有人提出了实现华北平原河网化的口号，以期"水不出田"，以保证旱季灌溉用水。但这样做的结果是干扰和破坏了区域正常的水平衡。由于排水途径不畅，又恰逢丰水年，使地下水位急剧上升，土壤次生盐渍化普遍发展，反使农业生产受到了损失。随后取消了"平原水库"，并停止了全部引水工程，地下水位便逐步下降。1963 年的特大降水造成大面积洪涝灾害，于是又大修排水工程，宣泄洪涝，使地下水位随之下降，洪涝大为减轻，土壤次生盐渍化也基本消除。但以后几年出现了少雨年份，干旱缺水矛盾又突出起来。如前所述,在此情况下,大量抽取地下水灌溉农田的结果使华北平原东部地下水位大面积区域性下降。如何根据本地气候与地形特点,协同考虑地表水与地下水资源情况,统筹考虑蓄水、排水和用水的矛盾,以达到综合防治旱、涝、碱、洪的目的,是摆在当地人民和政府面前的一项艰巨而复杂的任务。

四、人类活动引起的对生物多样性的破坏问题

据国际环境与发展研究所(1987)资料,在人类活动干扰以前,全世界有森林和林地 60 亿公顷,到 1954 年世界森林和林地面积减少为 40 亿公顷,其中温带森林减少了 32%～33%,热带森林减少了 15%～20%。近 30 年来,世界森林特别是热带森林的减少速度明显加快,平均每年减少 80 万公顷(相当于一个奥地利的国土面积)。中美洲森林由 1950 年的 1.15 亿公顷减少到 1983 年的 0.71 亿公顷;非洲森林减少更快,从 1950 年的 9.01 亿公顷减至 1983 年的 6.9 亿公顷[6]。

世界森林的不断减少直接导致生物品种多样性的消失和物种灭绝。据估计,地球上曾经有 5 亿个物种,目前尚有 500 万～1000 万个物种。

森林锐减和物种灭绝都可归为生物多样性的破坏问题。生物多样性是一个概括性的术语,包括全部植物、动物和微生物的所有物种和生态系统以及物种所在的生态系统中的生态过程。生物多样性通常被分为 3 个水平,即遗传多样性、物种多样性和生态系统多样性。遗传多样性是指遗传信息的总和,包括栖居于地球上的植物、动物和微生物个体的基因在内。物种多样性是指地球上生命有机体种类的多样性,目前被科学家实际描述了的仅约 140 万种,但据多方面估计,在近期历史上的数量在 500 万～5000 万种之间或更多。生态系统的多样性与生物圈中的生境、生物群落和生态过程等的多样性有关。各种生态系统是营养物质得以循环,也使水、氧气、甲烷和二氧化碳(由此影响气候)等物质以及其他诸如碳、氮、硫、磷等元素得以循环。

下面着重讨论物种多样性的破坏问题,包括与其关系最密切的热带雨林的破坏问题。

从地球出现生命起直到现在,物种灭绝过程是始终存在的。古生物学的研究表明,现代的几百万个物种是曾生存过的几十亿个物种中的幸存者。地质时期的物种灭绝是由自然过程引起的。而在今天,人类活动无疑是造成物种灭绝的主要原因。据劳普和迈尔斯分别估计,物种灭绝的平均"背景速率"为:每一个世纪有 90 个脊椎动物种灭绝(Raup,1986);每 27 年有一个植物种灭绝(Myers,1988)。在过去的一两百年内,由于人类活动,世界上物种灭绝的速率大大加快了。人类活动导致的灭绝主要发生在海岛上和热带森林地区。据弗兰克尔等(1981)资料,在近代历史上灭绝的哺乳类和鸟类中有 75% 是岛栖物种。表7—4列举了一些代表性海岛上特有维管束植物种属受威胁和灭绝的情况。其中有几个海岛处于稀有、受威胁或灭绝类型的占 90% 以上。

表 7—4　某些海岛上特有维管束植物受威胁情况[6]

海 岛 名 称	总数	未受威胁	不详	稀有、受威胁或灭绝
亚森欣岛	11	0	1	10(91%)
亚速群岛	56	14	10	32(57%)
加利那群岛	612	189	36	407(67%)
加拉把哥群岛	222	89	3	130(59%)
胡安费尔南德斯群岛	119	6	17	95(81%)
洛德豪岛	78	2	1	75(96%)
马得拉群岛	129	23	19	87(67%)
模里西斯岛	280	31	18	194(69%)
诺福克岛	48	1	2	45(94%)
罗德里格斯岛	55	3	2	50(91%)
圣赫勒拿岛	49	0	2	47(96%)
塞昔尔群岛	90	0	1	72(81%)
索可得拉岛	215	81	2	132(61%)

由于世界上最多样化的生态系统(特别是热带雨林地区)被迅速破坏,致使大多数专家得出结论,即可能在今后 20～30 年内,地球上物种的 1/4 将处于严重的灭绝危险中。据(Raven,1988)的资料表明,目前世界正处于空前速度的物种灭绝过程中,每年有成千的物种消失,大多数是昆虫,有许多昆虫甚至在被科学家描述之前就已消失了。科勒(Collar)和 Androw(1988)的一份近期综述报告指出,目前地球上的 9000 种鸟类中有 1000 种(11%)以上处于不同程度的灭绝危险中,而在 1978 年只有 290 种鸟类受到灭绝威胁。

热带潮湿的森林仅覆盖了地球陆地面积的 7%,但至少含有地球上物种数量的一半。如果认为那里尚有数百万未被描述的森林昆虫的估计是准确的话,那么热带森森中含有的物种数可达所有物种数的90% 或更多。据怀特摩等(1985)在哥斯达黎加的一个低地热带雨林的调查,仅在 100 平方米的地方即计数到 233 种维管束植物,也就是说,在约一个网球场一半大的面积上存在的植物种几乎等于英伦三岛植物物种数的 1/6。

迈尔斯(1988)提出了一份资料(表 7-5),提供了 10 个分布在发展中国家热带森林"热点"区的植物物种数。

由于种种原因,目前对现在仍保留着的热带雨林数量尚没有一致的估计,现有估计数字从 8 亿公顷到 12 亿公顷不等。但是大家共同认可的基本事实是:热带雨林被破坏的速度正在加速。据最保守的估计,科特迪瓦地区森林的消失率每年高达 6.5%。全部热带国家热带雨林的年平均消失速率约为 0.6%,相当于每年消失雨林面积 730 万公顷。这是一个掺和了造林和自然再生后的净数字。据联合国粮农组织 1981 年推算,如果按此速度,所有郁闭的热带森林将在 177 年内被砍伐干净。据联合国粮农组织与联合国环境规划署共同估计,包括郁闭的和稀疏的热带森林,每年彻底消失的面积为 1110 万公顷,每年还有 1000 万公顷被严重破坏。不少人认为这是一种太保守的估计。巴西太空研究所已报道,1987年的森林火灾毁灭了 200 万公顷的巴西森林,其中包括 800 万公顷的原始森林。

物种多样性被破坏,特别是热带雨林植被的大量破坏,必然大大改变碳、氮等营养元素和微量元素的源、汇分布,使营养元素和微量元素在地球系统中的循环遭到破坏,从而给自然生态系统和人类社会带来巨大影响。

表7—5　热带森林的"热点"区中的植物物种数[6]

地　区	原有森林面积（千公顷）	现存原始森林面积（千公顷）	原有森林中的植物种数（个）	原有森林中的地方特有种数量（和其百分比）
马达加斯加	6200	1000	6000	4900(82)
巴西大西洋森林	100000	2000	10000	5000(50)
厄瓜多尔西部	2700	250	10000	2500(25)
哥伦比亚乔哥地区	10000	7200	10000	2500(25)
亚马孙高地西部	10000	3500	20000	5000(25)
喜马拉雅东部	34000	5300	9000	3500(39)
马来西亚半岛	12000	2600	8500	2400(28)
婆罗洲(加里曼丹)北部	19000	6400	9000	3500(39)
菲律宾	25000	800	8500	3700(44)
新喀里多尼亚	1500	150	1580	1400(89)
总　　计	220400	29200		34400(13.8)

物种多样性锐减及其热带雨林遭破坏已成为当前最重要的环境问题之一,也是国际社会关心的热点。因此在1992年巴西里约热内卢联合国环境发展会议上,与会国家专门签署了一项公约——联合国生物多样性公约。此公约与另一项早一个月在纽约签署的"联合国气候变化框架公约",是当前国际环境保护方面最重要的两项公约。可见,这两个环境问题需要解决的迫切性。

参考文献

〔1〕陈静生:《环境地学》,台湾科技图书股份有限公司,台北市,1991年。
〔2〕国家计划委员会国土规划和地区经济司等:《中国环境与发展》,科学出版社,1992年。
〔3〕上海水文地质大队:《地下水人工回灌》,地质出版社,1977年。
〔4〕N. J. 格林伍德、J. M. B. 爱德华兹等:《人类环境和自然系统》,化学工业出版社,1987年。

人类—环境系统及其可持续性

〔5〕中国地理学会等:《中国国土整治战略问题探讨》,科学出版社,1983 年。

〔6〕J. A. 麦克尼利、K. R. 米勒等:《保护世界的生物多样性》,中国环境科学出版社,1991 年。

第八章 "人类－环境系统"的 全球性变化及对策

目前世界上有多项国际合作计划对全球变化问题进行全面系统研究。近年来中国学者在此领域的研究工作也极为活跃,使我们对全球变化及中国在全球变化中的地位和作用等问题的认识逐步深入。

自地球诞生以来,地球环境在其漫长的演化过程中已经历了翻天覆地的变化。近代科学研究表明,40 几亿年前,从太阳系中分离出来的星云——地球——在其形成的初期主要为以氢气为主的气层所包围。而后随着它的迅速消散,气层逐渐为以氮气和二氧化碳为主的气体所取代,非常类似于今天所观测到的金星和火星的大气。直到大约 38 亿年前,地球环境才逐渐变得适合于生命的生存。根据化石记录推断,最低等的生命形式——单细胞藻类水生生物的存在已有 35 亿年了。而藻类及以后出现的各种植物,通过其光合作用逐渐改变了大气的成分,使得大气中二氧化碳的含量减少到目前的状态,约占大气总含量的 0.03% 左右,而氧气增加到 20% 左右。生物在其进化中逐渐适应了地球环境,并在自然竞争中导致了人类的诞生。

虽然人类的兴起仅是近百万年的事,然而它的出现却对地球环境产生了深刻的影响。人类在其进化的早期,只影响局地环境。随着工业革命的到来,人类学会了更多的技能,他们的活动已逐渐构成对整个地球环境的影响,成为全球变化的第三扰动因素(太阳和地核是两个自然的驱动因素)。

一、当前人类面临的重大全球性环境问题

当前人类面临一系列重大的全球性环境问题,其中最主要的被认为是"温室气体"排放引起的全球变暖问题、平流层臭氧耗损问题、森林锐减与生物物种灭绝问题、土地荒漠化问题及淡水资源短缺问题[1]。

(一)"温室气体"排放引起的全球变暖问题

科学研究表明,地球之所以能维持生命,就是因为它提供了维持生命的条件——空气、水和食品,而这些都与大气有密切关系。空气中的氧和二氧化碳为生命的呼吸和光合作用所必需。不仅如此,二氧化碳和含量仅为空气万分之三的其他微量气体,如甲烷、一氧化二氮、臭氧、氟氯烃等,由于其"温室效应",使地球能保持适当的温度,才使液态水得以存在,从而为生命的存在提供了物质基础。

所谓"温室效应",是指二氧化碳及微量气体能无阻挡地让太阳的短波辐射射向地球,并部分吸收地球向外发射的长波辐射,而使地面温度上升,宛如玻璃温室一般。人们形象地把二氧化碳与微量气体的这种功能称作"温室效应",将具有"温室效应"的气体称作"温室气体"。

随着人类文明的到来,工业的发展,特别是化石燃料和生物物质的燃烧,使得大气中二氧化碳的含量明显增加。全球大气中二氧化碳浓度已从 1958 年的 314ppm(10^{-6})增加到 1988 年的 349ppm,是目前大气中温室气体浓度最高、增温作用最大的气体。而冰芯分析表明,19 世纪后期大气中二氧化碳浓度仅为 $160\sim180$ppm。此外,其他温室气体如甲烷、一氧化二氮的浓度也在明显增加(表8-1),而且人类活动还向大气排入了一些新的温室气体,如氟氯烃等。尽管它们在大气中的浓度很低,但由于其年增长率高,温室效应强而备受人们重视。

表 8－1　大气中的主要温室气体[1]

气　体	分子式	平均寿命（年）	平均浓度（ppbv）	年增长率（%）	增暖潜值		
					20 年	100 年	500 年
二氧化碳	CO_2	100	350000	0.4	1	1	1
一氧化二氮	N_2O	150	309	0.25	210	220	150
甲烷	CH_4	10	1700	0.9	84	29	12
氟里昂－11	$CFCl_3$	65	0.25	4	4000	3100	1300
氟里昂－12	CF_2Cl_2	130	0.415	4	6200	6400	4000
氟里昂－13	$C_2F_3Cl_3$	90	0.035	10			
哈龙－1301	CF_3Br	100	0.002	15			
对流层臭氧	O_3		20～100				

注：ppbv —— 十亿分之一（10^{-9}）体积；

增暖潜值——每种气体排放 1 千克，相对于 CO_2 的潜在增暖作用。

大气中温室气体增加必然导致温室效应增强，从而有可能引起全球增暖。观测表明，1880 年以来北半球地面温度平均升高了约 0.3～0.6℃。虽然目前还不能识别这一全球增暖现象中温室气体的贡献有多大，但大多数科学家认为大气中增加了的温室效应对全球平均温度的增加是有促进作用的。

1990 年 5 月世界政府间气候变化委员会第一工作组提供的最新报告预测，到 2030 年，若二氧化碳浓度加倍，其增高的温室效应可使全球平均温度上升 1～2℃。由于气候的区域性差异，陆地比海洋增温快，南欧和北美比全球平均增温幅度大；夏季降水和土壤湿度减小，亚洲季风将加强；海平面将升高 20 厘米左右。这将给全球生态系统和人类的社会经济活动带来巨大影响。因此，"温室效应"问题成为全人类共同关心的重大全球性环境问题。

（二）平流层臭氧损耗问题

臭氧是氧的衍生物，自然大气中有微量的臭氧存在，其浓度随高度而变化。平流层，尤其是距地面 20～25 公里的大气层中臭氧的浓度最大。大气中的臭氧除了作为一种温室气体影响着地球的辐射收支，进而影响天气和气候外，它还吸收太阳的紫外辐射，起着"屏蔽板"的作

人类—环境系统及其可持续性

用,使地球上的生物免遭紫外辐射的伤害。研究表明,在自然状况下,平流层中的氧分子、氧原子和臭氧之间维持着动态平衡。然而经过观测表明,近年来平流层臭氧已明显减少。英国南极调查局哈利湾观测站的资料表明,从 70 年代中期以来,每年 10 月(南极极夜刚结束的月份)臭氧总量减少了 40%。在卫星图片上则已进一步揭示出南极上空有所谓"臭氧洞"的存在。

这一观测事实的发现,大大促进了始于 70 年代初期的平流层化学研究的发展。目前的实验室模拟结果认为,平流层对氟氯烃和氮氧化物非常敏感。这些物质通过光化学反应能使平流层臭氧浓度降低,且当氯原子浓度(含氟氯烃物质在平流层紫外线的照射下发生光离解而产生的活跃的氯原子)超过平流层奇数氮(NO_X、NO_2、HNO_3 等)的浓度时,臭氧被破坏的速度加快。

目前大气化学家和气象学家们对"臭氧洞"的形成提出了多种推测和假设,但都不能圆满解释"臭氧洞"的形成机理。不少科学家正在致力于从大气化学和大气动力学的结合上寻求新的理论解释。尽管如此,一些人认为,含氟氯烃物质(如氟里昂-11、氟里昂-12 等)日益增多地排入大气,是导致臭氧减少的重要原因。人们预计,若氟氯烃含量以目前的增长速度继续下去,那么未来百年内臭氧总量将减少 3%～5%。虽然这一推论尚需科学事实的证明,但是由于大量臭氧的减少将削弱它的"屏蔽板"的作用,导致地面紫外辐射增加,人类的皮癌发生率增高,免疫系统受到抑制,对动、植物和人体产生危害。因此平流层臭氧损耗问题成了人类关注的又一大全球性环境问题。

（三）森林锐减和生物物种灭绝

在上一章中已详细地讨论了这一问题。森林锐减和生物物种的大量减少对人类社会和经济发展将产生巨大影响,特别是森林植被的大量减少会大大破坏地球表面碳、氮等元素的循环,从而给人类社会和自然生态系统带来巨大的影响。这是当前人类关注的第三大全球性环境问题。

（四）土地荒漠化

土地荒漠化是衡量土地生产力的重要标志。联合国环境规划署用以评价荒漠化的指标有草原退化、旱作农田质量下降、水浇地盐碱化及水涝、植被破坏、地下水和地表水质量下降以及沙丘的入侵与扩大等。通常，土地荒漠化是指由于上述原因导致土地生产力下降25%或以下，严重荒漠化和极严重荒漠化是指土地生产力降低25%～50%以上。

据联合国环境规划署初步统计（1987），荒漠化威胁着4800万平方公里的土地，约占世界表土面积的1/3，影响着至少8.5亿人的生活。20世纪80年代初期，在全世界32.57亿公顷的旱作土地中约有61%（约19.86亿公顷）遭受荒漠化和严重荒漠化的影响。土地荒漠化极大地改变了陆地表面的物理特征，破坏了地表辐射收支平衡，诱发气候和环境变化。而气候和环境变化的反馈作用又将进一步影响土地荒漠化的进程，如此循环往复，从而对地球环境产生深远影响。可见土地荒漠化已成为全世界又一重大的全球性环境问题。

（五）淡水资源短缺

据国际环境与发展研究所和世界资源研究所提供的数据[5]，在全球约140亿亿立方米的水量中，大约有4.2亿亿立方米的淡水，约占全球水量的3%，其中约77.2%被冷储在南北极和高山的冰盖与冰川中，22.4%是地下水和土壤水，约0.4%为湖泊、沼泽和河水。

由于水循环的结果，全球水量极不均匀。非洲、中东和中亚大部分地区，美国西部，墨西哥西北部，智利、阿根廷的部分地区以及澳大利亚大部分地区都是贫水区。另一方面，20世纪以来世界用水量大幅度增加，年用水量从1900年的4000亿立方米增加到1975年的3万亿立方米，增加了6.5倍。预计到2000年全球淡水用量可达6万亿立方米。目前世界上有43个国家和地区缺水，占全球陆地面积的60%；约29亿人用水紧张，10亿人得不到良好用水。

人类—环境系统及其可持续性

以上概括地论述了当前人类面临的五大全球性环境问题。下面从学术研究进展角度，对大气二氧化碳浓度增加与气候变暖的关系、大气中甲烷浓度增加与气候变暖的关系，以及平流层臭氧耗损等三个问题作较为详细的讨论。

二、大气二氧化碳浓度增加与气候变暖的关系

（一）大气与海洋间二氧化碳的交换

研究表明，地球表面的二氧化碳绝大多数储存于海洋中。海洋中二氧化碳的含量约为大气中二氧化碳含量的 60 倍。海洋是大气二氧化碳的储存器和调节器。海洋既从大气中吸收二氧化碳，又向大气中释放二氧化碳。海、气之间二氧化碳的转移决定于大气中二氧化碳的分压和海水中二氧化碳的浓度。如果大气中二氧化碳成分的压力强度大于海水中二氧化碳成分的压力强度，海洋就从大气中吸收二氧化碳，相反海洋就向大气中释放二氧化碳。一般来说，在高纬地区，二氧化碳从大气向海水转移；在低纬地区，二氧化碳从海水向大气转移。

据三浦吉雄（1971）的估算，如果生物界二氧化碳收支平衡的话，每年由海洋输入大气的二氧化碳的量约为 150 亿吨，因化石燃料燃烧而输入大气的二氧化碳量约为 100 亿吨，两者合计每年约有 250 亿吨二氧化碳输入大气。而海洋每年从大气吸收的二氧化碳量约为 200 亿吨；两者之差为 50 亿吨。此数相当于化石燃料放出的二氧化碳量的一半。可能是这部分二氧化碳积蓄于空气中，引起空气中二氧化碳浓度的逐年增加。

（二）对大气二氧化碳浓度未来变化趋势的预测

如前所述，目前大气中二氧化碳浓度的增加主要与不断增加的化石燃料的燃烧有关。此外，人类对植被的破坏，尤其是对热带雨林的大面积破坏，减少了植被对二氧化碳的利用吸收，也是大气中二氧化碳增

加的原因之一。同时，如前节所述，人类活动排放的二氧化碳相当一部分为海洋所吸收，只有约一半留在大气中。因此要预测未来大气中二氧化碳浓度变化的趋势，需要进行两方面的工作。一方面是对未来人为活动排放的二氧化碳数量进行预测，另一方面是对人类活动排放的二氧化碳的气留比（排放后存留在大气中的二氧化碳量与人为排放的二氧化碳量的比值）进行预测。人为排放二氧化碳的数量是由与社会发展有关的诸因子决定的。这些因素包括人口增长速度、化石燃料的总储量和易开采储量、替代能源的开发前景和世界各国的能源政策，以及其他一些政治、经济、社会因素。二氧化碳的气留比主要是由海洋的物理、化学状态，海洋环流以及海—气交换过程决定的。王明星曾对大气二氧化碳浓度未来变化趋势预测问题进行过较系统全面的阐述[2]。下面根据该文献对大气二氧化碳浓度及与之有关的气候变暖预测问题作稍详细的概念性介绍，以使非气候学家们了解气候学家是如何对这一问题进行研究的。

对于人为排放的二氧化碳总量的预测不仅涉及对自然世界发展前景的预测，还涉及对复杂的社会发展前景的预测，这是一个十分复杂的问题。目前多数学者只假定两种极端情况：一是未来人为二氧化碳排放速度将保持过去几十年来的高发展速度，即在 1985 年的 5×10^9 吨/年的基础上每年递增 4.3%；二是保持低速发展，即在 1985 年的 5×10^9 吨/年的基础上每年递增 2%。

为了预测人为排放的二氧化碳的气留比，需要利用海—气耦合模式。在此模式中不仅需要考虑海洋水温分布、海水中的含碳化合物（包括溶解的 CO_2，HCO_3^-，CO_3^{2-}，Ca^{2+}，以及悬浮的有机碳等）的化学反应过程以及与此有关的海水酸碱度分布、盐度分布，营养成分分布和生物活动状况，还要考虑海水运动及海—气交换过程。由于大气二氧化碳浓度的空间分布和海洋表层的水温分布随纬度而变化，C. F. 拜斯（Baes）和 G. G. 基洛夫（Killough）曾应用一个二维海—气模式来预测大气中二氧化碳浓度的变化。首先利用海—气模式计算海洋对人为排放二氧化碳的吸收，即预测二氧化碳的气留比，就可以根据对二氧化碳

186

自然科学

人类—环境系统及其可持续性

人为排放量未来变化趋势的预测和对二氧化碳气留比未来变化趋势的预测来预测未来大气中二氧化碳浓度的变化。

表 8-2 是 C.F. 拜斯和 G.G. 基洛夫应用二维海—气模式所预测的自 1980 年至 2100 年大气中二氧化碳气留比和二氧化碳浓度随时间变化的 4 种情况。在模式计算时所选用的几个主要参数是:起始年份的二氧化碳排放量选 1985 年的实际年排放量,为 5×10^9 吨/年;地球上化石燃料的总储量取值为 5000×10^9 吨/年;二氧化碳排放量的年增长率分别取 4.3%(高速增长)和 2.0%(低速增长);初始稳态大气中二氧化碳的浓度分别取 290ppm(工业化前大气二氧化碳浓度的上限)和 270ppm(工业化前大气二氧化碳浓度的下限)。

表 8-2   二维海—气模式计算的大气二氧化碳浓度及
人为活动排放的二氧化碳气留比[2]

年份	大气二氧化碳浓度(ppm)		气留比	
	高速增长	低速增长	高速增长	低速增长
1980	337.3	337.3	0.67	0.67
2000	387.9	374.6	0.70	0.68
2040	719.2	496.3	0.75	0.67
2100	1741.7	856.7	0.78	0.69

由表 8-2 可以看到,在人为排放的二氧化碳量迅速增加时,海洋吸收二氧化碳的能力将下降,人为排放的二氧化碳的气留比将很快上升,大气二氧化碳浓度也将很快增加。如果人为排放的二氧化碳量增加缓慢的话,二氧化碳气留比将大致保持不变,大气二氧化碳的浓度将缓慢上升。

赖默(Reimer)和阿瑟尔曼(Asselmann)曾设计了一个三维海洋环流模式来研究海洋对人为排放二氧化碳的吸收和大气二氧化碳浓度的未来变化。在这个模式中考虑了与上述二维模式类似的化学过程,但未考虑有机物和生物过程。用这个模式能较好地模拟无机碳在海洋中的分布。模式海洋对人为排放的二氧化碳的响应是非线性的。如果人为排放二氧化碳的速率增加较快,海洋吸收二氧化碳的能力将随时间延续而下降,海洋响应的线性度更差。如果人为排放二氧化碳的速率增加缓慢,深层海水将有足够的时间响应表层海水的无机碳输送,则海洋吸收人为排放二氧化碳的能力将下降缓慢。若人为排放二氧化碳量每年递增 4%,则 2000 年大气二氧化碳浓度将达 390ppm;若人为排放二氧化碳量每年递增 2%,则 2000 年大气二氧化碳的浓度将只增至 370ppm。此计算结果与二维模式的计算结果相当。2000 年以后,在高排放率条件下,大气二氧化碳浓度急剧上升,到 2100 年将达 2000ppm;在低排放率条件下,大气二氧化碳浓度将缓慢上升,至 2100 年达 650ppm。

某些学者还提出了其他一些模式,这些模式对于海洋对人为排放二氧化碳的响应有大致相同的结论。但不同模式给出的大气二氧化碳浓度的绝对值却差别较大。对于这些结果的准确度尚难以判断。

应当指出,对未来大气二氧化碳浓度的预测是非常困难的,我们现有的科学知识还不足以准确预测其变化,只能在一些假设条件下对大气二氧化碳浓度的未来变化趋势作出很粗的估计。各种模式对 2000 年以前的预测结果大致相同,而对 2000 年以后的预测结果开始离散。一般认为,至 2000 年,大气二氧化碳浓度将达 380ppm;到 2050 年,将达到 400～470ppm,预测其浓度达到工业化前的 2 倍(即 560ppm)的年份是 2025～2100 年,约有 75 年的范围差距。对丁未来大气二氧化碳浓度的预测,其关键是对未来人为二氧化碳排放率的预测。对于同一种排放率,不同模式预测的结果虽有不同,但与由于对排放率预测不同而造成的预测结果相比就小多了。

(三) 对大气二氧化碳浓度变化可能引起的气候变化趋势的预测

1. 预测方法 —— 气候变化数值模拟

如前所述,大气的化学成分是影响地球大气系统辐射收支的重要因子。因此,大气化学成分浓度的变化将直接引起地表温度和大气温度结构的变化,并将通过动力过程进一步引起其他气候因子的变化。要研究大气化学组分变化对气候的影响,不能单靠简单的辐射计算,而需要考虑各种因素的综合数值实验,建立相应的气候模式。有效的气候模式的建立首先依赖于对气候系统的物理、化学过程的系统的理论和实验研究。在充分认识气候系统的物理、化学过程的基础上,就能把各种过程用数学公式表示出来,再加上适当的边界条件和初始条件就可以建立起气候数值模式。首先要用模式模拟现代的气候状态,并和实际结果进行比较,以验证模型的正确性,然后再改变有关参数研究大气成分变化引起的气候变化。

当前,用于研究大气成分浓度变化引起的气候变化的气候模式可分为两大类,即热力学模式和动力学模式。热力学模式不考虑或只以非常简单的方式考虑大气运动场对辐射收支的影响,它只能预测大气成分变化所引起的温度变化。能量平衡模式和辐射对流模式属于此类模式。动力学模式同时考虑辐射场的变化和运动场的变化以及由此而引起的降水量的变化。大气环流模式和海—气耦合模式属于此类模式。

作为一般的地球科学工作者和环境科学工作者显然难以直接应用各类数值模拟方法来预测气候的变化,但掌握某些基本概念和知识将有助理解气候学家的预测结果。叶笃正、陈泮勤在《中国的全球变化预研究》第二部分(1992)一书中对此作了概略清晰的介绍。

2. 应用简单模式预测的大气二氧化碳浓度增加一倍时的气候变化

由于气候系统极为复杂,现代计算机还不允许将气候系统的各种物理、化学过程都完全详细地放在模式中,而需要对某些过程作简化处理。为了不同的目的,可以对某些过程进行仔细处理,而对另一些过程进行简化,这样就产生了各种各样的简单气候模式。对气候系统进行简化的基本方法之一是进行空间平均,对三维空间平均,即假定整个大气圈是一个均匀的体系,这样就产生了最简单的零维模式。这实际上就是最简单的能量收支模式。表8-3列出了一些有代表性的简单模式给出的大气二氧化碳浓度加倍所引起的全球平均地表温度的变化。

表8-3　应用简单模式计算的大气二氧化碳浓度
加倍时引起的全球平均地表温度的变化(℃)[2]

研　究　者	全球平均地表温度变化(℃)
王与斯通（Wang and Stone，1980）	2.00～4.20
查洛克（Charlock，1981）	1.58～2.25
汉森等（Hansen et al.，1981）	1.22～3.50
哈姆兰德·雷克（Hammeland Reck，1981）	1.71～2.05
亨特（Hunt，1981）	0.69～1.82
王等（Wang et al.，1981）	1.47～2.80
哈梅尔（Hammel，1982）	1.29～1.83
林德仁（Lindren et al.，1982）	1.46～1.93
拉马纳桑等（Lai and Ramanathan，1984）	1.8～2.4
萨默维尔与雷默（Somerville and Remer，1984）	0.48～1.74

3. 应用三维大气环流模式预测的大气二氧化碳浓度 增加一倍时的气候变化

上述简单模式可以半定量地给出一些有意义的概念,但不可避免的是其准确度较低。因为,首先,大气运动所造成的辐射能量再分配必然破坏辐射平衡。已知对流层大气温度的垂直变化并不是由局地辐射平衡决定的,而是在很大程度上取决于湿对流过程造成的垂直方向能量的再分配过程。大气运动造成的水平方向能量输送、大气运动造成的水汽输送以及云和降雨的形成等,都会在很大程度上制约大气成分的辐射效应。地表状态的不同也会影响大气成分的辐射效应。而且人们不仅关注全球气候平均状态的变化,而且关注各地的气候变化。为了能较精确地模拟大气成分变化对全球平均气候状态的影响,为了回答大气成分变化对每一个特定地区的气候状态的影响,需要使用三维大气环流模式。这种模式需要考虑大气状态参数在三维空间的分布和随时间的变化。大气环流模式的主要预报量是温度、水平风速和地面气压,相应的控制方程是热力学能量方程、水平动量方程和地面气压梯度方程。在适当的边界条件下,上述三个方程与连续性方程、气体状态方程以及流体动力学方程联立,构成了绝热无摩擦的自由大气的闭合方程组。这就是大气环流模式的动力学框架。另一方面,大气环流本质上是受热力驱动的。为了描述加热作用,大气环流模式还必须包括另外几个预报量以及它们的控制方程和相应的边界条件。这些预报量中最重要的是水汽,它的控制方程是水汽连续性方程,同时要考虑在一定条件下水汽达到饱和和水汽凝结时释放的凝结潜热。大气的另一个热源是它和下垫面之间的感热和潜热交换,所以在模式中还要包括地面能量收支方程和水汽收支方程。预报量应包括土壤温度和湿度。当然,大气的主要热源是太阳辐射。模式的重要物理过程是辐射加热和辐射冷却,这就需要在模式中包括辐射传输方程。

上述大气环流模式的控制方程组是非常复杂的非线性偏微分方程组,只能在大型计算机上用数值方法来求解。为了求得数值解,一般先将大气沿垂直方向划分为若干层,把要计算的变量安排在各层中间。变量在每一层中的水平变化可以由一张覆盖着整个地球的网格点上的值来表示,也可以有限个基本函数的线性组合给出。前者称为格点模式或有限差分模式,后者称谱模式。给定变量在某一初始时刻的值(称为初始条件),利用模式方程组按一定时间步长外推(称为时间差分),就能求得它们在任意指定时刻的值。

由于空间分辨率(主要是计算机能力的局限)的限制,当代大气环流模式还不能详细地描述那些空间尺度小于网格分辨率而又对气候有重要影响的物理过程。这些模式不能分辨的物理过程称为次网格尺度过程。为了把这些过程考虑在内,通常通过观测分析和理论研究找到一些用模式的大尺度变量来表示次网格尺度物理过程的经验关系式。这就是通常所说的参数化技术。在大气环流模式中,需要参数化的次网格尺度过程包括:地球和大气之间的热量、水分和动量的湍流输送过程;大气内部所形成的热量、水分和动量的湍流输送过程;水汽凝结过程、太阳辐射和地气辐射的传输过程;云的生成过程及云和辐射的相互作用;雪的形成和消散过程;土壤中热量和水分的输送过程。

尽管大气是地球系统中最活跃的成分,大气环流模式中的变量是描述气候的主要参数,但是,地球气候是气候系统中各种成分相互作用的结果,即使是单纯的大气环流模式也必须考虑气候系统的其他成分对大气的影响,其中最重要的是海冰和海水。在有些气候事件的模拟中,可以事先规定表层海水温度和海冰,把它们当做大气环流模式的边界条件。但是有时不能把表层海水温度和海冰分布当作给定的边界条件来处理,而应当建立海洋和海冰的模式,并将它们与大气环流模式耦合起来,这就是下一节所要介绍的海-气耦合模式。

在过去 30 年里,世界上一些发达国家已建立了许多大气环流模式,并用它们研究了大气二氧化碳浓度加倍时将引起的气候变化。这些模式的共同特点是研究的尺度是全球。由于是全球模式,包括了赤道和低纬地区,准地转近似不能成立,故这些模型的控制方程组都是原始方程组。大多数模式在垂直方向上都划分较多层次,不仅能描述对流层大气,也能描述平流层和行星边界层。为了考虑下垫面对大气环流的影响,所有模式中都包括了比较真实的海陆分布和大尺度地形分布。为了把地形引入模式,大多数模式都采用了归一化的气压坐标。所有的有限差分模式都采用经度—纬度网络。

用大气环流模式研究大气二氧化碳浓度变化对气候的影响主要表现在对辐射传输过程的计算中。辐射加热是大气环流形成的主要机制。大气中的辐射过程分为太阳短波辐射和地-气长波辐射两种过程。为了计算太阳短波辐射的加热率,需要考虑进入模式大气顶的大气辐射在其传输过程中所受的大气吸收、散射以及地表的反射。大气中吸收短波辐射的主要成分是水汽、云和臭氧。臭氧主要决定平流层的加热过程,模式中的臭氧分布通常取自观测资料,是高度和纬度的函数。水汽和云分别是模式的预报量和诊断量,是模式本身要计算的变量。有些模式直接将它们用于辐射传输计算,这就是说,在这里,辐射加热直接依赖于模式变量。有些模式在辐射传输计算中不用模式计算的量,而用的是水汽量和云量,取自于观测的平均值。在过去的大气环流模式中,计算太阳短波辐射时一般没有考虑二氧化碳,认为它对太阳短波辐射没有影响。但是,近几年一些辐射模式计算已经证明,二氧化碳对太阳短波辐射的吸收作用是不能被忽视的。为了计算地球和大气的长波辐射冷却过程。需要考虑水汽、二氧化碳和臭氧的吸收以及云的影响。在一般大气环流模式中,二氧化碳的混合比通常取为一个不随空间和时间改变的常数值,是模式的一个外参数。用大气环流模式研究二氧化碳浓度增加引起的气候变化,实质上就是考查模式模拟的气候状态对这个外参数的敏感性。表 8-4 给出了当代几个有代表性的大气环流模式模拟的二氧化碳加倍引起的全球地表平均温度的变化。

表 8-4　大气环流模式模拟的二氧化碳浓度加倍时引起的
全球平均地表温度增加和降水量变化[2]

研究者	地型	云	增温(℃)	湿度变化(%)
盖特等 (Gate et al., 1981)	实际	模式	0.20	-1.5
米切尔 (Mitchell, 1983)	实际	固定	2.25	5.2
汉森等 (Hanson et al., 1984)	实际	模式	4.2	11.0
华盛顿等 (Washington and Meehl, 1984)	实际	模式	3.5	7.1
韦瑟莱德等 (Wetherald and Hanahe, 1986)	实际	模式	4.0	0.7

4. 海一气耦合模式预测的大气二氧化碳浓度增加引起的气候变化

如前所述,海洋和海冰是地球气候系统的一个重要组成部分,要研究大气二氧化碳等微量成分浓度对气候的影响,仅利用把海洋和海冰当作边界条件的大气环流模式是欠准确的。当代的研究方向是采用海一气耦合模式。但大气环流模式和大洋环流模式本身都十分复杂,要把它们耦合起来是十分困难的。因此,直到今天,成功的海一气耦合模式十分有限。

华盛顿等最近完成了一个海一气耦合模式,用它来研究二氧化碳浓度迅速加倍时(由 330ppm 增加到 660ppm)和二氧化碳由 330ppm 每年以 1% 的增长速率增加的这两种情况下气候的变化。在大气二氧化碳浓度固定为 330ppm 时,海面温度显示缓慢冷却的趋势(平均每年约下降 0.02℃），在大气二氧化碳浓度增加为 660ppm 的情况下，海面温度比较稳定。到第 30 年时，大气二氧化碳浓度为 660ppm 时的全球地表平均温度比大气二氧化碳浓度为 330ppm 时高 1.6℃。在大气二氧化碳每年增加 1％ 的情况下，全球地表平均温度比大气二氧化碳浓度固定为 330ppm 的情况下高 0.7℃。在上述两种不同情况下，海洋温度变化都较小。为了进一步比较大气二氧化碳浓度增加引起的气候变化，把在上述不同大气二氧化碳浓度条件下模拟出的第 26～30 年的气温平均起来加以比较，以 330ppm 的情况为参比标准，其结果如下：

人类—环境系统及其可持续性

（1）大气二氧化碳浓度加倍时引起的气候变化

大气二氧化碳浓度加倍时使低层气温上升，上升幅度随高度增加而下降；高层气温下降，下降幅度随高度增加而上升。气温上升和下降的转变高度大致与对流层顶的高度一致。

地表层温度变化首先随纬度不同而有明显变化。赤道地区升温较少，两极地区升温较大。南半球同一纬圈上不同经度处升温幅度变化不大。在北半球中纬度地区纬圈平均升温在 1.5℃ 左右，但在哈得孙湾，在欧洲和东亚中部升温均在 2℃ 以上。在北纬 75° 的洋面上，由于海冰的变化，冬季升温可达 5℃ 以上。夏季不出现这一现象。全球平均地表气温上升约 1.7℃。

（2）大气二氧化碳浓度增加 1％ 时引起的气候变化

研究表明，对大气二氧化碳浓度缓慢增加的模拟结果可能更接近实际情况，更有实用价值。当大气二氧化碳浓度每年增加 1％ 时，到第 26～30 年，大气二氧化碳增加不到 30％。在这种情况下气候变化的幅度比大气二氧化碳快速加倍时引起的气候变化要小得多。

当大气二氧化碳浓度缓慢增加时，到第 26～30 年将引起明显的气温变化。变化的总趋势与大气二氧化碳浓度突然增加 1 倍时的结果大体一致，即对流层大气增温，增加幅度随高度增加而降低；平流层降温，降温幅度随高度增加而增加。但是，在这种情况下的增温幅度和空间分布情况与二氧化碳加倍时显著不同。北半球高纬度地区冬夏两季低层气温均呈降低趋势。夏季增温区在北纬 60° 到南纬 60° 之间，冬季增温区处在北纬30°和南纬60°之间。

在同一纬圈上,温度变化随经度不同也有变化。在北半球,低层气温增加最大的地区是北美、中亚和西北非洲,而从北大西洋伸展过北欧直到北极的低层气温呈降低趋势。在南半球,大部分地区地表气温有所上升,上升幅度约为1℃。这样全球平均地表气温升高约0.7℃。在北半球,冬季气温变化幅度比夏季略大些;而在南半球,这种季节差异不明显。

当大气二氧化碳浓度逐年增加时,地面气温上升首先在亚热带地区出现,然后再向中、高纬度地区扩展。

总之,与过去的大气环流模式相比,海-气耦合模式预测的二氧化碳浓度增加引起的气候变化幅度要小一些。

大气二氧化碳增加除了引起大气和海洋的温度结构变化、水汽分布和降水的变化外,还将引起大气环流和洋流型式的变化。而且,大气二氧化碳突然加倍和缓慢增加所引起的变化的主要差异就表现在对大气环流和洋流的影响上,其中洋流和海洋化学状态响应的差别反过来又影响二氧化碳增加对温度结构的影响。

关于此领域,中国科学院大气物理研究所已发展了一个二层大气环流模式,并已成功地利用该模式模拟了气候平均状态和季节变化等,也成功地模拟了东亚季风和降水。中国科学院大气物理研究所还完成了大洋环流模式和太平洋环流模式。模式能成功地模拟大洋环流及海面平均高度,现正致力于海洋模式和大气模式的耦合,将利用海-气耦合模式来模拟二氧化碳增加对中国气候的影响。

三、大气中甲烷及其他微量气体浓度
增加与气候变暖的关系

(一)已经观测到的大气中甲烷浓度的变化

观测到大气中甲烷浓度的增加是20世纪80年代的一项重大发

现。大气中甲烷浓度的早期观测可以追溯到 20 世纪 60 年代。那时的观测是断续地分散地进行的,把所有资料集中在一起,离散度很大,但仍能看出明显的逐年增加的趋势。自 1983 年以来,世界气象组织在世界各地不同纬度地区设立了 23 个大气污染本底监测站,开始连续监测大气中甲烷的浓度变化。甲烷浓度有明显的季节波动,极小值一般出现在夏季,极大值出现在秋末。除季节变化外,也有长期的逐年增加趋势。表 8-5 列举了世界范围内 10 余个观测站 1984 年甲烷浓度的增加趋势,从中可以看到甲烷浓度的年增加量在 $7.9 \sim 26.0$ ppb(10^{-9})之间,年增加率在 $0.5\% \sim 1.7\%$ 之间。

表 8-5　世界 14 个观测站大气甲烷浓度变化情况[2]

站　名 (英文缩写)	所在纬度	年平均浓度 (ppb, 1984 年)	浓度增加 (ppb/年)	年增加率 (%)
SPC	90°S	1558.6	23.1	1.5
PSA	65°S	1558.8	26.0	1.7
SMO	14°S	1580.1	14.0	0.9
ASC	8°S	1578.4	14.1	0.9
GMI	13°S	1617.9	11.4	0.7
AVI	18°N	1643.4	11.7	0.7
MLO	20°N	1629.9	12.0	0.7
KUM	20°N	1652.0	7.9	0.5
AZR	39°N	1674.2	17.0	1.0
CMO	45°N	1677.4	24.8	1.5
CBA	55°N	1694.4	13.0	0.8
STM	66°N	1694.4	18.7	1.1
BRW	71°N	1710.3	15.7	0.9
NBC	76°N	1704.3	11.2	0.7

对南极冰芯气泡的分析表明,大约在 $100 \sim 200$ 年前,大气甲烷浓度只有 $0.6 \sim 0.8$ ppm(10^{-6})。在此之前的很长一段时间内也一直维持在这一水平上。与表 8-5 所列数据相比较,可以看出,在过去 $100 \sim 200$ 年内大气甲烷的浓度增加了差不多两倍。

(二)大气中甲烷的来源及消长机理

对大气中甲烷增加的原因目前还只有定性的认识。大气甲烷的最主要来源是地表的生物过程。最近几年的同位素测量表明,大气中的甲烷 80% 来自生物源。生物过程产生甲烷的机理是,在缺氧条件下,厌氧细菌使有机物转化为醋酸盐和氢气,氢气又与二氧化碳生成甲烷。这一过程比较复杂,但可用下列简单化学反应式来表示:

$$CH_3CH_2OH + H_2O = CH_3COO^- + H^+ + 2H_2$$
$$4H_2 + CO_2 = 2H_2O + CH_4$$

这类化学反应只有在完全无氧的条件下才能发生,通常发生在淹水的土壤中。因此甲烷的主要天然产地是湿地和水稻田。另外,在反雏动物的胃中发生的发酵过程也产生甲烷。有些研究者指出,白蚁也可能是大气中甲烷的重要来源。但是许多野外的实际观测和实验室的实验得出了相反的结论。大气甲烷的非生物源主要是有机体燃烧和天然气开发。表 8-6 中列举了已知的各种源和它们的年排放量。从表中可以看出,对大多数源而言,其排放通量的估计值有很宽的范围。这说明对此问题人们的认识还很有限。

表 8-6　大气中甲烷的来源和排放通量(百万吨/年)[3]

排放源	海洋	湖沼	苔原	森林	稻田	家畜	白蚁	有机物	其他
排放通量	5～20	30～220	1.3～13	10	30～400	100～220	0～150	30～110	20～90

从表 8-6 中所列举的数据可知,引起大气甲烷浓度增加的最重要的可能源是家畜和稻田。有些研究指出,家畜数量的增加与人口增长率呈正比。世界水稻面积 60 年代末为 13 万平方公里,到 1979 年为 14.5 万平方公里,年增长率为 1%。这与这几年来观测到的大气甲烷浓度年增长率大体一致。

大气中甲烷的去除过程主要是在大气中被氧化。其最主要的氧化反应是与氢氧(OH)自由基作用:

$$CH_4 + OH^- = CH_3^- + H_2O$$

CH_3^- 将会继续被氧化,最终形成一氧化碳和二氧化碳。有研究指出,大气污染(如一氧化碳浓度增加)有可能使大气中 OH^- 自由基浓度下降,从而使大气中 CH_4 的去除速度减弱。这被认为可能是使大气中甲烷浓度增加的另一个原因。

（三）对大气中甲烷浓度未来变化趋势的预测

近年来,不少学者对大气中甲烷浓度的未来变化趋势进行了研究。由于对大气的源和汇还缺乏准确的定量描述,因此还无法对未来大气甲烷的浓度作出准确的预测。目前的工作主要是从两方面对其未来浓度变化趋势作出估计。

据研究,如果大气甲烷浓度保持现在观测到的年增长率,按有关模式和有关经验参数计算,那么到 2000 年,大气甲烷浓度将达到 2130ppb,到 2050 年将达到 3540ppb,即达到工业化前甲烷浓度的 5 倍左右。

另一方面,可以从大气中甲烷的人为排放源的情况对大气甲烷的未来浓度作一些估计。如前所述,与人类活动有关的甲烷源主要是家畜和稻田,其次是煤和石油、天然气开发时的泄漏。据联合国粮农组织估计,世界家畜头数的增加与人口增加速度大致相当,每年增加约 1.5%,全球家畜甲烷排放率现在为 100×10^6 吨/年,如果单头排放率保持不变,则到 2000 年全球家畜甲烷排放率将达到 123×10^6 吨/年。目前全球稻田甲烷排放率为 90×10^6 吨/年;如果单位面积的排放率保持不变,则到 2000 年全球稻田甲烷排放率将达到 110×10^6 吨/年。煤和石油、天然气开采的泄漏目前估计为 60×10^6 吨/年,如果其开采年增长率为 2%,泄漏情况保持不变,则到 2000 年甲烷泄漏将达 78×10^6 吨/年。如果甲烷的自然来源保持不变,而且甲烷的汇(清除途径)对各种源排放的甲烷无选择性,则到 2000 年大气甲烷的浓度将达到 1.94ppm。

应当指出,上述两种方法均不适于作较长期的预测,而且都有许多不确定因素。多数学者认为,到 2000 年大气甲烷浓度达到 1.9ppm~2.1ppm 可能是可信的,2000 年以后的预测就不大可信了。

（四）对大气中的甲烷和其他微量气体浓度增加可能引起的气候变化的预测

前面所介绍的简单能量平衡模式,三维大气环流模式和海—气耦合模式也完全可以用于模拟甲烷、氟氯烃和一氧化二氮等化学稳定的微量气体浓度变化引起的气候变化。甲烷、氟氯烃和一氧化二氮等微量成分的空间分布、光谱特性以及它们对气候影响的机理都与二氧化碳完全相同,故应用上述模式考察这些气体的气候效应非常容易,只要在模式的辐射计算方案中加进相应的量就可以了。当然,不同气体的吸收带的重叠效应可能给辐射计算带来一些问题。事实上,在许多简单模式中,一般只是通过比较其他微量气体与二氧化碳的光谱吸收强度来估计各种微量气体的气候效应。而在大气环流模式和海—气耦合模式中,经常把各种微量气体折合成等效量的二氧化碳来处理。这样处理对于仔细的光谱计算来说可能很粗,但对于气候效应的结果却并不带来明显的误差。拉玛纳森(Ramanathan)等用简单的等效辐射效应法比较了二氧化碳等 19 种微量气体浓度变化所引起的全球地表平均温度的变化,其主要研究结果列于表 8—7 中。由于人们尚不能准确地判断表中所列举的微量成分浓度变化所需要的时间,因而也就难以由这一结果来判断各种微量气体的气候效应的相对重要性。王明星[3]指出,拉玛纳森(Ramanathan)假定的对流层臭氧增加 1.5 倍(由 0.05ppm 增至 0.125ppm)显然是不合理的。王明星还指出,大气中臭氧的垂直分布显然与二氧化碳不同,在对流层臭氧有增加趋势的同时,平流层臭氧还有减少的趋势;两者相抵,气柱臭氧总量的总体变化趋势是减少。因此,臭氧变化的气候效应显然不能简单地像对其他温室效应气体一样处理。王明星认为,如果不考虑臭氧,表 8—7 所列举的 6种微量气体和其他 12 种微量气体浓度变化所引起的全球平均地表温度增加量约为 3.1℃,其中二氧化碳的效应差不多占一半。二氧化碳浓度加倍的时间大约在 2050 年以后。到那时,甲烷、氟里昂—11 和氟里昂—12 的浓度都将远远超过表 8—7 所列举的浓度变化幅度。其增温效应也应当超过表8-8所列举的幅度。

表8-7　微量气体浓度增加引起的气候变化[2]

微量气体	浓度变化范围	增温(℃)
二氧化碳	280～560ppm	1.42
对流层臭氧	0.05～0.125ppm	0.4
甲　烷	0.7～1.85ppm	0.25
一氧化二氮	0.2～0.5ppm	0.2
氟里昂-11	0～1ppb	0.14
氟里昂-12	0～1ppb	0.15
氟里昂-13	0～1ppb	0.15

人类—环境系统及其可持续性

　　如果承认拉玛纳森(Ramanathan)计算的各种微量气体浓度增加引起的地表增温的相对强度正确(不管绝对值正确与否)，而且它计算的增温幅度与相应的气体浓度变化幅度存在简单的线性关系，那么根据前面对大气微量气体成分浓度未来变化趋势的预测，二氧化碳等几种主要微量气体在2000年和2050年引起的全球平均地表温度增加如表8-8所示。这里需要指出的是，表中所列的数据主要在于说明各种微量气体浓度变化对气候变化的相对贡献，而其所列的绝对值则有很大的不确定性。到2000年，表列微量气体和其他气体的温室效应总和可能与二氧化碳的温室效应相当。到2050年，所有微量气体的总温室效应可能已远远超过二氧化碳。

表8-8　微量气体浓度变化引起的未来气候变化[2]

微量气体	工业化前浓度	2000年浓度	增温(℃)	2050年浓度	增温(℃)
二氧化碳	280ppm	380ppm	0.96	470ppm	1.19
甲　烷	0.7ppm	2.1ppm	0.30	294ppm	0.42
一氧化二氮	0.21ppm	0.31ppm	0.12	0.33ppm	0.13
氟里昂-11	0	0.41ppb	0.06	1.03ppb	0.15
氟里昂-12	0	0.55ppb	0.08	0.93ppb	0.14
氟里昂-13	0	0.08ppb	0.01	0.32ppb	0.05

四、平流层臭氧耗损问题

（一）平流层臭氧的浓度及功能

从总体上看,大气中臭氧的含量是极为有限的。在一般情况下,近地面大气中臭氧的浓度不到0.1ppm。在平流层中离地面20～50公里高处由于下列反应形成了大气层中臭氧浓度最高的区域,即臭氧层。

$$O_2 + 紫外辐射分子 = O^- + O^-$$
$$O_2 + O^- + M = O_3^- + M$$

式中:O_2——氧分子,O——氧原子,O_3——臭氧,M——吸收能量的分子。

平流层臭氧的重要性表现在两方面。一方面臭氧对太阳的紫外辐射有强烈的吸收作用,使到达地表的波长小于0.3微米的紫外辐射减弱,从而保护了地球上的生物和人。因为过量的紫外辐射能阻止细胞增长并危及生命。有关生命起源的研究指出,在地球臭氧层形成以前,整个地球受到高能紫外线的辐射,生物分子很难形成。此时,生命分子居于水下,光合作用进行得很缓慢。臭氧层形成以后,生物有机体才有了广阔的生存空间,因此平流层的臭氧层常常被称为"臭氧保护层"。臭氧的另一个作用是,臭氧对紫外辐射的吸收是平流层的主要热源。平流层臭氧浓度随高度的变化直接决定了平流层的温度结构,从而对地球气候的形成起着重要作用。

（二）平流层臭氧的耗损

1. 已经观测到的平流层臭氧量的降低

早在60年代末期,就有人提出了由于大量使用氟氯烃化合物(如氟里昂－11和氟里昂－12)以及高空飞机排放的氮氧化物有可能使平流层的臭氧遭受破坏。1974年化学家舍伍德·罗兰(Sherwood Roland)和马利奥·莫利纳(Mario Molina)从理论上揭示了人类生产的氟氯烃化合物破坏平流层臭氧的反应过程。由于氟氯烃物质的化学惰性,它们可以无阻碍地穿越对流层,进入平流层,在太阳紫外辐射的照射下被激化,分解成氯原子,形成一种对臭氧有反复破坏作用的催化剂,其反应如下:

$$CF_2Cl_2 + 紫外辐射分子 = CF_2Cl + Cl$$
$$Cl + O_3 = ClO + O_2$$
$$ClO + O = Cl + O_2$$

在这一系列反应中,作为催化剂的氯原子(Cl)并未消耗,一个氯原子可以把100000个臭氧分子分解为氧分子。所以只要有少量氟里昂到达平流层,就会使臭氧大量遭受破坏。

1976年9月美国科学基金会的一份报告指出,氟氯烃化合物正在破坏臭氧保护层。相应地,美国食物和药物管理局于1976年10月做出了逐年停止使用氟里昂化合物的决定。并且自1978年起,美国便停止了将氟里昂类化合物作为气溶胶喷雾剂来使用。1974年,世界氟里昂—11和氟里昂—12的产量分别为30万吨和40万吨。当时的模式计算表明,如果氟里昂生产继续保持这样的年产量,则平流层臭氧将在20年之内减少10%,这将使地表接收的紫外辐射强度增加20%;如果氟里昂生产每年递增10%,那么到2014年前后臭氧就将减少35%以上。

自70年代开始至1974年,全球范围的臭氧观测网大多观测到臭氧总量的连续减少,正好验证了上述模式的预测,这在科学界和社会上引起很大震惊。但自1975年开始,各观测站又都观测到臭氧总量的回升。这种回升一直持续到1981年。此后又开始下降。于是人们对影响平流层臭氧光化学反应的模式进行了一系列修正。

最有意义的是,1979年的卫星观测资料揭示了南极地区的"臭氧洞"现象。英国南极调查局哈利湾观测站的资料表明,自70年代中期以来,南极地区每年的 10 月份(南极极夜刚结束的月份)臭氧总量约减少 40%。在 1987 年,竟发现南极臭氧洞的面积差不多有美国本土那么大。据认为,每年 9 月至 11 月南极上空平流层臭氧浓度的降低,是由于这个时期存在着的冰云使氟里昂化合物的活性加强所致。1988 年美国宇航局的一项研究揭示,在北美、欧洲、中国和日本人口最稠密区的上空平流层中臭氧浓度减少了约 3%。在斯堪的纳维亚半岛和阿拉斯加半岛上空每年冬季臭氧平均损失 6%。1989 年的观测证实了在北极上空的平流层中也存在有氟氯烃化合物。对中国上空平流层臭氧浓度变化的研究处于起步阶段。某些资料表明,中国华南地区上空平流层臭氧减少了 3.1%,华北地区减少了 1.7%,东北地区减少了 3.0%。

最新的实验室模拟结果进一步证实,平流层臭氧对氟氯烃化合物和氮氧化合物均非常敏感,通过光化学反应使臭氧减少,尤其是当氯的浓度超过奇数氮化合物(NO_x、HNO_3 等)的浓度时,臭氧被破坏的速度加快。

2. 对平流层臭氧浓度未来变化趋势的预测

人为活动不直接向大气中排放臭氧,但人为活动通过许多不同的途径影响大气臭氧的含量。虽然自 20 世纪 70 年代初期起,人们对臭氧进行了大量的观测和模式研究,但是,至今还没有完全弄清楚平流层臭氧含量的全球尺度的变化规律,更没有弄清楚引起这些变化的确切过程。臭氧是大气中化学活性很强的大气微量成分,在大气中的寿命很短。它们在大气中的浓度变化主要不取决于地面源的情况,而是取决于它们在大气中的光化学反应情况。在这样的情况下,要对大气臭氧的含量作任何预测都是不可能的。大气臭氧含量的变化是一个极端复杂的问题。它不仅涉及如上述的全球尺度的极为复杂的光化学反应体系,还涉及太阳活动和太阳辐射的变化。要认识大气臭氧的变化并对其未来变化趋势做出有科学意义的预测,必须同时考虑太阳活动和太阳辐射的变化,考虑大气化学成分和大气温度场的结构以及它们的变化规律。

　　近年来的研究表明,从化学上看,臭氧的减少与 ClO 的密度成平方关系。人类排放的氟氯烃(即氟里昂)及含溴卤代烃(商品名称哈龙)是产生 ClO 的主要来源。现已证实,地面排放的氟氯烃化合物及含溴卤代烃向平流层的输送速率要比地面源的排放速率低几个数量级,工业排放的氟氯烃将几乎全部积累在大气中。因此,曾有人认为,只要能准确地预测其生产量,就不难计算出它们在大气中浓度的变化。但事实远不如此简单。由于国际上对臭氧层破坏的严重关注,许多国家已签署了限制氟里昂生产的国际公约。目前人们无法估计这一条约能在多大程度上减少氟里昂的生产。在这种情况下根本无法对大气氟氯烃化合物的浓度作出定量预测。文献上已有的个别数据是:如果1985～1987 年观测的大气氟氯烃浓度的变化率是准确的,那么到 2000 年,大气氟氯烃的浓度将由 1986 年的约 1ppb 增加到 1.5ppb 左右。其中氟里昂－11 和氟里昂－12 这类对臭氧有破坏作用的氟氯烃的相对含量可能有所减少,另外的新型的氟氯烃有可能增加。

(三) 平流层臭氧耗损对人类生存的影响

　　关于平流层臭氧破坏对地表的影响,一般认为,由于臭氧损耗而引起的紫外辐射的增加将是一个危及人类健康的严重问题。影响主要表现为使人类的皮肤癌发病率增高,使人类的免疫系统受抑制,对动、植物产生危害和加速聚合物的降解等。据美国环境保护局估计,当臭氧损耗达 5% 时,对美国产生的具体危害将有下列一些:

　　(1) 将会增加基部细胞皮癌和鳞片细胞皮癌患者 94 万人,这两种癌均只具损伤作用,如治理及时一般不致造成死亡;

　　(2) 将另增加致死性的黑色素皮癌患者 3 万人,目前美国每年几乎有 9000 人因患此症而死亡;

　　(3) 眼疾白内瘴患者、人类黑色素皮肤病患者和牲畜的眼癌发病率将急剧增加;

　　(4) 人类的免疫系统受抑,抗各种炎症的能力急剧减弱;

（5）对流层的光化学烟雾和酸沉降将增加，对流层臭氧的浓度下降；

（6）重要谷类作物，如玉米、大米、豆类和麦类产量将下降；

（7）在海洋食物网中起重要作用的水生植物将严重受损；

（8）由于塑料和其他聚合物的降解作用加强，每年将损失 20 亿美元；

（9）将加速全球增温（氟氯烃的温室效应），引起气候变化，损害农业、森林和野生生物。

五、面对全球环境变化国际社会及各国的对策

全球环境变化问题，尤其是人为排放的温室气体导致气候变化问题，目前已不仅是单纯的学术研究问题，而是已发展为复杂的政治与外交问题。因为地球温度若持续上升，将会导致气候异常，导致海平面上升等现象，进而导致低地被淹没，生态系统遭破坏，并使社会经济发展受到影响。这些潜在的危机已不仅为科学家所重视，而且已引起世界各国政府首脑和高层决策者的关注。

（一）国际社会的总体对策

20 世纪 70、80 年代的科学研究，促使联合国环境规划署（UNEP）、世界气象组织（WMO）与国际科学联合会（ICSU）于 1985 年 10 月在奥地利的菲拉赫（Villach）共同举办了"温室效应与气候变迁"的国际研讨会。在这个会上得到的共识是："由于温室气体的增加，使我们相信在下世纪（21 世纪）中期地球增温的幅度将是人类历史上前所未有的"。此次会议把这一问题导向各国政府间会议的议程。

紧接着，"世界环境与发展委员会"（World Commission on Environment and Development，又称为"布伦特兰委员会"（Brundtland Commission）在 1987 年将其研究成果报告"我们共同的未来"（Our Common Future）呈交给联合国，在该年的联合国大会上此问题被正

式列入议程予以讨论。

联合国环境规划署和世界气象组织于 1988 年共同创设"国际政府间气候变化委员会"(Intergovernmental Panel on Climate Change，简称 IPCC)。IPCC 确认，由于人类活动所产生的温室效应气体主要有 4 种：二氧化碳(CO_2)、氟氯烃化合物(CFC_S)、甲烷(CH_4)以及氮氧化物(NO_X)。在上述 4 种气体中，氟氯烃化合物在大气中的浓度(CFC－11 为 280pptv(10^{-12} 体积)，CFC－124 为 84pptv，CFC－113 为 60pptv，CFC－114 为 15pptv)虽较二氧化碳的浓度(353ppmv)小得多，但其对温室效应的贡献却为同量 CO_2 的 7300 倍，因此氟氯烃化合物是非常重要的温室气体。

各国十分重视对温室气体的排放控制问题。关于对氟氯烃化合物的控制，1985 年联合国环境规划署邀请 28 个国家于维也纳制定"保护臭氧层维也纳公约"，但在当时尚未与其他国家达成共识。后来因南北半球中纬度地带臭氧层被破坏程度日趋严重，且南北极均显现臭氧空洞，使各国意识到前所未有的危机，所以于 1987 年 9 月在加拿大的蒙特利尔召开会议，在此会议上通过了"关于消耗臭氧层物质的蒙特利尔议定书"，中国是"保护臭氧层维也纳公约"和"关于消耗臭氧层物质的蒙特利尔议定书"的签约国。蒙特利尔议定书规定对氟氯烃化合物的使用实行强制性管制，定出被管制物质的用量及用量削减进度。对非签约国和发展中国家根据规定的削减进度，分别实施各种贸易限制或给予技术和经济援助。对非签约国的贸易限制为：自公约生效后 1 年禁止自非签约国输入管制物质；3 年内制定禁止输入含管制物质的产品目录，自第二年开始实施；5 年内制定禁止输入产品中虽不含管制物质但制造过程中用到管制物质的产品目录，自第二年开始实施。对发展中国家的要求是，延后 10 年实施管制计划，并以经济和技术援助方式促其使用替代产品。

随着对臭氧损耗问题严重性的认识，蒙特利尔议定书签订后先后数次被修改，禁用耗臭氧物质的时间表一再被提前。1992 年 11 月 23～25 日在丹麦哥本哈根举行第 4 次蒙特利尔议定书缔约国会议，来

人类—环境系统及其可持续性

自 93 个国家的环境保护官员决定将对氟氯烃化合物的使用禁止日程提前 4～9 年。因此,对破坏大气臭氧层化合物管制的最新日程表如下:1996 年全面禁用(较原计划提早 4 年)氟氯烃化合物;1994 年全面禁用(较原计划提早 6 年)哈龙类化合物;1996 年全面禁用(较原计划提早 4 年)四氯化碳等。

议定书规定自 1987 年 9 月 16 日起,全球不再新建氟氯烃化合物工厂;在此前已开始建厂或已签妥建厂合约而能于 1990 年完成之工厂,其产量得以并入计算。

关于对二氧化碳的控制,联合国于 1991 年成立了"气候变化框架公约政府间谈判委员会"(INC/FCCC),有 120 多个会员国参加,研商签约控制二氧化碳排放之措施。此委员会先后于华盛顿、日内瓦、内罗毕及纽约召开了多次会议。各国对二氧化碳的排放限制问题颇多争议。西方发达国家主张强制实行二氧化碳排放控制措施,并提出排放限量日程表。发展中国家则拒绝承诺排放控制限期。有些国家一方面赞同排放控制,一方面则要求联合国成立基金会,以补偿发展中国家因实行此项控制措施而造成的经济损失。

1993 年 6 月在巴西首都里约热内卢举行的地球高峰会议上提出,将 2000 年时的全球二氧化碳排放量冻结在 1990 年的水平上。

在此项公约中,提到了化石燃料是造成大气恶化的主要原因,这导致各产油国家的不满。因为若各国减少用油,将直接对石油输出国造成经济伤害,所以波斯湾产油国至今未签署气候变化公约。

总之,依目前情况看,"气候变化纲要公约"虽然定出了对二氧化碳的排放限制,但尚属于政策性宣示,其正式实施可能要在若干年以后。

其他温室气体包括 CH_4 与 NO_x 等,虽尚未将其列入管制范围,但于条件成熟时列入将是迟早的事。

(二) 各国的对策举例

世界各国的地理位置、人口、经济发展水平、能源资源使用水平以及温室气体排放情况差异悬殊。各国对此问题的研究程度和控制能力亦相距甚远。在这里根据资料可能性,选择若干代表性国家,详简不同地介绍他们的控制对策。

1. 中国

（1）能源使用与温室气体排放情况

中国是世界上人口最多的发展中国家,尽管近 10 多年来经济发展很快,但从总体上看,经济发展水平尚处于低级阶段。

中国煤炭资源丰富,截至 1990 年底,经勘探证实的储量为 9544 亿吨。中国是世界上少数以燃煤为主的能源消耗大国。在一次能源消费总量中,煤炭占 76.17%,石油约占 17%,天然气约占 2%,水力约占 5%。到 20 世纪末和 21 世纪初,这一比例将基本保持下去。中国的能源消费总量居世界第三位,但人均消耗能源的水平却很低,不足 1 吨标准煤,仅为世界人均水平的 1/4,为发达国家人均水平的 1/10。

大量燃煤和烧材是中国的主要二氧化碳排放源。由于以低质能源为主,以总量计,中国的二氧化碳排放水平已居世界第三位。有一份材料推算,1970～1989 年间由于经济迅速增长,中国二氧化碳排放总量上升了 2.5 倍,平均年增长 3.5%,1985 年的二氧化碳排放量为 508 百万吨,1989 年二氧化碳排放量达 766 百万吨,约占世界总排放量的 10%。若以人均计,中国仅占世界的第 23 位。中国各类二氧化碳排放源的排放量见表 8－9。但中国人均二氧化碳排放量,到 2000 年仍不及 1989 年世界人均水平（1.2 吨/人）的一半,不及工业化国家人均水平（3.3 吨/人）的 1/6。

表 8－9　中国各类排放源二氧化碳排放量

（百万吨,以碳计）

排　放　源	1986 年	1987 年	1988 年
化石燃料燃烧	534.94	573.19	608.12
农业生产物质燃烧	185.88	193.65	
工业生产过程	22.67	25.42	28.63
人体呼吸	83.33	85.17	86.40

中国甲烷的排放源主要是水稻田。中国 1988 年水稻种植面积比 1959 年扩大 3500 平方公里,使大气中甲烷的浓度增加。表 8－10 列举了观测的和估算的不同源甲烷排放的历年变化情况。

表 8－10　中国不同源甲烷释放量历年变化
(百万吨,以碳计)

排 放 源	释　　放　　量				
	1988	1985	1978	1968	1958
稻田	33.5	33.3	—	—	—
煤矿开采	6.53	5.80	4.11	1.46	1.80
天然气泄漏	2.20	1.99	2.11	0.216	0.0053
牲畜	4.26	3.75	3.26	—	2.45
湿地释放	2.59	2.26	—	—	—
生物物质燃烧	1.77	1.77	1.25	0.874	0.874

目前中国只正式生产几种氟氯烃化合物,即 CFC－11,CFC－12,CFC－113 和哈龙－1301。1988 年氟氯烃化合物的生产能力为 2.32 万吨/年,实际产量仅 1.66 万吨,哈龙的生产能力为 0.455 万吨,实际产量为 0.251 万吨,两者合计产量为 1.858 万吨,但实际消费量为 4.758 万吨,消费量中的大部分依靠进口。按人均计算,人均年产量 0.017 公斤,人均年消费量 0.04 公斤,远低于"蒙特利尔议定书"规定的 0.3 公斤标准。

(2) 对策

中国在当前经济迅速发展的过程中除面临着种种传统环境问题的困扰,同时与世界各国一样,也面临着如臭氧层消耗及气候变暖等的全球性环境问题的威胁,故中国政府亦十分重视保护全球环境的问题。1992 年,由中国国家计划委员会和国家环境保护局等单位合作出版了《中国环境与发展》一书,书中揭示了中国当前面临的主要环境问题及发展趋势,全面介绍了自 1972 年特别是 80 年代以来中国对解决环境与发展问题所采取的对策与措施;系统阐述了适应中国自然与经济特点的环境与经济协调发展的道路[4]。1993 年,在联合国开发计划署的支持下,中国国家计划委员会和国家科学技术委员会联合编制了《中国21世纪议程》。书中有专门章节讨论与阐述了中国保护大气层、控制温室气体排放和防止平流层臭氧耗损的目标和行动方案。

1) 关于控制温室气体排放

如前所述,尽管中国到2000年人均二氧化碳排放量仍不到1989年世界人均水平(1.2吨/人)的一半,不及工业化国家人均水平(3.3吨/人)的1/6,中国仍将积极参与国际社会控制温室气体排放的行动。根据中国能源资源特点和经济发展水平,拟通过产业结构调整、能源结构调整、改进终端用能技术、减少温室气体源排放,同时从增加温室气体汇等方面积极制定对策,采取措施,为缓解全球变暖问题做出贡献。

中国政府已成立了跨部门的"国家气候变化协调小组",负责组织制定政策和计划,中国当代环境与经济政策研究中心已开展了"中国温室气体来源及减排战略的研究",中国气象科学研究院已完成了"温室效应引起的全球变暖及其对中国的影响"的研究报告。

① 控制目标

对温室气体排放实施有效的控制,降低排放增长速度;保存和发展温室气体的汇;协调各部门的行动,采取适应气候变化的措施。

② 行动方案

统一协调,制定国家温室气体控制行动计划。包括制定有利于温室气体控制的能源发展计划和植树造林计划;根据国家有关温室气体控制框架或公约确定和分配排放控制指标。

加强科学研究。研究温室气体增加对全球及区域气候的影响,气候变化对中国各方面的影响及应采取的对策;研究确定温室气体排放的计算方法和测定方法,测算验证中国温室气体排放量;研究各种可降低温室气体排放的方法,如合理施用化肥和稻田科学耕作方法及农业废弃物综合利用等;研究确定为适应气候变化应采取的对策。

节约能耗,加快工业技术进步。通过实施国家节能法,提高全民的节能意识,通过能源价格的逐步理顺,限制能源浪费和低效使用,大力推广节能技术。

提高能源利用效率,包括降低能源生产能耗,提高机电产品能源效率,发展能源利用高的产业,如有机农业、生态农业等。

大面积植树造林,增加绿色植被,加强植物光合作用,吸收二氧化碳以平衡温室气体的排放。

参与和配合《气候变化框架公约》后续活动和政府间气候变化委员会(IPCC)的活动,履行中国的承诺,推进中国在环境与发展方面的努力,维护国家的主权,同时促进国际上的统一协调行动。参与国际气候变化的科学研究和科技交流与合作,争取国际技术援助,提高中国能源利用效率和节能水平。

争取国际社会向有利于缓解气候变化的领域投资,如高效的火电厂、水电站、煤气工程、煤矿甲烷利用工程、绿化工程等。

2) 关于防止平流层臭氧损耗

中国政府建立了国家级的保护臭氧层组织管理机构,制定了行业管理规范,积极开展替代品和替代技术的研究,为企业的替代技术改造安排配套资金,认真执行《关于消耗臭氧层物质的蒙特利尔议定书》。

中国政府于1992年编制了"中国消耗臭氧层物质逐步淘汰国家方案"。方案核算了1991年在受控物质的生产量和消费量,预测了1996年、2000年、2005年和2010年的消费量,提出了逐步淘汰受控物质的政策和技术路线,确定了2010年全面淘汰的方案和行动计划以及为实现此方案所需的技术援助和项目。

① 控制目标

到2000年,消耗臭氧层物质(ODS)的削减量不低于全面淘汰时总削减量的60％,其中,气溶胶行业在1997年实行完全淘汰,泡沫塑料行业除冰箱和硬质聚氨酯板材外,在2000年实行完全淘汰。

开展消耗臭氧层物质(ODS)替代品及替代技术研究、开发和中试生产;1996～2000年间建成具有万吨级生产能力替代品厂及其配套材料厂;完善替代品基础性质测试方法和技术,建立消耗臭氧层物质(ODS)循环回收网点;逐步建成中国臭氧观测网络。

② 行动方案

建立中国有关消耗臭氧层物质管理法规体系,包括生产和销售许可证制度,生产和消费企业的新建、扩建和技术改造方面的控制,进口监督管理等。利用经济杠杆,通过调整税收政策和制定优惠政策限制消耗臭氧层物质的生产和消费,鼓励使用替代品和替代技术。组织实施国际援助基金在中国的使用,按照"议定书"进展情况及时修订国家的逐步淘汰计划,按期完成多边基金援助项目。

建立消耗臭氧层物质生产、消费及进出口数据库及信息系统,及时收集全国各地生产和消费状况,进行生产、消费、环境影响、替代技术的评估和情况预测、分析,为政策制定或调整服务。

支持替代品和替代技术的研究、开发,积极鼓励非消耗臭氧层物质的开发及使用,支持开展与臭氧层保护有关的科学研究,包括臭氧损耗机制,由臭氧损耗造成的健康和环境影响及其与经济发展的关系等。

2. 日本

（1）能源使用与温室气体排放情况

日本是位于亚洲东侧的一个岛国,国土面积虽不大,且矿产资源十分缺乏,但却是亚洲最主要的工业国、钢铁、机械、造船、电器、纺织、钟表、电子、汽车工业及其他需要高级科技的精密工业等均十分发达。

1990 年度日本初级能源供给量为 486271×10^{10} 千卡,较上年增加 5.3%。其中自产量为 81538×10^{10} 千卡,占 16.77%;进口量为 404733×10^{10} 千卡,占 83.23%。其能源类型结构比为:煤炭占 16.61%,石油占 58.31%,天然气占 10.13%,水力发电占 4.22%,核能发电占 9.36%,其他占 4.22%。最终能源消费结构比为:制造业占 44.21%,民生部门占 24.45%,运输占 23.03%。

据 1990~1991 年,世界资源研究报告,1987 年日本的化石燃料和水泥工业的二氧化碳排放量为 1.1×10^8 吨碳,CH_4 排放量为 6.5×10^8 吨(相当于 1.2×10^7 吨碳),CFC 的排放量为 5.75×10^4 吨(相当于 1.0×10^8 吨碳)。每年二氧化碳的总排放量相当于 2.2×10^8 吨碳。

（2）对策

1990 年 6 月,日本通产相综合能源研究会修正了日本的长期能源政策,于当年 10 月内阁会议上通过了新的能源对策——石油替代对策。对这一新的能源政策的基本考虑是:① 关注未来世界能源的可能的失衡趋势;② 确保能源供应稳定;③ 重视全球环境问题,尤其是重视全球温室效应问题。为达到这一目标,将力求做到:

1) 将能源需求量的增加压低到最低限度。本着最大节约的原则,经反复研究,将 1989 年至 2012 年能源需求量的年平均增加率控制在 1.2%,并且尽量降低产业部门的能源消费比重,将其年增长率控制在 0.7%,将交通运输部门能源消费的年增长率控制在 0.9%,适当提高民生部门的能源消费比重,将其能源消费的年增长率控制在 2.4%。

2) 长期持续降低对石油能源的依赖性,提高对非化石能源(包括核能、新能源及可更新能源等)使用的比例。1989 年,日本对石油的消费量在能源总消费量中约占 58%,计划到 2010 年将此比例降低至约 45%。1989 年,日本对非化石能源的消费量在能源总消费量中约占 15%,计划到 2010 年将此比例提高为约 27%。提高对非化石能源的消费,主要是开发核能。在核能开发中将特别注意确保安全,加强后端处理;特别注意加强宣传,充分得到民众的认可和合作。

3) 推动新能源及可再生能源的开发,在这方面将针对每项能源的特征,制定具体开发方案。

4) 开发减少二氧化碳排放的途径和技术,增加对非化石能源的利用,增加对 CO_2 排放量较少的天然气的利用,开发吸收和固定二氧化碳的技术及开发对二氧化碳的再利用技术等。

在这里特别值得介绍的是,日本已于 1990 年制定了针对全球温室效应的行动方案。这个行动方案的基本点是:① 促进城市改造和经济改造,调整人们的生活方式,建立一个让地球负荷较少的社会,促进环境保护型社会的形成;② 加强经济政策与环境政策的协调,确保社会、经济持续稳定发展;③ 加强国际合作。由于温室效应发生的原因和影响都是全球性的,由于日本的能源供应依赖于其他国家,故在他们的行动方案中特别强调了与其他国家的合作。

在这个方案中提出的对温室气体的控制目标是:① 对二氧化碳的控制目标:2000 年后平均每人二氧化碳的排放量保持在 1990 年的水平上,并经过对太阳能、氢等新能源的开发和发展二氧化碳的固定化技术等,使全国二氧化碳的总排放量亦保持在 1990 年的水平上;② 对其他温室气体也尽量控制其排放,不使排放量增加。

尤为可贵的是,在这个方案中提出了减少二氧化碳排放的多种具体途径。

1) 建立二氧化碳排放量少的都市

① 加强都市绿化,这样不仅增加都市内二氧化碳的吸收源,而且有减低温室效应和缓和热岛效应的功能,同时可减少开放冷气所需的能源;

② 建设广泛利用太阳能的住宅等建筑,推广普及太阳能供暖住宅的建设,在住宅内设置太阳能温水器、太阳能供热装置和太阳能电池等;

③ 开发减少氮氧化物排放的技术,使其与既存电力系统整合,并促进导入以高效率燃料电池为主的热电并给系统;

④ 研制新型热泵,将地下铁道、下水道等都市活动产生的低温排热,及河流与海洋等拥有的热能抽出,并将其转换为冷暖房等所需的热能;

⑤ 积极推进废弃物燃烧后所产生余热的利用。

2) 建设二氧化碳排放量少的交通体系

① 推进汽车之轻量化,研究开发降低汽车行驶阻力的技术,积极推动混合波导联结引擎技术、超稀薄燃烧技术、回收能源技术的开发和导入,使汽车排出的二氧化碳排放量尽量降低;

② 以汽车部门为中心,促进二氧化碳排放量低的能源的利用,积极推动电气汽车等低公害车的使用;

③ 改善道路系统,确保汽车行驶效率,减低行驶中二氧化碳的排放。

3) 建立二氧化碳排放量少的产业

在制造业、农林水产业、建筑业的产业范围内,提高能源利用效率,导入二氧化碳排放量少和不排放二氧化碳的能源。对制造业,要提高能源燃烧效率,促进各种节省能源型设备的普及,引进各种节省能源的工艺方法,如熔融还原制铁法、直接苛性化技术等,而且要推进联合企业工厂间排热的互用;对农林水产业,除开发研制各类节省能源的机械设备外,还要注意利用生物能源和其他自然能源;对建筑业,主要在于提高建筑机械设备能源利用的效率。

4) 建立二氧化碳排放量少的能源供给结构

在电力部门、都市制气部门提高能源转换技术,减少二氧化碳排放,输入不排放二氧化碳的能源。在确保安全的前提下,开发利用如核能、水力、地热、太阳能及风能等;研制开发复合发电设备与超临界压设备等,以提高发电效率;积极开发燃料电池、太阳能电池等分散性电源;推行电力供给负荷标准化,为适应减低峰值电压的需要,研制开发高负荷量的能源储藏设备等。

5) 培育二氧化碳排放量少的生活方式

在家庭生活中,培育二氧化碳排放量少的生活方式,其根本之点是提高人们的环境保护意识。具体内容是,实行纸、罐、瓶等废物的再生利用,开发与普及再生制品;对商品减少过剩包装;通过环境标致的应用,促进二氧化碳排放量少的制品的普及;合理普及推广夏令时;推进冷暖房温度的适度化;建设生态住宅等。

6) 保护和发展二氧化碳的吸收源

① 加强森林保护,实行都市绿化;

② 推进木材资源利用的适度化,发展木材制品的耐用化技术等。

在这里,还应该特别指出的是,在日本制定的针对全球温室效应的行动方案中,特别重视科学的调查、研究、观测与监视等工作,政府制定了"地球环境保护调查、研究、观测、监视及技术开发的综合计划"与"地球科学技术研究开发基本计划"等。他们把研究工作的重点放在亚洲、太平洋地区。下面简介其主要内容。

1) 科学研究

科学研究的内容集中于 4 个方面：

① 研究地球温暖化的机理及预测技术：在机理方面着重于研究大气与海洋间的相互作用、云的影响、深层海水的影响、极地冰盖的影响及地球生态系的影响等；在预测技术方面着重于研究影响气候形成和变化的主要因子，以建立贴切的预测模型，力求缩小模型中网络的间隔；为提高预测精度，力求详尽地掌握如二氧化碳、甲烷、一氧化碳等温室气体的发生源、吸收源、生成量、吸收量等参数，特别是要研究诸如海洋的二氧化碳吸收源及诸如西伯利亚等广阔空白区域的甲烷发生源等。

② 研究地球温暖化对生态系统、健康、水资源及社会经济等所造成的影响，研究有关的环境影响评估方法和模型，特别是研究气候变化与社会经济发展关系的模型及方法。

③ 研究针对地球温暖化的策略及方法，研究环境保护型社会经济系统的建立和研究地球环境系统与人类生活和文化间的理想关系等。

④ 以亚洲、太平洋地区为对象对上述问题进行综合研究。

2）观测与监视

为掌握全球温暖化现象及其影响和推进上述研究工作的开展，日本将致力于发展通过人造卫星、飞机、船舶、地面观测和建立监测网络等来观测与监视温室气体的浓度、通量等，监测温室效应所引起的气候、海洋及生态系统的变化等，建立数据库，发展数据处理技术，建立全球数据网络，通过国际电视网络，以有助于全球性研究。

3）技术开发与普及

技术开发的重点在研究开发高度节能技术、新能源使用技术、二氧化碳的回收与固定技术等，具体内容如下：

① 温室气体排出抑制技术，包括推进原子能的开发利用，推进太阳能、风能和波浪能的开发利用，研究高效率燃烧技术，研究生物能利用技术，研究下水道、河流、海洋等水体散发的低热能的利用技术，研究提高汽车能源效率的技术，研究汽车用能源的替代技术，研究废弃物的再利用技术等。

② 温室气体回收、固定技术,包括研究二氧化碳的吸收剂、分离剂和固定剂,研究对二氧化碳的高效率生物固定技术,研究人工光合作用技术以对二氧化碳进行回收和再利用;从二氧化碳的自然吸收源考虑,研究森林保育技术和研究木材纸浆替代技术等。

③ 温暖化适应技术,面对未来的温暖化,要在掌握气温、降水量、日照等变化的基础上,研究开发适应温暖化的农林水产新技术,包括适应性新物种的培育,新的水资源利用技术的研制;针对可能上升的海面水位,研究保护河流、河口、海岸都市建设的新对策,研究对野生动、植物的新的保育技术等。

3. 美国

(1) 能源使用与温室气体排放情况

美国是世界最大的能源消费国和世界第二大能源生产国。长久以来,美国的能源政策着重于提供充裕的能源以支持经济发展和国家安全。自二次世界大战以后至 70 年代中期,美国能源政策的重点被放在核能的发展和应用上。自 70 年代中期至 80 年代初期,美国能源政策的重点转移到注意节约能源和开发再生能源。到 80 年代,其能源政策的重点是提供健全的自由市场机制,鼓励民间开发和政府资助开发有关煤的低污染应用技术。

与其他工业国家相比,美国依赖进口能源的比例虽较低,但仍为世界上最大的石油进口国。自 1987 年至今,美国的能源消费量增加了 16%,而且预期会持续增加至 2000 年。美国每年石油的使用量占每年能源总使用量的 40%。

美国的能源消费量在 1973 年及 1979 年两次石油危机冲击下有短暂的下降。但自 1983 年后,由于经济发展和燃料价格低廉,又导致美国能源需求逐年增加,至 1987~1989 年能源消费量的增加达每年近 10%。

美国是温室气体排放量最大的国家,尽管美国的人口只占世界的 5%,但其排放的温室气体量却占全世界总排放量的 20%,主要来自化石燃料的燃烧,美国平均每人所使用的能源是发展中国家的 15 倍。

从 1973 年至 1989 年,煤、核能、再生能源消费量明显地增加,天然气消费量降低,石油消费量保持平稳。1989 年各类能源消费结构比例如下:石油占 40.5%,煤炭与天然气各占 22.5%,核能与再生能源各占6.7% 及 7.8%。据美国能源部测算,到 2000 年各类能源消费所占的比例会有所变化,依次为:石油 38%,煤炭 22.6%,天然气 24.3%,核能6.4%,再生能源 8.7%。从总体看,石油消费的比例略有降低,天然气和再生能源的比例有所增加。

美国 1989 年排放的二氧化碳量是 14 亿吨,占全球排放量的22%,居世界第一位。据美国技术评价办公室分析,如对二氧化碳排放量不加控制,预计在 2015 年其排放量将上升 50%,约为 19 亿吨。

美国甲烷的排放量约占全球的 6%。美国 CFC—11 和 CFC—12的排放量约占全球的 20%～30%,其中 60%～70% 来自空调与绝热设备。

(2) 对策

美国今后能源政策的总体目标是:① 提升工业技术,提高能源转换效率;② 改变消费行为,以节约能源;③ 减少使用高 CO_2 排放之燃料。

对温室气体的控制目标分两档:① 中等控制目标是适当降低能源需求增长。这样做,预计在 2015 年二氧化碳排放量还将增加约 22%。② 较高的控制目标是以较严格的标准来管理二氧化碳排放,到 2015年可使二氧化碳的排放量比 1987 年减少 29%。

其具体做法是:

在工业生产部门,通过研制新的省油机器设备、改变生产工艺和在能源消费中增加天然气的消费比例等,争取至 2015 年使二氧化碳的排放量减少 17%～18%。

在交通运输部门,通过征收汽车税、石油税,研制省油汽车,研制替代化石燃料汽车(包括电动车、太阳能汽车等)等措施,争取到 2015 年使二氧化碳排放量减少 14%～15%。

人类—环境系统及其可持续性

在商业部门,通过改进照明系统、改进制冷和供暖系统及研制汽电共生系统等,争取到 2015 年使二氧化碳排放量减少 13%～15%。

对住房部门通过改进照明系统、改进空调设备和系统和改进热水系统等,争取在 2015 年使二氧化碳排放量降低 5.6%～6.6%。

在电力部门,通过改进和提高水力发电、在火力发电中提高化石燃料的燃烧效率、在建新电厂时尽量采用非化石燃料等措施,争取到 2015 年时使二氧化碳排放量减少 9.9%～14%。

在林业部门,扩大森林保护区,加速森林恢复和加强都市绿化等,以增加森林对大气中二氧化碳的吸收。争取到 2015 年使森林对二氧化碳的吸收量相当于减少 7.5% 的二氧化碳排放量。

4. 加拿大

(1) 能源使用与温室气体排放情况

加拿大是世界上人均耗能量最大的国家之一。由于近十多年来加拿大十分重视能源使用效率的提高,故自 1983 年至现在,能源消费平均年增长率仅为 1.6%,约为 60 年代和 70 年代能源消费增长率的 1/3。

近年来加拿大石油的生产及消费量有逐年减少,而电力及天然气的生产和消费量有逐年升高而渐稳定的趋势。1987 年石油消费所占的比例为 44.7%,其次为天然气及电力,分别为 23.9% 和 21.9%。

自 1920 年至现在,加拿大二氧化碳的排放量增加约 5 倍。氟氯烃化合物的排放量自 1975 年至 1989 年只增加了 10%。因为他们较早地认识到氟氯烃化合物的危害性,反对使用此化合物的呼声很高,使得在 70 年代末至 80 年代初,氟氯烃化合物的用量明显降低。

(2) 对策

加拿大是生活水平较高的富裕国家,对大气质量的要求较高,已制定了一系列有关法规对大气质量进行管理。他们已制定了明确的目标,至 2000 年将绝对禁止使用耗臭氧化合物。限于条件,我们未能查阅到他们如何控制二氧化碳排放的文献资料。

5. 澳大利亚

（1）能源使用与温室气体排放情况

澳大利亚是少数拥有大量能源工业且可输出能源的国家之一。按目前的生产率，其经济可开采之能源蕴藏量可供开采 200 年以上。

澳大利亚由于能源蕴藏丰富和人口数量少，在能源生产与需求上，呈现净输出现象。能源蕴藏以煤炭为主体，故能源输出亦以煤炭为主。

澳大利亚由于国内能源消费量小，全国的二氧化碳排放量尚不及全球总排放量的 2％，但就每人每年平均排放量而言，澳大利亚在全球排序中却占第 5 位（4 吨/人·年）。从全球角度看，澳大利亚由于煤炭出口量很大（仅在 1987 年就出口了 1.02 亿吨煤），故是全球性二氧化碳的主要排放源之一。同时，澳大利亚也是氟氯烃化合物与卤素化合物的高消费国家之一。还有一点值得指出的是，澳大利亚由于经济发展快，能源消费量的增长也很快。自 1973 年至 1986 年能源消费量增长 32％，远远超过了"国际能源总署"成员国的平均增长率 7％。按目前需求看，在 2000 年以前能源消费每年将增长 2％。

（2）对策

澳大利亚政府考虑到国内石油燃料自给自足性渐减，为确保能源的有效利用和减少能源使用对环境的影响，今后能源政策的主要目标为：① 维持能源供给量的适度增长，以满足国内外消费者的需求；② 追求石油燃料最适经济自足水准；③ 提高能源转换效率；④ 发展替代的交通运输燃料；⑤ 发展更有成本效益的能源生产技术等。

在防止平流层臭氧耗损和控制二氧化碳排放方面，他们已制定出非常具体的目标和要求：

① 在 1998 年以前将不再使用破坏臭氧层的化学物质；

② 力争在 2005 年前使二氧化碳的排放量比 1988 年减少 20％；并正在研究使二氧化碳排放量削减 40％的办法；

③ 促进开发应用新能源（光能、生物能、风能等）的技术；

④ 组织对甲烷源和汇的调查研究，以制定减量方案。

6．英国

（1）能源使用与温室气体排放情况

英国是一个国土面积不大但经济发达的国家，土地面积 2416 万公顷，1990 年人口总数为 5690 万。

英国煤炭储藏量丰富。在过去的 200 年时间内，英国一直以煤为其工业之主要能源。19 世纪和 20 世纪初，由于燃煤曾造成严重的大气污染，故近几十年来英国对煤的使用量大减，近 20 多年来煤的使用量只占能源总消费量的 35％左右。1973 年英国对石油的使用量占能源总消费量的 1/2，至 1986 年降至 1/3。在此段时间内，英国对天然气和核能的使用量增加近一倍，天然气的消费比例由 1973 年的 12％增至 1986 年的 15％；核能的使用量由 1973 年的 3％增至 1986 年的 6.5％。英国是世界各国中首先以核能发电的国家，于 1953 年建成第一座核能电厂。

英国排放的温室气体量在全球各国中占第八位，二氧化碳的排放量为 6900 万吨，甲烷的排放量为 1400 万吨，氟氯烃化合物年排放量为 7100 万吨。其中，人为二氧化碳排放量约为每人 2.8 吨，甲烷排放量为每人 0.08 吨，氟氯烃化合物年排放量依 1986 年资料估算为每人 0.9 千克。

（2）对策

近 20 年来，英国已对二氧化碳的排放进行了控制，使二氧化碳排放之增加速率趋于缓和。英国对二氧化碳排放的主要控制方式为：减少对煤和石油的使用，增加对二氧化碳排放量少的天然气和非化石电力能源的使用。目前，英国二氧化碳排放量与欧洲共同体的平均排放量相近。针对全球温室效应问题，英国已提出将 1990 年至 2030 年间的二氧化碳排放量由增加 55％减至增加 50％。英国为减少二氧化碳排放量已制定了多种法令与规章，如严格控制能源价格，实行车辆许可申请，对不同建筑物规定不同供冷供暖标准，对汽车的燃料、燃烧效率及排放均有严格规定，并制定了相应的奖罚规定等。

英国在非化石能源的利用上有许多客观有利条件,如英国有全欧洲最佳之风力资源。英国西海岸 30 米高处其风速可达 7～8 米/秒。英国约 80％的区域为欧洲最佳之风力资源区,现有风场面积为 120～240 平方公里。英国目前约有 10％的电力来自风能。此外,英国有极大范围的潮汐资源,主要集中在 Severn Barrage。此地为一漏斗状的河口,潮差约有 10 米,宽约有 20 公里,若充分加以利用则可满足英国能源需求总量的 6％。另于西海岸亦发现具开发潜力的区域。但由于 Severn Barrage 河口为欧洲主要鸟类栖息地,引起环保人士的高度重视,因此是否在这里建潮汐电厂至今无定论。

7. 德国

(1) 能源使用与温室气体排放情况

德国统一于 1990 年。前西德(即德意志联邦共和国)土地面积 248842 平方公里,人口 6131.5 万,人口密度为每平方公里 246 人,74.9％集中在城市;前东德(即德意志民主共和国)土地面积 108333 平方公里,人口 1662 万,人口密度为每平方公里 153.5 人,76.1％集中在城市。

由于资料的限制,本节所述大部分为前西德情况。

前西德高度工业化,具现代化经济,能源消费以石油和煤炭为主。但自 1970 年以来,石油和煤炭的消费量均有明显下降。石油的消费量由 1970 年的 54.34％到 1987 年下降为 42.32％;煤炭的消费量由 1970 年的 36.9％到 1987 年下降为 27.36％。而在此时间内天然气和核能的消费量有明显增加,天然气的消费量由 1970 年的 5.3％到 1987 年上升为 16.88％,水能与核能的消费量由 1970 年的 3.0％到 1987 年上升为 12.52％(见表 8—11)。

1986 年前西德的二氧化碳排放量为 7.5 亿吨,占全球排放总量的 3.6％,其中大部分为初级能源中化石燃料使用所致,从 1974 年到 1987 年二氧化碳的排放量增加了 1.8％。

表 8－11　1970～1987 年前西德能源结构(％)

能　源	1970	1973	1979	1980	1984	1985	1986	1987
煤炭	36.8	29.9	26.1	29.2	29.3	29.7	28.7	27.4
石油	54.3	56.5	52.5	48.8	42.7	41.3	43.9	42.3
天然气	5.3	10.0	16.2	16.1	16.2	15.8	14.9	16.9
水力/核能	3.0	3.14	4.75	5.5	10.1	12.2	11.5	12.5
其他	0.5	0.42	0.45	0.51	0.98	0.94	0.90	0.92

（2）对策

为减少二氧化碳排放对环境的影响,原西德政府确定的能源政策的目标为,进一步减少化石燃料使用;加强核能的使用;加强开发可更新能源,如太阳能和风能;提高能源使用效率。

在加强可更新能源利用方面,前西德政府十分重视对太阳能和风能利用的研究,从 1989 年起,正在德国北部海岸沿线建造风力发电厂,进行一个 100 万千瓦的试验项目。

在提高能源使用效率方面,前西德约有 45％的能源为家庭和小型用户所使用,而且绝大部分是使用电力能源。针对此情况,前西德拟花巨额投资研究少能源消耗和提高能源效率的方法,如研究气电共生装置,研究绝热建筑材料和研究"热泵"以利用耗散的余热。按 1987 年的计划,通过这些措施,他们估计在 1995 年可使能源消耗减少 25％。

根据前西德的能源需求和控制可能性预测,估计在 2000 年二氧化碳的排放量将比 1987 年减少 2％,至 2010 年将减少 7％。

前西德氟氯烃化合物的用量在 1987 年为 6～10 万吨/年,至 1989 年几乎仍维持在这个水平上。他们对今后使用此类化合物管制很严。以 1986 年用量为准,原计划到 1990 年前削减 50％的用量,到 1995 年前削减 95％的用量。

8. 瑞典

瑞典是位于北极圈附近的经济发达的国家,人口不到 1000 万。瑞典有丰富的水力资源,目前的电力供应水能和核能各占一半。其他的能源使用(交通运输等)大都来源于进口的石油。自 70 年代世界石油危机以来,他们大大注意能源使用效率的提高问题,至 1988 年其能源使用量仍维持在 1970 年的水平。

瑞典十分重视环境保护工作。1972 年联合国第一次人类环境会议即于瑞典首都斯德哥尔摩召开。由于极地平流层臭氧耗损较严重,而瑞典正位于北极附近,故十分重视对臭氧层的保护,也很注意控制主要温室气体二氧化碳的排放。为控制二氧化碳排放,该国已要求社会各部门到 2000 年时排放的二氧化碳量不大于 1990 年的水平,至 1994年禁止氟里昂(氟氯烃化合物)的使用;至 1998 年禁止使用哈龙类化合物(含溴卤代烷烃)。

为上述目标的实现,除研究开发新技术外,还配合某些经济手段,如在电力成本中将包括二氧化碳排放税。二氧化碳税在国家预算中被视为经常性受益部分。

9.荷兰

荷兰是著名的"低地国",全国有 40％的土地位于海平面以下。这促使荷兰十分重视气候变暖导致的海平面上升问题,十分注意控制温室气体的排放。

荷兰的能源消费主要为天然气和石油。天然气为自产,除供应国内消费外尚有富余。为不使天然气矿藏迅速耗尽,荷兰已提高了进口石油的消费量,天然气消费量占能源消费比已由原来的 52％至 1985年降为 38％。

荷兰按国际上规定的要求严格控制二氧化碳排放,其控制方式也是实行排放者付税的办法。

荷兰本国不生产氟氯烃化合物,也不生产电冰箱。该国使用的电冰箱都是进口的。他们控制氟氯烃化合物的办法是:在技术上已研制出一种办法,将废弃电冰箱中的氟里昂化合物生产转化为无害的化学物质,并已建成工厂。第一座这样的工厂已于 1992 年启用。在经济手段上,荷兰对任何人购买电冰箱时,向其收取相当于电冰箱价格的

10％的附加税,作为处理氟里昂化合物所需之经费。

（三）矛盾和问题

以上我们介绍了 9 个国家对全球环境问题的对策。在这 9 个国家中,除中国是发展中国家外,其余均为发达国家。

这 8 个发达国家经济发展的水平高,分别是排放温室气体最多和较多的国家。从历史的角度看,他们对全球环境问题的产生负有主要责任。当前,面对全球环境问题,他们所制定的对策也都较具体,对制定出来的某些控制措施有些已经开始实现(特别是在氟氯烃化合物的减用和禁用方面)。

中国是人口众多的发展中大国。中国温室气体排放的绝对量位于世界前列,但人均排放量很低。由于中国正处于迅速发展中,发展对中国具有十分重要的意义。同时,由于经济技术方面的原因,目前中国还不能十分有效地实现许多控制措施。许多其他发展中国家情况与中国雷同。

当前,在面对全球性环境问题的国际合作事务中,发达国家与发展中国家之间存在着共识与共同的希望和要求,但由于各国国情不同,社会经济发展程度不同,他们在对不少问题的认识和对策上也存在着差异,存在着矛盾,甚至斗争。

为迎接和准备联合国第二次人类环境会议,中国出版了《中国环境与发展》一书(1992),书中介绍了中国的基本国情、中国的主要环境问题、中国环境保护事业的成就和经验,也阐述了中国对解决全球性环境问题的态度和原则立场。在解决全球性环境问题的国际合作事务中,中国的原则立场如下:

(1)正确处理环境保护与经济发展之间的对立统一关系,即环境保护与经济发展应作为一个有机联系的整体来考虑,同步协调进行。尤其对广大发展中国家来讲,只能在适度增长的前提下,作为发展进程的一部分来寻求适合本国国情的解决环境问题的途径和方法。因此,在讲国际环境合作的同时,也必须讲国际经济合作,建立有利于可持续发展的公正的国际经济秩序,努力消除外部经济条件恶化带来的不利影响,加强其经济实力以提高对环境保护的经济能力。

(2)明确产生全球性环境问题的主要责任者。目前存在的主要全球性环境问题的主要责任者是世界资源的主要消耗者和污染物的主要排放者。因此,他们对全球环境问题负有不容推卸的责任。同时发达国家有保护全球环境所必须的经济力量和技术,应该承担更多的国际义务。

(3)在保护环境的国际合作中,必须充分考虑到发展中国家的特殊情况和需要。目前,绝大多数发展中国家的经济尚处于满足人民基本需要的发展阶段,贫困和不发达是造成其环境退化的主要根源。发展中国家愿积极参加国际环保努力,但心有余而力不足,面临着资金匮乏和技术落后的困难。虽然全球变暖和臭氧层耗损是影响到包括发展中国家在内的整个国际社会的全球性环境问题,但还有一些环境问题的主要受害者是发展中国家,而且已经造成严重的后果,譬如土地荒漠化、水旱灾害、淡水的质量与供应等。这些问题同样需要引起国际社会的高度重视并予以解决。

(4)在国际环境保护合作中,应充分尊重各国主权,互不干涉内政。

(5)在国际环境保护合作中,发达国家有义务在现有的发展援助之外提供充分的额外资金,帮助发展中国家参加全球环保努力,或弥补由于环保限制而带来的经济损失,并以优惠、非商业性条件向发展中国家提供于环境无害的技术。这一原则应纳入国际环保条约及议定书中,发展中国家能否按规定的时间表完成限控指标应取决于这些原则的具体兑现与实际运行。

参考文献

〔1〕叶笃正:《中国的全球变化预研究》,气象出版社,1992年。

〔2〕叶笃正、陈泮勤:《中国的全球变化预研究(第二部分)》,气象出版社,1992年。

〔3〕王明星:《全球大气化学及未来气候变化趋势》,地球科学进展,1989年第3期。

人类—环境系统及其可持续性

〔4〕国家计划委员会国土规划和地区经济司等:《中国环境与发展》,科学出版社,1992年。

〔5〕国际环境与发展研究所:《世界资源报告》(1987),中国环境科学出版社,1991年。

第九章 "人类－环境系统"的质量指标体系和调控

一、"人类－环境系统"的质量指标体系问题

（一）人口增长与环境质量

众所周知，如果把 200 万～500 万年（旧石器时代）以来地球上不同时期的人口数点绘成一条曲线，可以看出，这条曲线呈英文字母的"J"字形。这就是通常所说的人口呈指数增长的"J"字形曲线。然而，人类在相当长的时间内没有认识到这条曲线可能给地球和人类带来巨大的压力和灾害。

在前面第五章第一节"人类社会的进化与资源、环境开发利用的发展"中，我们已从不同社会发展时期自然资源开发利用的角度，讨论了人口呈指数增长（"J"字形曲线）的意义。这里着重讨论人口增长与环境质量的关系。

在人类历史最初的几百万年中，人口的数量很少。尽管当时的人口也呈指数增长，但实际的年增长率平均仅为 0.002％。这使得在很长的时期内人口增长曲线表现为长长的缓慢增高的"水平"状曲线。至1970 年，世界人口增长率达到了 2.06％。在 1980 年至 1988 年之间，人口增长率下降为 1.75％，至 1989 年又回升到 1.8％。正是在这个时候，人口增长曲线达到了一个转折点，此后表现为急剧上升，成为名副其实的"J"字形（图 5－1）。

按照指数增长规则，人类的人口数量达到第一个 10 亿共花了 200万年时间，增长到第二个 10 亿花了 130 年时间，但增长到第三个 10 亿

只花了 30 年时间,增长到第四个 10 亿时花了 15 年,增长到第五个 10 亿时仅仅用了 12 年。估计从 1987 年到 1997 年,增长到第六个 10 亿时只需要 11 年,增长到第七个 10 亿时(至 2007 年)只需要 10 年,如此等等。人口专家预测,至 2100 年时,人口有可能达到 104 亿,甚至 140 亿。地球上的人口如此迅速地增长,不可避免地会对地球上的空气、水、土壤和生物物种等产生难以估计的影响。尤其是人口的这种高速度增长主要发生在环境条件已经十分恶化的发展中国家里。

据泰勒·米勒(1990)分析[1],1990 年时世界上的 175 个国家按照人均年国民生产总值可被分为两类:发达国家和发展中国家。前者有 33 个,后者有 142 个。33 个发达国家的工业化程度很高,人均年国民生产总值也很高。这些国家里共有 12 亿人口,占世界总数的 23%,但使用和消耗的矿物资源和能源却占世界的 80%。142 个发展中国家具有低至中等的工业化程度,人均年国民生产总值也为低等至中等,这些国家中共有 40 亿人口,占世界人口总数的 77%,而使用和消耗的矿物资源和能源却只占世界总数的 20%。据联合国对过去资料的统计和对未来的预测,从 1950 年至 2120 年,世界人口的迅速增长主要发生在发展中国家。婴儿出生统计表明,全世界每出生 10 个孩子,其中有九个出生在发展中国家。当代发展中国家人口的急剧增长给环境质量和生活质量本来已经很差的这些国家带来了极为巨大的压力。

1. 人口与环境质量关系的三要素模式

泰勒·米勒(1990)提出了关于人口与环境关系的三要素模式[1]。他认为,简单地讲,在一个国家或一个地区,人口对环境的影响程度决定于三个基本要素:①人口的数量;②人均消耗的单位资源数量;③平均单位资源消耗量对环境的影响程度。根据三个要素的不同的权重,可以进一步分出两个次一级模式:人口过剩模式(people overpopulation)和人口消费过度模式(consumption overpopulation)。人口过剩模式主要反映不发达国家人口与环境质量的关系,人口消费过度模式主要反映发达国家人口与环境质量的关系。

在不发达国家,人口增长的速度常常高于经济增长的速度,过量的人口导致贫穷,人们无力购买充足的食物、燃料和其他资源。在这种情况下,人口的数量成为促使环境质量下降的主要因素,造成可再生资源退化:土壤肥力下降,森林和草地消失,野生生物数量减少。据认为,在世界上所有最贫穷的不发达国家,由于人口过剩,每年过早死亡的人数至少为 2000 万,还有数亿人生活在极其贫困之中。分析家们认为,在这些国家里,除非人口得到控制,并大大地改善对已退化的环境和资源的管理,否则情况还将继续恶化。

在工业化国家,少量的人口消费大量资源,造成资源枯竭,污染严重,环境退化。过量消费模式就是指在这些国家里由于少量人口消费大量资源所引起的环境质量严重退化问题。这一模式以在美国表现得最为明显。美国是世界上由于过量消费导致环境质量下降的最典型的国家。美国占世界 5% 的人口生产世界 1/5 强的产品,消费全世界 1/3 的资源,也产生全世界 1/3 的污染。美国对地球环境质量的影响,比占世界人口 16% 的印度大 17 倍,比占世界人口 1/5 的中国大 11 倍。著名生物学家波尔·埃利希(Paul Ehrlich)指出[1],"贫穷国家的人口过剩促使他们自己生活在贫困中,而富有国家的消费性人口过剩导致了整个地球系统维持生命能力的下降"。

2. 人口与环境质量关系的多要素模式

上述人口与环境质量关系的三要素模式是有意义的,但过于简单,因为引起环境退化的原因十分复杂。据泰勒·米勒的分析,一般说来至少应包括以下几方面:

(1) 人口过剩或消费过度。

(2) 人口分布。各地区人口的集中程度不同,当人口和工业高度集中于城市时可能产生严重的空气污染和水污染,而且,城市排放的污染物还会被带到人口较少的乡村地区。

(3) 各工业国家的过度消费和对资源的不同程度的浪费。总的来看,工业化国家产生有害废物的数量是巨大的,并且资源的回收利用率较低。

（4）社会上存在着"科学技术能解决我们面临的所有问题"的盲目情绪。很多人不了解科学技术虽然有可能减少污染，减少资源浪费和帮助维护地球的生命支持系统，但在没有合适控制措施的情况下，也有可能破坏地球的生命支持系统。

（5）不同地区地球生命维持系统的稳定性不同。如果一个地区的生命维持系统（如森林、草地、海洋等）中动物和植物的物种过少，则更易引起土壤侵蚀、洪水，使植物物种消失和使作物低抗病、虫害的能力降低等。

（6）各国政治和经济的管理程度及存在危机的程度不同。在这方面要强调指出的是人们往往只注意经济增长本身，而忽视了在经济增长的同时应重视污染防治、废物回收和资源保护。目前的经济增长多为污染型和资源浪费型，短期行为必然引起难以医治的长期后果。

（7）产品的市场价格中未包括相应的环境价格（地球生命系统的价格）。人们通常不了解，任何一种产品中实际上都包括了生产这种产品时对环境造成的损害，包括资源消耗，应该将这些包括在其市场价格中。

（8）不少人对地球系统的运行机制一无所知，他们不了解我们已经拥有和将要拥有的一切都来源于太阳和地球。保护人类赖以生存的地球，应该是我们的重要目标；他们认为，人类的智慧和技术能够使其摆脱地球生命系统各种物理、化学和生物过程的控制。

（9）很多人持有"我第一"和"人类中心论"的世界观和行为，而不是"我们第一和地球中心论（生态中心论）"的世界观和行为，这是当前症结之所在。我们强调的是应保证人类的基本需求，而不是保证人类的奢侈性需求。应教育人们以"人类是自然界的一部分"的思想取代"人类高居于自然界之上"的思想。人类的行为应与自然界的运转相协调。

上述各种自然的、经济的和伦理的因素，以尚未为人们认识的方式复杂地相互作用，导致了当前人类面临的一系列环境与资源问题和社会问题的出现,如人口过剩、资源短缺、贫穷、文盲、犯罪、经济不稳定等。正是这些因素复杂的相互作用构成了人类－环境关系的多要素模式。人们面前的当务之急是认识和研究这一多要素模式,并在某种程度上对模式中某些相互作用机制能有所控制。

（二）经济增长与环境质量

1. 经济水平与环境质量

以往的经济决策大多是短视的。人们作出合理的决策时,经济学是经常被放在所有其他科学之上的。然而,环境问题日益突出的现实表明,传统的经济理论无法充分而有效地对经济增长的所有后果作出合理的解释,人们的社会生产实践也还不能完全适应并反映出"社会生产"和"自然界"这两个巨大系统之间的相互关系。事实上,这两个系统是不依赖于人们的意识而在客观上处于辩证统一之中,并且在科学技术飞速发展的条件下,彼此更加紧密地相互影响着。环境与经济的关系具有宏观统一、微观矛盾,长期统一、短期矛盾的特点。这就要求从对人们经济和其他生产活动的传统分析和评价,转变为综合的环境－经济分析和评价。

但是,正如前面所指出的,就目前而言,不论是发达国家还是发展中国家,经济增长大都未能给予维护自然生态系统和保护环境质量以充分的重视。这主要是基于三个方面的原因:第一,自然环境是按照自己固有的规律发展的,自然环境的客观属性和人类的主观要求之间、自然环境的发展和人类有目的的活动之间,均不可避免地存在着矛盾。尽管由于科学技术的进步,人类对自然生态系统的依赖相对变小了,但从根本上来说,环境对于经济增长仍是必不可少的客观物质基础。第二,传统上通常认为,经济增长和环境质量两者只能选择其一,环境质量的恶化是高速发展经济所必须付出的代价。第三,尽管上一种看法近年来已不成为主流,但认识与现实之间仍有相当大的差别。尤其是各国经济活动中外部不经济性普遍存在,致使环境保护措施的施行困难重重。

发展中国家所面临的经济发展与环境保护的问题与发达国家是不同的。正如 1972 年在瑞典斯德哥尔摩召开的联合国人类环境会议上通过的《人类环境宣言》所指出的："在发展中国家,环境问题大半是由发展不足造成的。……因此,发展中国家必须致力于发展工作。……而在工业化国家,环境问题一般地是同工业化和技术发展有关的"。两类环境问题的性质不同,因此解决问题的方式和途径也不一样。

发展中国家环境问题有如下特征:

(1) 人口压力大,这不仅表现在人口的数量上,也表现在人口素质及地域分布上。

(2) 在许多发展中国家,初级产品的比重大,因而对自然系统的压力大,例如某些国家的出口只集中在一两种产品上。

(3) 财政资金普遍短缺,抑制了保护环境的意愿。

(4) 一些最不发达国家严重的贫困现象,促使人们为了生存而在严重破坏自然环境的情况下进行生产活动。

(5) 管理水平普遍较低,法规不健全,许多国家只是照搬别国的管理方法,并未考虑对本国的适用性,而且也往往不能得到良好的执行。

(6) 国家之间、国家内部各地区之间、国内各阶层之间的两极分化日趋严重。从国家之间来看,尽管发展中国家作为一个整体,经济和社会都得到了相当快的发展,但不平衡加剧了。这明显地表现为低收入国家、中等收入国家、高收入石油国家之间经济增长速度和经济实力变化有很大差异,环境质量状况的差异也在扩大。从国内来看,由于各地区之间、阶层之间存在着两极分化现象,随着掠夺式开发经营,往往是高收入阶层不但没有受到损失,反而通过片面的经济增长而受益,环境质量恶化的后果则落到广大的低收入阶层人民的头上。

(7) 发达国家向发展中国家的污染和环境破坏的转移现象大量存在。一方面,由于发达国家本国的环境管理措施相对严厉,加之发展中国家对外开放和对资金的迫切要求,许多污染性企业转移到发展中国家设厂,或将工业废物转移到这些国家存放;另一方面,作为原料产地的发展中国家,被迫以不合理的低价向发达国家出售原材料,这加剧了这些国家自然环境的破坏。

(8)文化价值广泛的多样性。一部分传统、习惯是与环境保护相抵触的。此外,广泛的多样性还使得国家之间、地区之间的环境保护政策很难相互协调。

2. 经济增长与环境质量

自 1942 年以来,世界上的多数政府使用国民生产总值和人均国民生产总值来表示社会经济发展水平和各国人民的富裕程度。但是这一概念只能表示各国之间的相对发展水平和本国人民的平均生活水平,而不能表示各国人民的实际受益程度,因为在计算国民生产总值和人均国民生产总值时,既包括了所生产的有益产品和所提供的有益社会服务的价值,也包括了所生产的有害产品和所提供的有害社会服务的价值。最显著的例子是,如果一个国家生产了较多的烟草和香烟,则必然提高该国的国民生产总值,但同时也可能提高了该国人民的疾病发病率。再有,在计算国民生产总值时还包括了另一种假象,即由于发病率增加所增加的医疗保险费用也被包括在国民生产总值中。因此,国民生产总值指标并不完全反映各国人民生活质量的改善与否。

国民生产总值指标也不完全反映一个国家的资源消费和环境质量状况。无疑,一个国家的经济增长有赖于资源的消耗,但被消耗资源的价值并没有从国民生产总值中被扣除。这意味着一个国家虽可能有较高的国民生产总值,但资源被消耗和环境被破坏的情况却可能很严重。单纯的国民生产总值的概念有可能使某些国家决策者走入歧途,驱使他们在发展经济的名义下肆意破坏自然资源。在这种情况下,一个国家的经济可以在短期内较迅速地发展,人民生活水平也可能有所提高,但却耗尽了今后长期发展的基础。因此,从保护环境的角度看,国民生产总值指标远不是一个良好的指标。

为了弥补上述缺陷,不少经济学家先后提出了其他一些指标来反映经济增长与生活质量和环境质量之间的关系,如净经济福利指数

人类—环境系统及其可持续性

(Net Economic Welfare — NEW)、可持续性生产总值(Gross Sustainable Productivity — GSP)等。

净经济福利指数理论认为,应对生产过程中产生的污染及有害产品和有害服务的环境影响进行价值折算,将其从国民生产总值中减去,再根据通货膨胀率对其进行校正,这样可得到净经济福利指数,用以表示一个国家人民生活质量逐年改善的情况。美国应用此指数计算的结果表明,从 1940 年以后,美国人民生活质量改善的速度约为国民生产总值增长速度的一半。但遗憾的是净经济福利指数未能被广泛使用,原因之一是对环境污染和有害产品的环境影响进行定价极不容易,且颇多争议;另一个原因是政治家们喜欢使用国民生产总值指标,而不喜欢使用净经济福利指标。

某些社会学指标也可用来评价一个国家的平均生活质量。美国海外发展委员会曾根据三个社会指标(平均生活期待值、婴儿死亡率和文盲率)设计了一个指数,叫做生活的物理质量指数。但这个指数被应用的程度也不如国民生产总值广泛。

美国人口危机委员会曾提出了一个计算时考虑到人均国民生产总值、通货膨胀率、饮用水清洁程度、食物供应充足程度、能源消费量、城市化程度和政治自由程度等因素在内的指数,叫做生活受损指数,并将这个指数分为 10 个等级,每 10 分为 1 个等级。0 分表示生活质量完美无缺,100 分表示生活质量最差。按此指数计算的结果,世界上生活质量最好的 10 个国家和地区(生活受损指数最低)是日本、冰岛、芬兰、瑞典、瑞士、香港、加拿大、丹麦、荷兰和法国。世界上生活质量最差的 10 个国家(生活受损指数最高)是东帝汶、阿富汗、塞拉利昂、马里、赞比亚、柬埔寨、马拉维、几内亚、埃塞俄比亚和索马里。

一些经济学家也曾经建议设计几种指数以度量向可持续地球社会(Sustainable-earth Society)前进的程度。其中一个指数反映了在注意到对恒定资源和可再生资源进行持续性利用,对不可再生资源进行回收和再利用的情况下社会产品和服务的价值。另一个指数反映了在对资源进行浪费性使用和不对不可更新资源进行回收和再利用的情况下社会产品和服务的价值。这样，如果前一个指数值大于后一个指数值，就表示这个社会向持续性－地球社会前进了一步。

80 年代以来，一些学者也建议在计算国民生产总值时应将自然资源的损耗作为一个因素加以考虑，以求得一个新的指数。他们提出了一个简单的计算模式，计算持续性生产总值，并将其应用于印度尼西亚。结果表明，在最近 10 年中，印度尼西亚国民生产总值逐年增长，但石油、木材和土壤等自然资源却遭到了严重破坏。

上述这些指标尽管都欠完善，但所提供的信息却较国民生产总值指标为多，也更为合理。

二、"人类－环境系统"的调控

如前所述，"人类－环境系统"的演化正朝着风险性与不确定性逐渐增大的方向发展。尽管自然界具有一定的自调节、自组织能力，但随着人类利用自然水平的不断提高以及人口增长的持续压力，"人类－环境系统"的正常运转已经受到了威胁，因而对其进行有效的调控是必要的。对"人类－环境系统"进行调控是一个复杂而持久的过程，在调控过程中，人是调控的执行者，"人类－环境系统"是被调控的对象。

（一）"人类－环境系统"自调节机制

1. 自然环境系统的自调节机制

自然环境系统本身有很强的自调节功能，这种自调节功能在很大程度上保证了"人类－环境系统"的正常运转，并使之不发生不可逆的恶化。例如，当人们向河流中排放污染物时，水体中的物理、化学、生物作用可以使许多类型的污染物降解，从而失去有害作用，这也就是通常所指的水体的自净作用和水体对污染物的同化容量。同样，大气等环境载体也具有非常强的对污染物的稀释、扩散作用。也就是说，在某个范围之内，自然环境系统可以通过自身调节使之不发生严重恶化，从而减少对人类生存的威胁。

但自然环境系统的自调节机制是有一定限度的,并受到诸多因素的影响,如果人为干扰的强度超过了一定限度,那么这种自调节能力的恢复可能要经过一个相当长的时间,甚至无法恢复。在人类的历史上,这样的事例不胜枚举,水土流失和沙漠化等是其中最明显的例子。

2. 人类社会的自调节机制

人,作为一种高级动物,有较自然界更强的自调节机制。实际上,普通动物在某种程度上即具有此类功能,许多生活在严酷环境中的动物种类,当食物较少的年份来临时,即会减少产生后代的数量,以保证其个体能够获得足够的食物而生存下去。动物界的自调节机制一般说来是较弱的,如有时由于食物缺少或繁殖过快,常造成自相残杀,导致大批死亡的现象。

人类社会的自调节机制相对于动物来说要高级得多。这是因为人类有预见未来的能力,有进行自我约束的法律及道德规范等。人类对自身人口数量的控制以及在困难处境中的节约都是其中的例子。其中,人口控制是人类自调节机制的最强的体现之一。

人类对环境的压力,至少在近、现代,在相当程度上是由于人口数量的快速增长造成的。在古代,由于疾病、战争以及人的寿命较短等原因,人口密度过大仅表现在极少数地区。而到了现代,人的寿命已大大提高,因战争等大规模死亡的情况也很少出现,因此环境所承受的来自人口的压力越来越大。在中国,这一情况表现得尤为突出。1949 年以来短短几十年中,人口数量翻了一番以上,而中国的经济实力尽管增长较快,但相对于快速增长的人口,人民生活水平的提高并不快。在这种情况下,实行计划生育政策成为中国现代化道路中的必然选择。这种自我调节其效果之一是减少人口对经济增长的压力,加快人民生活水平的提高步伐;另一方面,也使得人口对自然系统的压力大为减轻。

（二）"人类—环境系统"的被动性调控和能动性调控

1．"人类—环境系统"的被动性调控

这是人在自然环境的压力下为了自身的生存而不得不进行的一种对自然环境的有限度的调控,它是与能动性调控相对应的、低层次的调控。在人类社会的早期,被动性调控是"人类—环境系统"调控的主要方式,随着近现代以来科学技术的进步与人类知识水平的提高,这种调控所占的比例已经逐步下降,重要性也有所下降;但就局部而言,被动性调控在某些不发达地区还发挥着重要作用。

应当指出,被动性调控是消极的,低层次的调控,因而应予避免。

2．"人类—环境系统"的能动性调控

能动性调控是"人类—环境系统"调控的最高层次,它不是一种被动的适应,而是人类为了自身发展的需要以及保护"人类—环境系统"的需要所进行的一种调控。它是人类社会发展到一定阶段的产物,其强度和广度也随着人类社会的发展而不断增大。"人类—环境系统"的能动性调控可以分成两种方式:一种是完全从人自身的利益,甚至仅仅是从某个集团、个人或某代人的利益出发,较少考虑自然环境可能受到破坏的调控,这种调控的影响是多方面的,古往今来不乏引起严重不良后果的事例,如毁林开荒、大规模抽取地下水等;另一类是从人与环境系统的整体出发,既考虑到人类自身的发展需要,又兼顾到自然环境系统的正常运转的调控,近些年来为人们所广泛关注的可持续发展思想就是这种调控的一种有效方式。

由于人类的能动性调控存在着导致环境发生不可逆恶化的危险,加之这种恶果往往不是直接作用于调控者自身,而是作用于全社会,因而应当十分谨慎,社会也应当采取措施加以引导和管理。

（三）经济手段在"人类—环境系统"调控中的应用

随着人类社会的进步与发展，调控手段也有了不断的发展与提高，其主要特征一是手段渐趋多样化；二是从不自觉的调控逐步发展到自觉的调控；三是逐渐转向更多地利用市场机制的方法进行调控。

在工业化的初期，经济的迅速发展带来了大量的环境与生态问题，而对这些突如其来的问题，由于环境的公共商品特征以及人们通常认为它不稀缺，市场经济并没有办法予以干预，"市场失灵了"的想法使得人们把希望寄托在由国家进行大规模投资上。但是，这样做的结果，一方面混淆了问题产生的根源，真正的环境破坏者可能并没有为其破坏环境的行为而付出费用；另一方面，即使是发达国家也没有能力拿出如此巨额的资金。因此，20世纪50、60年代以来，西方国家纷纷转向更多地依靠经济手段进行环境治理，如排污收费、排污权交易等。事实证明，运用这些方法真正做到了谁污染谁治理、谁破坏谁恢复、谁受益谁补偿，从而使资金有了保障，也避免了由于"一刀切"方式处理问题而造成的大量资金浪费。

税收和补贴是较常被采用的进行调控的两种经济手段。从外部性的观点来看，税收的目的是促使私人成本与社会成本相一致。例如，如果对外部性产生者征收相当于外部不经济性价值的税款，他的私人成本就会与社会成本相等，这样利润最大化原则就会迫使生产者将其产出水平限制在价格等于边际社会成本之处。这正好符合了资源有效配置的条件。相反，对产生外部经济性的生产者，政府应当给予相当于外部经济性价值的补贴，鼓励他们把产量扩大到社会的最有效率的水平。"征收一笔恰好等于社会边际费用与私人费用之差的排污费"的论点就体现了这些思想。目前各国政府所普遍采用的"污染者负担原则"和征收污染税正是被各国采纳的最普遍的污染控制措施之一。

此外，如前所述，在实践中补贴也是常见的一种解决环境问题的方式。但是，对环境污染的治理由国家给造成污染的企业以补贴，这实际上不能达到社会资源配置的最优状态，因为污染的外部费用并没有由造成污染的单位承担。另外,这种补贴的结果还使企业感觉不到治理污染的压力,甚至于污染严重的行业和企业较普通行业和企业更有吸引力。因为补贴的结果将使得产品的价格相对偏低,成本减少,总产量增加,利润也将增加。

目前,国际上采用经济手段解决环境问题的步伐越来越快,方法也越来越多,如近些年来在发达国家首先开展的排污权交易等。1993年,排污权交易已进入美国芝加哥股票交易所。

从理论上,运用经济手段解决环境问题的好处是资源的利用通常更为充分。例如,采取排污收费、排污许可证等制度与制定排放标准等直接管理办法相比费用效果通常要好一些。但经济手段也有它的问题,这通常是另外一些角度上的,如极端自然保护主义者以及环境主义者通常是反对进行诸如排污权交易的,"环境是非卖品"反映了他们的思想。此外,纯粹的经济手段也能导致诸如地区性和国际性的贸易争端等问题,如不同地区采用不同的环境经济政策就有可能导致这种争端。

实践中,各国所采取的经济手段都不是孤立的,而是和其他管理措施相互结合、共同发挥作用的。例如排污许可证制度较排污收费制度前进了一步,就因为它既使经济手段得到了发挥,又体现了总量控制的思想,同时又结合了排污收费政策。

总之,无论是在市场经济还是在计划经济体制下,经济活动的外部性都是普遍存在的。为了使自然资源的配置得到优化,都必须通过各种政策、经济杠杆进行调节,采取的主要途径可以归纳如下。

1. 确定合理的贴现率

不同的市场贴现率将影响到消费和投资的比例。贴现率高时,现期消费得到鼓励;贴现率低时,投资活动得到鼓励。因此,早在20世纪初,经济学家庇古就曾提出过通过降低贴现率来保护自然资源。当然,如果贴现率过低,也将导致一些问题,它将促使投资规模过于膨胀,从而使资源与环境反而遭到更大的破坏。

2. 利用税收及补贴杠杆

征税是促进或限制自然资源开发利用的重要手段。不同的税种可能导致自然资源开发利用的不同结果。例如,开采税是一种对开采出的资源征收的税款,因此它将使资源的开采率降低;地产税则是按照资源的储量征税,因此其作用恰好与开采税相反,地产税越高,开采率将越高。当然,通过地产税的差价也可以起到保护自然资源和环境的目的,如某些国家为了保护城市郊区的土地不被城市扩展而占用,采取了如该土地用于农业就按照土地使用价值征税,如用于工业就按照市场价值征税的方法,因而使土地得到了保护。此外,还可以对资源开发和利用中对资源、环境的破坏行为征收污染税和其他生态、环境税种,这也将促使资源开采率下降。在中国的一些地区,目前已经逐步开始试行征收资源税和环境生态补偿费,这些措施对于资源的保护和合理利用将起到一定的促进作用。

与征税类似,也可以采取由政府提供各种不同形式补贴的方式,来促进或减缓资源开发的速度。

(四) 其他手段在"人类—环境系统"调控中的应用

1. 确定最低安全标准

R. C. 毕晓普等指出,为了防止重要资源受到不可逆破坏的危害,应当由专家确定最低安全标准,并纳入自然资源的费用效益分析中[1]。

最低安全标准的概念最初是为了分析有关濒危生物问题而提出的。保存某种生物的最低安全标准是根据正好达到足够保证该物种生存下去的这种生物个体数目而确定的。因而可以估算维持最低安全标准的期望成本。对于任何生物,除非因维持最低安全标准而失去的经济价值高到某个不可容忍的水平,否则其数量都不能允许低于最低安全标准。从以上的分析也可以看出,最低安全标准同样可以用来对其他资源领域的问题进行分析,以防止资源的不可逆破坏。

2. 制定标准、法规及进行环境规划

政府在发现资源开发利用方面存在问题时,还可以采取其他一些措施来给予干预,如可以限制资源的销售或为资源的销售、利用提供某种鼓励,可以限制或鼓励资源开采所需要的投入,可以制定有关资源保护、环境保护等方面的标准和法规,以限制人们的行为,也可以通过建立诸如自然保护区、国家公园等来保护自然资源。

通过环境规划来调节人类与环境之间的关系是十分重要的。美国环境质量委员会前主席 R.W. 彼得森提出了指导这种规划的三项原则:"第一,人口数量必须相对地少,增长必须相对地缓慢;第二,人类产品的构成必须保持相对的简单;第三,人类的技术必须保持相对有限的范围"[1]。

3. 公众环境意识与个人及团体在环境决策中的作用

由于保护环境是全人类所共同面临的问题,因此,提高公众的环境意识,并加强其在环境决策和环境规划、管理中的作用具有十分重要的作用。实际上,近几十年来,随着各国环境问题的日益严重,不仅整个人类的生存环境受到威胁,而且各国人民的生活环境也受到不同程度的威胁。为此,公众要求治理环境的呼声日益高涨,这种要求随着环境状况的不断恶化而不断加强。可以认为,公众的呼声对各国环境保护事业的发展起了十分重要的推动作用。在此方面,发达国家由于工业发展和环境问题存在的时间较长,因而积累了更多的经验和教训。

在发达国家,立法机构和行政机构之外的团体和个人对环境保护事业的影响主要表现在两个方面,一是主动或被动地直接参与有关环境保护的活动;另一方面是通过影响议会与政府机构来间接地发挥作用。

在许多西方国家,公众对环境保护事业的支持一直是相当强烈的。如美国、西欧和日本的调查显示,当公众被问及如果加强对污染企业的环境管理,并有可能使工人被解雇或产品价格上涨时,大多数被问及的

人仍倾向于赞成加强环境管理。

在西方国家,有关环境保护的团体也相当活跃。有些不仅在地方,甚至在国家和更大区域范围内有广泛的影响。同时,由于竞选及其他方面的原因,各国政府对公众及各种团体的环境影响也十分重视。如德国工程师协会的清洁空气委员会公布的空气污染指标,有很多已被行政部门作为决策的重要依据,甚至一部分已被宣布为具有法定约束力的指标。在美国,联邦州和地方政府作出与环境保护有关的许多重大决策之前,一般也与有关的环境保护组织进行协商。

当然,公众的环境意识不是自然形成的,他们的很多看法也有偏颇之处,如公众通常最关心能影响他们生活的环境问题,对于诸如全球环境问题等并不太关心,在此方面需要一定的引导。

4. 现代科学技术在人与环境系统调控中的作用

科学技术是人类与环境相互发生影响的关键因素之一,这一点是毋庸置疑的。在古代,由于缺乏科学知识,未掌握专门技术,人们的生活基本上在自然的约束之下。但现代情况则有很大不同,由于掌握了先进的科学技术,人们在克服不利的自然环境、提高生活水准方面取得了巨大的成功。现代科学技术的发展,在很大程度上可以提高人们对自然环境的利用、改造和保护能力,从而提高人类的能动性调控能力。正如马克思和恩格斯在《共产党宣言》中所指出的:"自然力的征服,机器的采用,化学在工业和农业中的应用,轮船的行驶,铁路的通行,电报的使用,整个大陆的开垦,河川的通航,仿佛用法术从地下唤出来的大量人口,—— 过去哪一个世纪能够料想到有这样的生产力潜伏在社会劳动里呢?"

"人类－环境系统"所面临的环境问题、资源问题等在很大程度上可以归结于科学技术的落后。落后的生产技术和生产方式可以使生态环境受到很大的破坏,这已经为越来越多的事实所证明。近些年来,发达国家的生态环境大都有所改善,而广大发展中国家的生态环境状况却在普遍恶化。在世界范围内有大量的森林被砍伐,草原和农田变成沙漠,也有大量的土地遭受水土流失、盐渍化等。这些现象绝大多数都发生在发展中国家。产生这种现象有多种原因,如社会因素、经济因素等,但科学技术落后是最重要的原因之一。正如哈里·鲁滨逊(Harry Robinson)所指出的:"在发达国家,高水平的技术几乎已应用于生活的各个领域,如能源生产、农业、林业、制造业、建筑业、运输业、通讯和人类健康、福利及舒适的物质生活等方面。实际上,发达国家之所以发达,原因就在于它们掌握了高水平的技术;相比之下,发展中国家之所以落后和贫困,重要原因之一就是其技术水平的落后"[3]。

人类社会的发展过程越来越显著地证明,科学技术是生产力,而且是直接促使社会经济发展和人民生活水平提高的第一生产力。纵观人类社会的发展历程,任何一次社会生产力水平的飞跃,无不建筑在科学技术进步的基础上。科学技术既是社会发展的根本动力,也是生产力水平的基本标志。

从发展趋势看,提高劳动生产率是经济增长的主要途径之一。通过科学技术的进步,可以使社会生产力得到根本的改造。科学技术进步的主要成果表现为创造和开发各种新技术、新材料、新能源和新产品,提高产品质量,建立新的生产工艺,同时科学技术进步还可能提高公众的科学文化素质,促使整个社会的进步。

当然,科学技术能够给人类带来幸福,也可能给人类带来灾难,这是人类发展进程中所必须时时刻刻注意的问题。从一个方面来看,环境问题的产生源于科学技术的落后;但从另一个方面来看,不适当的现代科学技术也是导致环境问题产生的根源之一。近现代的历史表明,环境问题是伴随着人类对自然界的各种开发活动而产生的。随着人类改造世界能力的加强,人类对自然资源的开发利用强度不断增大,各种新的环境问题不断出现,并在不同阶段、不同区域表现出不同特征。

从国外来看,西方发达国家的发展历程表明,不适当的科学技术应用可能导致对自然环境的巨大破坏。历史上,人类的进步在很大程度上是在对自然资源开发强度不断增强的条件下取得的。在目前人类可以实现的生产力水平下,一个生产过程往往只能利用某种原料的一部分,而把其余部分作为废料排放到环境中去。因此,生产规模越大,造成的资源浪费和污染就越严重。

任何技术都可能带来多方面的后果。科学技术进步导致的资源与环境问题还表现在人类对某些技术进步所导致的后果缺乏判断力,从而可能造成意想不到的后果。20世纪以来许多大型工程项目(如埃及阿斯旺水坝)的建设尽管带来了短暂的经济效益,但从长远来看却存在着许多问题。事实上,即使是广泛为人们所称赞的项目也大都存在着或多或少的问题。绿色革命是解决人类粮食问题的重要尝试,且取得了巨大的成就。但也不能因此说它是完美无缺的。的确,20世纪60～70年代世界范围内掀起的这场热潮使得各种新作物品种不断出现,许多地区的粮食产量大大增加。绿色革命不仅是发现新的作物品种,也包括多方面的内容,如大量施肥、灌溉、种植多茬作物等。它所带来的经济效果是明显的,但同时也带来一些问题,如土地养分的大量消耗以及化肥的广泛使用使土地质量迅速下降。

总之,人类对于科学技术的进步应当予以充分的重视,因为这是社会进步的主要因素,是从根本上解决环境问题的必要条件,但同时也应当高度警惕科学技术可能带来的不良后果,加强对科学技术的全面研究和考察,使科学技术真正成为造福于人类的工具。

5. "人类—环境系统"的宏观调控

随着人类对自然扰动的不断加强,各种环境污染问题、生态破坏问题出现的频率不断增加,范围也不断扩大。酸雨、水土流失、森林破坏以及土地沙漠化等问题影响的区域面积持续增加。尤其是温室效应、臭氧层破坏等问题已经摆在全人类面前。

近年来,许多全球性热点问题引起了越来越多的关注,如全球变暖、臭氧层破坏、酸雨等。尽管其中许多问题的产生原因及未来发展趋势尚不十分清楚,但可以肯定的是大多数问题的出现与人类活动有十分密切的关系。这些问题的控制必须通过全球的共同努力来实现。目前,针对若干全球性环境问题已经形成了一系列国际性公约,中国也已经加入了一些国际性公约,并且通过努力为全球性环境问题的解决贡献自己的力量。

与此同时,应当注意的是,解决全球性环境问题应当与各国的具体情况结合起来,在环境与发展的选择中切实考虑发展中国家的特点,摒弃不切实际的高目标。目前对于发展中国家的一个十分不利的情况是发达国家常常借保护环境对发展中国家施压,形成所谓的"环境壁垒",而且环境壁垒有不断扩大的趋势,不但包括对发展中国家出口产品的限制,而且包括对发展中国家污染物排放量的限制甚至生产过程等的限制。中国是二氧化碳等主要污染物排放量很大的国家,而且总排放量目前还在迅速增长,应当未雨绸缪,避免将来在国际环境政治领域处于不利地位。

6. 加强"人类—环境系统"的监测、预警及行政干预

"人类—环境系统"的复杂化和人类扰动程度的日益增加使得对这个系统的监测显得日益重要。但是,由于"人类—环境系统"的变化往往是区域性的或全球性的,而且这种变化往往十分复杂,且常常在相当长时间之后其不良后果才能为人们所发现,因此监测网络的建设必须是高水平的,也需要地区之间、国家之间的密切合作。

"人类—环境系统"的复杂性不但表现在区域环境状况的缓慢变化,而且表现在发生重大灾害以及造成重大损失的可能性大大增加。为此,有必要建设区域性的环境状况预报系统以及强大的灾害预警系统,以期减少这种影响。

此外,随着科学技术水平的不断提高,人类对这个系统的干预能力不断加强。为避免可能造成的不利影响,十分有必要采取行政管理以及法律措施,对人类的各种行为进行规范和管理。

参考文献

〔1〕 Tyler Miller,G. Jr. ,*Living in the Environment* ,6th edition ,Wadsworth Publishing Company ,Belmont ,California ,1990.

〔2〕 N.J. 格林伍德等:《人类环境和自然系统》,化学工业出版社,1987 年。

〔3〕 Harry Robinson, *A Dictionary of Economics and Commerce*, Macdonald and Evans, 1977.

第十章 "人类—环境系统"的可持续发展

一、环境与发展问题的两极端之争

环境与发展的关系问题一直困扰着人类,当前尤其引起人们的关注,许多科学家和政治家对此都发表过各执一端的看法。在讨论新近的可持续发展概念和有关的问题以前,有必要对前一时期各学派的看法作一简要评介。

(一)争论的主要问题

在如何认识人类与自然界的相互作用,以及在如何认识社会经济发展与环境保护和资源保护的关系等问题上,历来存在着两种截然对立的观点:一种是悲观主义者的观点,一种是乐天主义者(地球乐观主义者)的观点[1]。

悲观主义者又被某些人称之为新马尔萨斯主义者,并被他们的反对派称之为"黑暗悲观的末日论者"。他们认为,如果目前地球上的状况继续下去的话,则地球表面将变得越来越拥挤,污染将越来越严重,很多资源将被耗尽。他们还认为,这种情况将不可避免地引起巨大的政治和经济骚动。"马尔萨斯主义"一词起源于18世纪英国牧师、经济学家马尔萨斯(1766~1834)于1789年提出的一个学说。这个学说认为,由于世界人口数量按指数曲线增长,最终将超过食物供应量的增长,从而导致地球人口严重过剩和不可避免地导致饥饿、疾病和战争。新马尔萨斯主义被认为是马尔萨斯主义的变形。

乐天主义一词起源于希腊字 cornucopia,意为富饶的象征。乐天主义者被他们的反对派称之为"不现实的技术乐观派"。乐天主义者在西方大部分是经济学家。

新马尔萨斯主义与乐天主义两个思想学派论点的主要差异在以下几个方面：

（1）在对人类与地球关系的认识上，乐天主义者认为，人类能够征服自然，不断促进世界经济增长。而新马尔萨斯主义者则认为，人类应该与地球协同地工作，在维护地球生命维持系统持续运转的前提下促进经济增长。

（2）在对当代环境问题严重性问题的认识上，乐天主义者认为，这个问题的严重性被人们过分地扩大了；经济增长和技术发明能够医治环境污染和环境退化。而新马尔萨斯主义者则认为，环境问题现在已经很严重，如果当前的经济发展不转移到一种新型的可保持地球经济持续发展的轨道上来，则环境问题将变得越来越严重。

（3）在对人口增长和计划生育问题的看法上，乐天主义者认为，不应该对人口数量的增长进行控制，人是解决世界一切问题的力量源泉，人类有想生几个孩子就生几个孩子的自由。而新马尔萨斯主义者则认为，应该对人口数量的增长进行控制，以防止局地的、区域的和全球性的地球生命维持系统遭受破坏，人们没有想要几个孩子就生几个孩子的权利，否则就将侵犯别人所具有的维护地球生命维持系统的权利。

（4）在对待资源消耗和退化问题的态度上，乐天主义者认为，人类不会面临可更新资源的短缺，因为我们将能更好地管理它们和寻找到代用物质；人类也不会面临不可更新资源的短缺，因为我们能寻找到更多的品位稍低的矿产资源，或寻找到代用物质；随着经济的增长和新技术的发明，我们将能减少资源浪费，减少污染和使环境的退化保持在可接受的水平上。而新马尔萨斯主义者则认为，在很多区域，很多可更新资源已严重短缺或退化；对于诸如地球表层土壤、草地、森林、渔场和野生栖息地来说，根本不可能有替代物；对于某些不可更新资源来说，人们更不可能寻找到替代物质；在发达国家，由于资源高速消费和浪费，已使局地的、区域的和某些全球性的资源消费、环境污染和退化达到了不可接受的程度。

(5) 在对待能源问题的态度上,乐天主义者主张使用核电、石油、煤和天然气。而新马尔萨斯主义者则主张对正在被广泛使用的能源进行保护,主张使用"永恒性"能源,如太阳能、风能和水能,主张对可更新的生物能(如木材和作物秸秆等)进行可持续性使用。

(6) 在对待资源保护问题的态度上,乐天主义者强调,应对资源进行回收和再利用,以减少不必要的浪费,因为如果资源短缺将影响到今后几代人所处时期的经济增长。而新马尔萨斯主义者则认为,为维护地球上的生命维持系统和使经济持续增长,应减少对资源的不必要的浪费;对不可更新资源和潜在的可更新资源应保证其长期供给,应减少资源在开采和利用过程中对环境的影响。乐天主义者认为,对任何稀缺资源,人们都可能寻找到其替代品,没有必要过分强调保护资源。而新马尔萨斯主义者则认为,某些资源的替代物根本不可能被找到,或某些可能被找到,但质量太劣或价格太贵。

(7) 在对待野生生物问题的态度上,乐天主义者认为,地球上现有的野生植物物种和动物物种都可用来满足人类的需要。而新马尔萨斯主义者认为,任何野生物种因人类活动而灭绝都是错误的;对潜在可更新资源应该在满足人类长期需要的基础上进行利用。

(8) 在对待污染控制问题的态度上,乐天主义者认为,如果由于投资进行污染控制而影响到即使是短期的经济增长,那么这种污染控制就是不必要的;为安装污染控制设备,政府应给污染者以补贴和免税优惠;他们主张进行"污染输出控制",控制的方法可以是燃烧、倾倒或填埋。而新马尔萨斯主义者则认为,不充分的污染控制将损害生物和人体健康,并妨碍经济的持续增长;污染者应出资进行污染控制(即谁污染谁治理),使污染排放保持在可接受的水平上;在产品和服务的价格中应包括污染控制所花的成本,这样就可使消费者知道他们所购买和使用的物品与保护环境有什么关系;采用让纳税人出资的方法产品和服务的环境价格;他们主张进行"污染输入控制";强调"废物也是资源",应对其进行回收和再利用。

从上面的介绍中不难看到,这两个学派之间的主要分歧在于他们具有不同的观察事物的方式,即具有不同的环境与发展观。乐天主义者坚持"乐天观",新马尔萨斯主义者坚持"可持续地球观"。乐天主义者认为,地球上的资源是无限的,没有必要因强调资源保护而影响经济增长。他们还认为,即使某一区域资源枯竭了,人们一定会寻找到代用物质,由于技术进步,污染也一定会得到控制。他们甚至认为,即使地球上的资源真正枯竭了,并且也找不到代用物质,人们还有可能到地球以外的月球或其他星球上去获取物质。他们的这种世界观源于两个基本信念:人类比地球上的其他所有生物都更为重要;通过科学和技术,人类能够征服自然、控制自然和改造自然,以满足自己现在和未来的需求。

相比之下,具有"可持续地球观"的新马尔萨斯主义者则认为,地球上的资源不是无限的,不断增长的生产和消费将会给自然过程以巨大压力,而正是这些自然过程维持着和更新着地球上的空气、水和土壤,也正是这些自然过程支持着地球上多种多样的植物和动物的生命。他们认为,现在和未来的资源和环境问题产生的主要原因,是由于人类不认识地球系统是如何运转的,不认识"人类是自然界的一部分,人类离不开自然,人类绝不是超自然的"。人类在无知和知之甚少的情况下还企图去统治自然,这是人类在改造和利用自然资源问题上的悲剧之所在。

上述乐天派与新马尔萨斯派之间的争论已经进行了数十年。实际上,争论涉及更广泛的领域乃至世界观、方法论问题。下面对两派的理论分别再作进一步的评论。

(二) 人类社会的指数增长与地球承载力的极限

罗马俱乐部 1972 年发表《增长的极限》[2],对新马尔萨斯主义的悲观理论作了系统的阐述。他们对世界人口和经济增长若干方面的统计分析表明,生物系统、人口系统、财政系统、经济系统和世界上其他许多系统都有一种共同的指数增长过程。他们还在对这些系统共同构成的世界系统(也就是"人类—环境系统")作了系统动力学模拟后看出,任何按指数增长的量,总以某种方式包含了一种正反馈回路,即某一部分的增长引发另一部分的增长,反作用到这一部分又导致更快的增长。正反馈回路产生失去控制的增长,常常表现出"恶性循环"。而对地球上维持增长的自然资源,以及吸收增长过程中排放之废料的环境容量的计算却表明,它们最终将决定增长的极限。地球是有限的,任何人类活动越是接近地球支撑这种活动的能力限度,对各因素的权衡就变得更加明显地不能同时兼顾和不可解决。

即使地球的物质系统能支持大得多的经济上更富裕的人口,但实际的增长还要依赖于诸如和平和社会稳定、教育和就业、科学技术进步等因素。虽然迄今为止的技术进步尚能跟上人口增长的步伐,但人类在提高社会的(政治的、伦理的和文化的)变革速度方面实际上并无实质性发展。在过去,当环境对增长过程的自然压力加剧时,技术的应用是如此成功,以致整个文明是在围绕着与地球之极限作斗争而发展的,而不是学会与极限协调共存而发展。今天有许多问题并没有技术上的解决办法,而且技术发展常有物质上和社会上的副作用。罗马俱乐部认为,根据其世界模型所得到的发现中,最普遍和最危险的反应就是技术乐观主义。为了寻求一种可以满足全体人民基本物质需要的"世界系统",并能长期维持下去而没有突然和不可控制的崩溃,人类需要自觉抑制增长;需要人口出生率相应于死亡率;要求投资率等于折旧率;需要通过把技术变革与价值变革结合起来,使这个系统的增长趋势减弱;从而达到一种动态的均衡,这种均衡并不意味着停滞。总结论就是"从增长过渡到全球均衡"。

另一种悲观主义的关于"人类—环境系统"未来的实证研究是通过基于热力学第二定律的理论推导而展开的,里夫金及霍华德(Rifkin and Howard,1981)对此作了全面的阐述[3]。经典热力学被爱因斯坦看成是当之无愧的最高定律,他认为"只有内容广泛而又普遍的热力学理论才能通过其基本概念的运用而永远站稳脚跟"。热力学第二定律可以有多种表述,其中一种如下:在封闭系统中实际发生的过程,总是

人类—环境系统及其可持续性

使整个系统的熵增大,而且这是一种不可逆过程,于是系统从非均衡状态趋于均衡状态,从有序到无序。根据这个定律预言作为一个巨系统的宇宙,其熵会不断增加,意味着越来越多的能量不再能转化成有效能,一切运动都将逐渐停止,宇宙将走向"热寂"。

地球和太阳有着有限的能量交换,但并无物质交换,因此地球实际上是一个封闭式的系统,也必然遵循热力学第二定律。这并不是说地球的热寂就在眼前,而是要指出:我们现有的由化石燃料和特殊金属组合构成的物质能量基础正在濒临枯竭,需要我们向新的物质能量领域转变。历史进程中每一种新的物质能量基础都有与之相适应的技术类型,与新技术一道应运而生的还有新的社会组织、新的价值观和世界观,要求人类社会按照新的方式组织生产与生活,从而影响整个社会的面貌。熵定律似乎使人沮丧,哥白尼宣布宇宙不是围绕地球转时,很多人同样地感到沮丧,可是人终于设法适应了现实。熵定律只是为地球上生命和人类的游戏规定了物理规则,然而究竟怎样做这场游戏,还取决于人类的行为。

虽然上述理论引起了某些争议,后来罗马俱乐部也把"增长极限"的结论修正为"有限增长";但不可否认它们已经成为"一个里程碑,它使世界的注意力认真思考其基本论点"。例如,美国政府1981年发表的《公元2000年全球研究》[4]就认同了这些基本结论。事实上,上述理论的意义不仅在于它们所包含的许多合理而重要的见解;而且在于,当西方发达国家沉溺于经济高速增长和空前繁荣的黄金梦想时,这种论证本身就起着先知式的启示录作用,它指出了地球对人类发展的限度,以及超越这个限度的悲剧性后果,促使人类从根本上修正自己的行为,并涉及整个社会组织。这种论证的全球观点以及发展全球战略,向当代所有主要问题尤其是人地关系问题提出了进军的取向,也极大地促进了"人类—环境系统"的研究。

这种全球实证研究在方法上也开拓了新的方向。首先,用事实和数据作证据。全球人地关系中的因素极其庞杂,《增长的极限》抓住关键要素的方法值得借鉴。所考察的5个最终决定地球极限的基本指标是:人口、农业生产、自然资源、工业生产和污染。然后，建立世界模型，其基础是著名系统动力学家福里斯特提出的全球模型（Forrester, 1970）[5]，它为分析人地关系中的主要组成部分和行为提供了一种方法，其建模步骤是：①找出 5 个指标之间的重要因果关系和反馈回路结构；②用所能获得的数据，尽可能地为每一种关系定量；③用计算机计算所有关系在时间上的同步作用，然后检验基本假定中数据变化的结果，找出系统行为的最关键决定因素；④检验各种政策对全球系统的影响。在建模过程中，后面步骤出现的新信息会使前面的基本反馈回路结构得到修改和完善。

此外，用热力学第二定律与熵原理进行的理论推导方法也有借鉴意义。值得指出，上述"人类－环境系统"的研究都是由自然科学家进行的，他们严密的科学方法极大地促进了这种实证研究。所以，结论虽然有些悲观，论证却相当具有说服力。

（三）生态系统和人类社会的进步与没有极限的增长

与新马尔萨斯主义相对，"人类－环境系统"实证研究中的乐观派主要包括历史外推论、市场响应论和耗散结构论。

历史外推论的代表作有西蒙的《最后的资源》（Simon, 1981）[6]。他首先抨击了罗马俱乐部研究问题的方法，认为历史和现实都表明用模型技术的方法预测未来往往与历史的实际进展相去甚远；只有用历史外推的方法才是最切合实际的。于是他用历史资料、数据和历史外推法分析人类－环境系统的前景，结论是：人类的资源没有尽头，生态环境日益好转，恶化只是工业化过程中的暂时现象，未来的食物不成问题，人口将会自然达到平衡。这些观点使得此派又被称为"丰饶论者"，如本章开头所述，他们几乎在每一个具体问题上都与新马尔萨斯派针锋相对。此派尤其强调科学技术进步对于克服极限的作用，因而又被称为技术乐观主义者。有趣的是，历史学家和经济学家对技术寄予厚望，而像罗马俱乐部里的那些技术专家倒不断指出技术的副作用和技术所不能解决的问题。

市场响应论认为,悲观派的错误在于他们建构模型的方式实际上忽略了人类对极限的响应机制,特别是市场机制,或假设响应为时已晚。其实市场体系会对极限自动作出响应。以自然资源为例,在运作完善的市场经济中,当任何资源变得稀缺时,对它的开发利用就会出现报酬递减,生产成本增加,价格不可避免地会上涨;价格上涨将立即引起一系列的需求、技术和供给方面的响应,直到恢复供求平衡。这个结论是根据经济学供求理论推导出来的,其推导模型如图 10－1 所示 (Rees,1990)[7]。

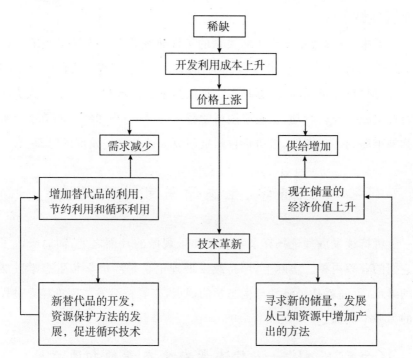

图 10－1　对资源稀缺的理想市场响应

针对熵定律推导出来的悲观理论,一些研究地球未来的学者应用耗散结构理论(Prigogine and Stengers,1984)[8]加以反驳。按照熵定律,宇宙将走向"热寂",地球将向无序发展。然而迄今地表自然界和人类社会的发展却是由简单到复杂,从低级向高级,从混沌到有序。事实正与熵定律的推论相反,原因在于人地系统并非封闭而是开放的,开放系统不断与外界交换能量、物质,形成足够的负熵流,使系统的总熵不增加,甚至减少。这样的开放系统就能够远离均衡态而产生有序、稳定的结构,这就是耗散结构。耗散结构要求不断地消"耗"来自外界的物质能量,同时不断地向外界扩"散"消耗的产物,所以是一种活的有序结构,其产生有序结构的运动过程就是自组织现象。人地系统是典型的远离均衡态的耗散结构系统,不仅在于地球表层不断与太阳和地下交换物质能量,而且在于人作为智能生物,具有一定的识别和调控负熵的能力,并会不断提高这种能力。因此人类社会和生态系统一定会更进步、更有序。

看来,乐观派对全球人地关系的实证研究强调了人的主观能动性的作用,论证了科学技术进步、市场调节、社会变革等人类的适应战略可以对付自然极限问题,弥补了悲观派的不足。现在的问题是,人类能否在实践上及时行动,正确应用科学技术,采取适当的社会调节手段来弥补市场的不完备性,以防止自然极限成为社会经济发展的障碍。

二、经济学、生态学与可持续发展

可持续发展理论扬弃了悲观派和乐观派的片面之处,同时吸收了它们的合理内核。实际上,可持续发展理论也是经济学和生态学发展的继承,下面就从经济学与生态学的观点,来看持续发展理论建立过程的另一个侧面。

(一)"限制"——经济学与生态学的相通之处

在讨论"可持续发展"问题时,遇到的一个关键问题是对自然资源开发利用的准则问题。在指导今天自然资源开发利用的若干准则中,最主要的莫过于经济学准则了。经济学的一个基本命题是:没有任何东西可以无限度地供给所有的人,于是就有供给与需求的矛盾,解决这个矛盾本质上需要价格机制。这就是说,经济学的立论基础是资源限制问题。从这个意义上看,它与生态学有相通之处,因为生态系统使我们了解自然资源系统之动态和结构所决定的极限……在其范围内的一切调整都必须通过文化的中介进行。可见"限制"这个概念是经济学与生态学的共同之处。难怪西文中"经济学"（economics）与"生态学"（ecology）都以 eco-为词头。eco-源于希腊文的 oikos，意为"人和住所"，经济学取其"家计管理"之意，生态学取其"人和环境"之意。

其实，在古汉语中也早有"经济"一词，意为"经世济民"。19 世纪西方经济学传入中国时，严复最早把 economics 译为"生计学"。1903 年后中国学者才逐渐采用"经济学"这个名称。可见无论中国和西方，经济学与生态学都是有一定渊源关系的。可是在当今的自然资源开发利用问题上，经济学与生态学却产生了矛盾。

（二）经济学与生态学的矛盾

经济学认为自然资源的获得在极大程度上取决于价格。如果某种自然资源变得稀缺，那么它的价格就会上涨，这将使质量较次或含量较低的资源的开发利用成为经济的；或将刺激替代品的发明和生产，而这正是科学技术的一大作用。

然而决定这种价格的机制又如何呢？这就与环境和生态有关。价格本质上就是价值。在马克思的经济学中，产品的价值只取决于注入其中的社会必要劳动量，这就是劳动价值论，它对环境和自然资源的价值是比较忽视的。这在当时历史条件下无疑地有一定的正确性的和必然性。惟其如此，才能科学地揭示剥削的本质。与劳动价值论相对，还有一种消费价值论。它认为，如果人们希望某种东西极大丰富，就应付出足够的价格。正如石油价格那样，其市场价格是其生产和运输费用的 10～100 倍。西欧历史上曾经有用一匹马换取一个公国的事例。石油和那匹马的价值中显然含有更多劳动价值以外的价值。此外，还有一种生产价值论，它认为产品价值取决于投入其中的能量。这种理论在 1973 年石油危机后较为盛行。如果环境和自然资源尚未对人类社会产生限制，如古代社会甚至马克思时代的社会那样，那么马克思的劳动价值论显然是最符合现实的理论；但对于现在的人类社会，就不得不考虑资源与环境的价值，吸收消费价值论和劳动价值论中的合理的部分。

从某些角度来看，传统经济学并非总能完全适宜于解释现代人类的资源需要。价格并不等于全部价值，某些价值还没有价格。这些价值（如资源价值、环境价值）在经济学中还没有认真考虑，也没有精确的方法来确定它们的价格。例如，谁能确定一个著名原始风景区的真正价值和价格呢？所有用以确定价格的普通方法在某些方面都无能为力。大型工程往往引起激烈争论，产业部门和工程部门往往要占上风，原因就在于他们可以准确地、定量地给出工程的经济价值；而自然资源和环境保护部门却不能精确评价其环境影响和资源代价。

经济学长期以来所关注的一直是所谓理性的人（rational man），它根据精心挑选的一些指标来优化其开销，这就形成了市场。但这种假设是脱离现实的。有人曾经指出，大型产业和公司通过广告来操纵市场，与决定需求的那些因素相背离，从而使"消费者权益"毫无意义。因此，经济学越来越不注意个人的基本需要和自发需求。个人要买什么，越来越取决于大公司希望他买什么。还有人指出：个别的利益和兴趣并不一定与普遍的利益和兴趣一致，在资源利用上更是如此。例如在畜牧区，每个人都想放牧更多的牲畜，但当达到一定数量（超过草场载畜量）后，每一头新增的牲畜都是与共同利益相冲突的。在全球尺度上看也是如此，砍伐热带雨林以换取资金和腾出土地发展其他产业，这是人们所需要的；但由此引起的全球变化却违背大多数国家（尤其是发达国家）的利益。

这就涉及资源利用中另一个普遍问题，即某些资源，例如清洁的空气、完全无污染的食品以及我们通常所说的"环境质量"，在市场上是买不到的，因此不受市场机制的支配。除非我们非常富有，我们是买不到无污染的空气的，这不像买铁矿或纸浆。关于一些特殊生产过程的副作用，市场经济学往往忽略被称为"外在不经济"（external diseconomy）的那些东西。在经济学中，外在不经济是指整个行业规模扩大和产量增加而使厂商成本增加，收益减少。例如，整个行业的发展，可能使招工困难、动力不足、交通运输紧张、地价和原料价格上涨,从而使整个厂商减少了收益。把整个概念推而广之,整个社会的环境和资源代价也可称为外在不经济。但这在传统经济学中一般是不予考虑的,因为它们通常由社会来承担,这是经济学以外的事。例如包装工业中的价格并不包括包装物丢弃后的一系列处理费用,更不用说作为垃圾焚毁后对空气的污染了。现在汽车已很普遍,由此引起的空气污染、噪声污染和非正常死亡也不会反映在汽车的成交价格中。总之,市场经济学即不能对资源管理和公共事务中的一些迫切问题作出很好的响应,也不能适应发展资源替代品的复杂技术所需要的长时间周期。

这些由经济活动引起的副作用,至少自工业革命以来都未引起传统经济学的重视,虽然一些政治家注意到了某些问题,但现在就不得不认真地加以考察了。以前,人们高度重视产品的生产和消费,寻求生产的高速发展,必要时甚至通过人为的商品废弃(即为增加销售量故意制造不耐用商品,使之很快坏掉或过时)来达到这个目的。为了维持并加快这种速度,人们把国民生产总值看作国家财富的晴雨表。如果国民生产总值不能按预定的速度增长,就预示着大难临头,于是每个人都被告诫要更加努力工作。全世界都把地球看作一个具有无限资源储备的系统,看作一个具有无限容量的储水池,可以任意攫取资源,也可向其中任意倾注废弃物。工业化国家都拼命加速生产,扩大物质产品,而毫不注意生态学家称谓的资源环境动态均衡问题。

现在,虽然仍有一些经济学家强硬地为传统的经济增长辩护,但也出现了一些激进思想,力图阐述一种没有增长或很少增长的稳定状态的经济学;也出现了诸如环境经济学、资源经济学这样的概念,试图研究污染一类的外在不经济问题。市场机制能够对付这样的问题吗?谁来承担某种清洁环境的费用?总需要由中央政府颁布法规来处理这些问题吗?还要研究穷国与富国之间的经济关系,研究促进人类福利的新措施……所有这些问题都牵涉到整个资源过程,而不仅仅是经济学长期以来所关注的那一小部分因素。

看来在对待"人类-环境系统"的态度上,经济学与生态学一直是有不同观点的。分歧起源于它们不同的目的和时间尺度。经济学的目的简单,直接而且直言不讳,如果把物质财富看作人类活动所要达到的目标,那么人类征服自然(以及经济思想压倒生态思想)就是实现了人类的使命。而生态学的看法则不同,生态学强调极限而不是不断增长,强调稳定而不是不断开发。生态学与经济学还从不同的时间尺度着眼,经济学注重资本的周转期,而生态学则要考虑生态系统和有机体的演化。显然,在"人类-环境系统"的研究中,这两种学科的思想和看法都是必须的,而最重要的是把两个思想体系整合起来。通过整合,一个学科里的发现可以影响另一个学科的发展,生态学所提出的一些价值观可以成为经济学的理论,反之亦然。

(三)经济学与生态学的整合

在较早作这种整合尝试的学者中,美国经济学者博尔丁(Boulding,K.E.)是较著名的一个,他在 1962 年发表的专著《经济学的重建》[9],已看到传统经济学的不足;在 1966 年发表的论文《生态学与经济学》[10]和 1971 年发表的论文《环境与经济学》[11]中,更明确提出把生态学与经济学整合起来的思想,甚至发现了两者整合的关键。他比较了经济系统的金融流与生态系统的能量流,企图找到一些同形(iso-morphic)概念,并力图把经济学语言转换为生态学语言,他认为经济学计算财货和服务的"生产",例如计算国民生产总值,实际上大多数是在量度"衰变",因为汽车和衣服被消磨掉,食物和汽油被氧化掉。因此,经济系统越大,它所消耗掉以维持其运转的物质就越多。另一些学者也发现生态系统与经济系统有一些共同特征。例如都有高度的多样性,都有复杂的相互作用路径,都有明显的历史特征和重要的空间属性,都有临界值和极限这样一些结构性质。于是他们把获得土地的过程与生态系统中的捕食过程相类比(生物社会学者也曾有类似思想,例如"弱肉强食")。

能量在所有不同尺度的生态系统中都是一个决定性因素。能量既可以买,也可以卖。因此可以把能量作为联系生态学与经济学的中介。

奥德姆[12]在研究得克萨斯的一些海湾时，就试图用能量流来综合生态系统的各种流程以及人类的工业利用和康乐利用，并且对每种活动所消耗的能量数赋予美元值，例如到该地区的每个旅游者每天消耗3000千卡能量，并折算成美元。后来有人把这种方法加以扩展，用货币值来衡量天然生态系统所做的"功"，例如在没有废物处理工厂的地区，天然生态系统处理废物时所做的功。美国自然资源学家迪维（Deevey，1971)发表的论文《财富的化学》[13]对这种思想作了更明确的阐述："能量是经济增长的关键，也是环境病态的关键"。他把全世界的能量流按比例作了排序，植物圈、工业、畜牧业、人体四者之比为300：25：2：1。他认为只有植物才能算是真正的生产者，其300个能量单位是可更新的，其他则都是消费者；工业的比例代表了人类的一种组织水平，远超过畜牧业。但是他着重指出，如果把工业的25个单位中任一部分用来使生物圈的300个单位变成不可更新的，那么从长远的观点来看将招致不幸；而现在人类在追求经济财富过程中所利用的大部分能量似乎正是在做这种事情。

在经济学与生态学的结合中，最有启发性的贡献是熵概念的引入。有些学者认为，人类大多数经济活动都是在给地球生物环境系统制造熵（按热力学术语简言之就是无序)。熵的概念与能量的性质相联系，也与有序和多样性有关。因此可以用熵这个概念把生态学思想方法与经济学联系起来。

看来可以把能量当作生态学与经济学之间的中介，但目前这种联系还停留在经验性和描述性水平上。我们可以说人们使用很多能量，这引起了某种程度的生态变化。但还不可能准确计算和预测到底多少能量引起多少生态变化。某些生态系统的各种能量流可能因为一个组分的变化而全部打乱，尤其可能受人为能量输入（哪怕是很少量的）的影响；而另一些生态系统则需要全面扰动才会偏离其稳定状态和演替轨迹。在不知道其中的功能和结构特征的情况下，就不可能计算和预测经济活动中能量流对生态系统的影响，而只能一般地说说。关于这种微妙的相互作用，通过有秩序与多样化之间的关系，并利用信息论那样的手段,或许可以建立起经验性和理论性的知识体系,其中显然应考虑到实际应用。

三、"可持续发展"的概念及内涵

在环境与发展问题上,悲观派和乐观派之争以及经济学与生态学整合,导致"可持续发展"(Sustainable Development)的概念和思想在80年代后期迅速发展起来并被广泛接受。1992年6月在巴西里约热内卢召开了以"环境与发展"为主题的联合国第二次人类环境会议。会议通过了《关于环境与发展的里约热内卢宣言》和《21世纪议程》等重要文件。这些文件体现了一个重要主题思想——"人类-环境系统"的可持续发展,即期望在全世界范围内采取协调一致的行动,有效地解决环境与发展问题,制定和实施既可满足当代人类需求,又不对后代人满足其需求构成威胁的全球性可持续发展战略。

(一)"可持续发展"概念的提出

可持续发展作为一个具有确切含义的概念出现的时间并不长。1980年国际自然保护协会(IUCN)、世界野生生物基金会、联合国环境规划署联合出版的《世界保护战略》(*World Conservation Strategy*)一书简要地阐述了关于可持续发展的思想[14]。1981年美国世界观察研究所所长莱斯特·布朗在《建设一个可持续发展的社会》一书中,对可持续发展社会的形态等问题进行了探讨[15]。但这一思想为世人所瞩目是在布伦特兰领导的世界环境与发展委员会(WCED)于1987年出版了《我们共同的未来》一书以后[16]。

目前,可持续发展这一概念已广泛深入到各阶层的人们的头脑中,许多世界上著名的政治家,不论是否真正理解可持续发展的内涵,或者真正在行动上支持可持续发展战略,都发表过有关的论述。如英国前首相玛格丽特·撒切尔夫人过去曾被认为是一个最不重视环境保护的人,但1988年10月她在对保守党发表的讲话中却用一种隐喻的说法显示她已从"铁娘子"转变成了一个"绿色女神"。她说:"任何一代人都不应随便地支配地球,我们仅仅是拥有某种程度的使用契约而已"[17]。在1992年里约热内卢联合国环境与发展大会上,许多发达与发展中国家领导人也阐明了本国在可持续发展问题上的立场。

(二) 对可持续发展概念的不同解释

可持续发展虽是为当前各国广泛认同的发展模式,但是人们对可持续发展这一概念却有各种不同的解释。简·博乔(Jan Bojo,1990)和弗朗西斯·凯恩克罗斯(Frances Cairncross et al.,1991)指出,可持续发展的概念实际上尚未被真正定义过[18]。在世界环境与发展委员会于1988年发表的《我们共同的未来》一书中,至少提到了6个不同的定义[16]。据OECD在1990年的统计,对可持续发展一词已有70多种不同的解释。很多学者认为,它对不同的人似乎意味着不同的东西。再有,可持续发展作为人类美好的理想之一,与实现民主、自由、富强的理想一样,也不是一个可在较短的时间内尤其在全球范围内能够立即实现的目标,人类要经过不断的努力才能逐步接近,并最终实现这个目标。

R.特纳(R.Turner,1988)指出,关于可持续发展的基本论点大多数在于把环境保护与经济可持续发展看成是相容的,而不是互相冲突的[19]。可持续性表现为一种相容性。总的来看,围绕着可持续发展的论述和定义都把焦点集中在经济的长期稳定发展,尤其是在使未来世代人过上较好生活方面。世界环境与发展委员会给出的一个工作定义是:"可持续发展是指在不危及未来各代人满足其需求能力基础上的发展"[16],也有人译为:"当代的发展不能损及未来世代可能享有的同等发展的机会。"

但对这一定义,实际上也有多种解释。例如有些人把"持续性需求"理解成保留各种选择机会的需求,也就是说,要绝对保护各种资源。这种理解显然在实际上将导致一种荒谬的结论,即我们永远不能使用诸如铁、石油等可耗尽资源,因此,大多数学者不同意这种把可耗尽资源统统保留给子孙后代的做法。对可持续发展的另一种理解则认为，可以利用可耗尽资源发展当代的经济，但其前提是，这种可耗尽资源的耗竭必须能为其他形式资源的增长所弥补和替代。显然，后一种理解比前一种理解更可取。当然，这仍然可能限制当代经济的发展。

对于前一种解释，英国环境经济学家皮尔斯（Pearce et al., 1988）认为："可持续发展的必要条件是自然资源储量的恒定。更严格地说，是自然资源储量和质量（如土壤的数量和质量、地下水和地表水的数量和质量以及陆地生物、水生生物的数量和质量等）的非负面变化"[19]。

对于后一种理解，世界资源研究所的罗伯特·里佩托（Robert Repetto）认为："可持续发展不意味着要求保留现在的自然资源或任何特定的人力和自然财富。作为发展过程，基本财富的组成处于变化之中"[20]。达斯古普塔（Messrs Dasgupta）和马勒（Maler）认为："当我们表达对环境事物的关心时，我们实际上已指出了资源储量的减少。……我们继承下来的资源储量不是不可侵犯的。现行政策的目标应从人口数量变化、代际福利、技术可能性、环境再生率和现有资源量来综合考虑"[18]。

博乔提出了下面的可持续发展定义："如果某一个特定区域（地区、国家、全球）总资源量（人力资本、自然可再生资源、环境资源、可耗竭性资源）不随时间而递减，那么该区域的经济发展是可持续的"[18]。

这一定义背后的基本思想就是资源的可替代性。如果某一种自然或人力可以被其他资源所替代，而且自然与人力资源在内的资源总量不减少，那么这种发展是可行的。按照这种理论，在可替代性能源有一定投入和节约能源使用，使后代的福利免受威胁的前提下，石油的开发可以被看作是可持续发展的一部分。再比如，砍伐森林增加出口收入，只有当相当于部分或全部收益的资金投资于有关方面，以保证子孙后代的福利条件，这样做与可持续发展也是符合的。

凯恩克罗斯认为，上述各种定义的主要差别是替代性问题，包括人造财富与自然财富的替代性问题[17]。假定在一个位于繁忙交通线上的荒漠岛屿上，有一个企业家把他砍下的所有的树都出口到国外，同时

人类—环境系统及其可持续性

卖掉所有珊瑚换取珠宝并开采石油,然后将资本重新投资于建学校、住宅和工厂。这里的人们将会生活在从来没有过的繁荣中,用他们的头脑、高技术和进口原材料生活。那么这是否是可持续发展呢?不同的人将会得出不同的结论。

在某种程度上,资源替代的可能性取决于技术的发展。许多学者都指出,技术的发展可以减少对原材料的开采费用,增加重复利用的效率。同时,当某种资源变得稀缺时,其价格将升高,并且更多的投资将投向保护这种资源和寻找替代资源方面。但应当承认,技术的发展在当代尚没有足够的能力解决资源替代问题。

（三）可持续发展理论的实质

可持续发展是既满足当代人的需要,又不对后代人满足其需要的能力构成危害的发展。它包括三个重要的概念:

（1）"需要",尤其是世界上贫困人民的基本需要,应将此放在特别优先的地位来考虑;

（2）"限制",环境在一定技术状况和社会组织下对满足目前和将来的需要所施加的限制;

（3）"平等",当代人与后代人在利用环境和自然资源上机会的平等,同代人中各国、各地区、各社团之间的平等。

广义而言,可持续发展战略旨在促进人类之间以及人类与自然之间的和谐。这样,可持续发展思想就对"人类－环境系统"的哲学伦理问题和实证研究问题作了高度的概括,正如世界环境与发展委员会报告中指出的:"环境是我们大家生活的地方;发展是在整个环境中为改善我们的命运,我们大家应做的事情。环境与发展两者不可分割"[16]。这就同时对"人类"与"环境"之间的辩证关系也作了精辟的概括。

可持续发展理论不仅充分认识到环境的限制,而且重视人类的主观能动性。它不是一种"坐而论道"的理论,而是促使人类采取行动的纲领,而且特别强调全人类的共同行动。可持续性的蓝图将不是惟一的,因为各个国家的经济和社会制度以及生态条件有很大的差异。每个国家必须制定自己的具体政策。然而,尽管有这些差异,但可持续发展应当被看作是一个全球目标,向可持续发展转化需要所有国家联合行动。因此,需要警示的不仅是"只有一个地球",而且是"只有一个世界"。全人类共同行动的方向是调整和改造人类自身的组织结构,以建立:

- 保证公民有效地参与决策的政治体系;
- 在自力更生和持久性基础上能够产生剩余物资和技术知识的经济体系;
- 为不和谐发展的紧张局面提供解决办法的社会体系;
- 尊重保护发展的生态基础之义务的生产体系;
- 不断寻求新的解决方法的技术体系;
- 促进可持续性方式之贸易和金融的国际体系;
- 具有自身调节能力的、灵活的管理体系。

四、走向可持续的"人类—环境系统"

走向可持续的"人类—环境系统"已成为人们的共同目标。"可持续"这 概念之所以能被广泛接受,是因为这个词融汇了生态学与经济学的目标,还加进了社会方面的关注。用"可持续的人类—环境系统"来表达人类与自然环境正确的相互关系,言简意赅,非常贴切。

"人类—环境系统"的可持续性包含生态、经济、社会三重含义。"生态可持续性"指可维护人类健康的自然过程、可保护生态系统永续的生产力和功能以及维护自然资源的基础。"经济可持续性"指长期保证经济发展赖以进行的物质能量供给,维护资源开发利用者的长期利益,包括长期保持高产并获得足够的利润。"社会可持续性"指长期满足社会的基本需求和更高层次的社会和文化需要,同时保证资源和产品的公平分配,包括代内公平和代际公平。这里的代内公平要求自然资源开发利用的收益能公正而平等地分配于国家之间、区域之间和社会集团之间;代际公平则要求保护未来世世代代开发利用自然资源的权利和机会。

（一）"人类－环境系统"可持续性的衡量

如何衡量"人类－环境系统"的可持续性呢？"人类－环境系统"是一个极其复杂的综合体，它包括人类对自然环境和资源的开发利用活动，包括形形色色的自然环境和自然资源的组成成分及其相互作用与结果，也包括人类与环境和资源的相互关系。如此复杂的系统是很难全面描述和全面认识的。只有采取简化但又不失作为一个整体系统主要关系的方法来衡量，即选取一些系统特性来表述。自然资源学家康韦（Convay），提出用生产力、稳定性、持久性和公平性四种系统特性来表述[21]，后来马滕（Marten）又补充了一个自立性[22]，我们认为还需加上一个协调性[23]。这些系统特性可被广泛地用来衡量"人类－环境系统"的可持续性质。下面对其进行简要说明。

1. 生产力

"人类－环境系统"的生产力指该系统为人类提供的能源和原料的数量。一个可持续的"人类－环境系统"应该长期保持高产，而一个低产的系统则不能认为是可持续的。"人类－环境系统"的生产力可以用多种指标度量，例如生物量、能量、物质数量、货币价值等，应用得最普遍的指标是货币价值。不同"人类－环境系统"的生产力对比只有在度量指标一致时才有意义。

显然，还必须联系每单位投入的产出来衡量"人类－环境系统"的生产力。投入的形式有土地、劳动、资金、物资、能源等，一个"人类－环境系统"的生产力会因投入形式的差异而大不相同。因此，更合理的指标是相对于一定投入形式的生产率，例如单位水资源投入的产出，单位能源投入的产出，单位资金投入的产出，单位劳动投入的产出，等等。人口密度大，劳动力充裕而资源相对稀缺的"人类－环境系统"，很可能土地生产率高而劳动生产率低；人烟稀少，土地广阔的"人类－环境系统"则相反，很可能土地生产率高而能源或资金的产出率低。

2．稳定性

"人类－环境系统"的稳定性指该系统生产的一致性和连贯性。可持续的"人类－环境系统"其生产应该长期保持在一定水平上，或在某一水平上下略有波动；而生产大起大落的系统则缺乏稳定性，也不能认为是可持续的。

由于系统内外自然、社会、经济诸条件的变动，例如自然要素，人口、价格、政策等的正常波动，其生产力难免有所波动，稳定性要根据系统生产围绕某一长期平均水平或长期趋势的波动来评价。由于稳定性是系统生产力长期波动状态的度量，而如前所述，生产力可以用多种指标度量，因此稳定性也可以是多维的。一定自然资源系统用某种生产力指标衡量可能是稳定的，而用另一种指标衡量则可能欠稳定，例如某系统实物产量是稳定的，但由于市场价格变化，用货币价值来衡量则是不稳定的。

3．持久性

"人类－环境系统"的持久性是指该系统对抗内外压力和变迁而保持生产力的能力。这里所说的压力和变迁，例如有人口的不断增长、某种资源（如矿藏、地下水、土壤肥力）的耗竭趋势、自然灾害等，它们与稳定性所涉及的各种要素的正常波动是不同的概念。一个系统的持久性是靠系统本身的调控能力实现的。在内外压力和变迁之下，系统生产趋于下降；但依靠科学技术，通过加强经营管理和增加投入等，系统能够抵消压力和变迁的影响或消除压力和扭转变迁趋势而把生产恢复到正常水平，这样的"人类－环境系统"就是持久的。反之，若在巨大压力和不可逆变迁之下，系统生产一蹶不振乃至"崩溃"，则无持久性可言。

可见持久性也是联系生产力来度量的，因此同样可用多种指标，而依据不同的指标也就有不同的持久性表现。例如为了维持某种产品单位土地产出的持久性，需要增加某种要素的投入，那么单位土地产出保持了持久性，但该要素的单位产出则缺乏持久性。

4. 公平性

"人类－环境系统"的公平性指资源和资源开发利用的收益是否公正而平等地分配。若大多数人获得中等收益,获得低收益和高收益的人都占少数,则该系统具有相对公平性。而如果大多数人都只能获得低收益,少数人获得高收益,则该系统是不公平的。如前所述,公平性还包括代际公平。我们今天正在开发利用的自然资源,也是今后世世代代赖以生存的基础,如果过度开发或不合理地利用资源而损害了后代利用同一资源的权利,那么这样的"人类－环境系统"就是不公平的。

5. 自立性

"人类－环境系统"的自立性指该系统自我供给、自我完善、自我调节、自我恢复的能力。自立性是由系统内各组成部分之间的物质、能量和信息的运动,进出系统的物质能量流和信息流,以及对这些运动的控制反映的。过多地依赖外部物质、能量和信息投入维持系统运转的系统缺乏自立性。很多外部投入是不可靠的或代价昂贵的,一旦有变化就会危及系统的正常运转。因此,一个可持续的"人类－环境系统"应该有较高的自立性。

6. 协调性

这里的协调性是指"人类－环境系统"内的人类需求(主要由人口数量与人均消费水平决定)与环境容量(包括资源承载能力与环境缓冲能力)相适应。

生态系统中物种的种群增长由于受到各种限制因素的制约,其总数不会永远呈指数增长趋势,而是在一定的时候大致维持在系统对该物种的承载能力之上(见第六章)。根据这个原理,必须把人口数量和人均消费控制在环境容量之下,才谈得上人与环境的协调,人地系统才能具备可持续性。

（二）可持续发展与可持续增长

"可持续发展"和"可持续增长"是两个近似的但有区别的概念，很容易被人们所混淆。"发展"是一个比"增长"宽得多的概念。"发展"包含了诸如人们的收入和就业机会、教育和健康以及清洁和安全的自然环境等多方面内涵。

就"可持续发展"而言，从区域角度来看，由于各国、各地区发展程度不同，要确立同样的可持续发展目标并采取相同的政策是不可能的。当我们仔细分析一下各国、各地区制定的环境与发展目标，就可以发现其差别是相当大的。对于发展中国家而言，通常强调在保护环境和资源的同时，首先要保证经济较快速的发展；对于发达国家来说，则强调在发展经济的同时保护环境与自然资源，力求建立一个更适合于人类生存的现代环境。从某种意义上说，后一种更相对接近于可持续发展的真正含义。

由于可持续发展目标的实现相对困难，对发展中国家尤其如此，因此，许多国外学者都指出，"可持续发展"在相当大程度上可能成为一个相对空泛的概念，甚至成为政治家的空头支票，从很多国家的实际发展情况来看，与可持续发展目标大都相去甚远。

鉴于上述差异的存在，为了更好地描述不同的可持续发展目标和实现模式，或可持续发展的不同阶段，一些学者提出了将可持续发展划分成不同阶段和模式的思想。如特纳提出了"可持续发展模式"（the sustainable development mode）和"可持续增长模式"（the sustainable growth mode）两种社会发展模式[19]。奥菲尔斯（W. Ophuls，1977）提出了与之类似的"最大可持续状态"（maximum feasible sustainable state）和"朴素可持续状态"（frugal sustainable state）两种可持续发展状态[24]。

1. 可持续增长政策

可持续增长政策与传统经济学的增长政策有着巨大的差异，这种差异体现在在持续增长政策中强调增长是持续的，因而并不追求不适

人类—环境系统及其可持续性

当的短期快速增长;而传统经济决策则通常是短视的。这意味着在传统经济学指导下,人们作出合理的决策时经济目标是经常放在所有的其他目标之上的。然而,环境问题的日益突出表明,传统的经济理论无法充分而有效地对经济增长的所有后果作出合理的解释,也不能保证经济增长的持续性。在这种情况下,可持续增长政策将保护自然资源、保护环境列入经济发展目标之一,因而较传统经济增长政策更进了一步。

我们认为,可持续增长政策主要包括两个方面:①在一个相当长时间内维持可接受的不过低的增长率;②不导致国家资源和环境不可逆转的退化。上述两个方面是可持续增长政策的不可分割的两个部分,因此,在这一政策体系中尽管增长是核心内容,但增长应是可持续的,要有一系列其他政策包括资源、环境等方面的政策与之相互配套。

可持续增长政策在维持增长的持续性方面有一系列的基本措施,为了实现自然环境和资源的有效、持续利用和保护,需要采取的措施主要包括:

·维持可更新资源的再生能力,避免过度的污染威胁到生物圈对废物的同化作用。加快资源替代和更新步伐,使不可更新资源转变为可更新资源。

·在经济和社会活动中,广泛采用费用效益分析方法,取代以往的纯经济分析方法,以便将一般经济价值、环境价值、资源价值协同考虑。

·运用经济、法律等手段(尤其是经济手段)制约经济生活中的破坏环境和浪费资源现象。

2. 可持续发展政策

纯粹的可持续发展模式相对来说是更为激进的模式,在某种程度上已经背离了以增长为核心的社会选择。保护资源与环境成为资源理想配置的主要基准之一。它的目标主要有三个方面:①强调物质生活水平质量的提高、社会公平、社会秩序优化、社会公众素质的提高和伦理道德思想的强化;②保证资源与环境不受到严重的破坏;③维持一定的社会经济增长。

上述三个方面是可持续发展思想的主要内容,在这一政策体系中,经济增长已经从政策的核心转变为与另两个方面并列的政策内容之一。

可持续发展世界观在人与自然的联系方面更注重伦理方面,如强调人类应更加注意维护人与自然系统的整体性。

3. 可持续发展与持续增长政策的差别

(1) 在持续增长模式中,保护资源和环境是政策体系中的几个主要目标之一,不过不是核心政策。可持续增长要求在保护环境的同时,将经济增长放在更重要的位置。这些政策中包括废物循环和废物再生等方面的内容,它可以通过费用效益分析方法来进行,也可以通过某一个确定的标准方法执行。

相对而言,可持续发展模式是更为激进的模式。保护资源和环境在这一模式中成为政策体系的核心部分之一,同时社会伦理要求、社会公平等也成为政策体系的主要部分。

(2) 可持续增长政策从经济观点来看,与可持续发展政策相比,是一种短期增长政策,它的实施效果可以解释成为一种状态,即宏观经济管理政策在减少经济波动上的一种成功,当然这要保证资源与环境不发生不可逆的恶化。通过这种管理政策,国家经济增长率(经常以GNP 表示)将保持在接近于可行的最大增长率上。因此,从某种意义上说,可持续发展政策注重公平和社会道德,而持续增长政策更注重效率。相对而言,持续增长政策实施起来要较可持续发展政策容易得多。

(3) 当前可持续发展概念的不统一正是因为有些接近于持续增长政策,而有些更接近于可持续发展政策,相对而言,持续增长模式更适合于经济落后的发展中国家,在这些国家,环境、资源问题的存在在很大程度上是经济发展不足造成的,因此当务之急是尽快将经济水平提高上去,实施可持续增长战略有助于这一目标的实现。

可持续增长模式是发展中国家在经济发展的初期不可逾越的一个

阶段,发展中国家在经济发展初期,应更重视经济增长目标的实现,这样才能通过经济的发展更快地进入发达国家的行列。中国作为经济发展迅速的发展中国家之一,迅速发展经济是当前的首要目标。当然在经济发展的同时,也要保护好环境和自然资源,使经济增长尽可能维持一个相当长的时间。从这个意义上说,目前可持续增长政策更适合中国的国情。当然,这并不意味着社会公平和环境、资源问题不再考虑,放弃可持续发展目标。从某种意义上说,持续增长是可持续发展的初级阶段,两者并不矛盾,在当前建立过高的目标并不利于指导现实的工作,只能是可望而不可及;而只有在保护环境和资源并兼顾社会公平的同时,更加注重经济效率的发挥,把经济尽快地搞上去,提高综合国力,才有可能在不久的将来实现可持续发展的目标。

发达国家和发展中国家选择不同的发展模式是可以共存的,并且是可以相互补充的。发达国家是当今世界环境问题,尤其是现代环境问题的主要制造者,并且经济力量雄厚、技术先进,有责任更多地负担当前全球性环境问题的解决,并且有责任向发展中国家输出先进的技术和资金,促使全球环境与发展问题的共同解决;而发展中国家面临的生态破坏、环境污染等问题,只有在经济得到高度发展的前提下才有可能得到全面解决。

(三) 实现"人类—环境系统"可持续发展的途径

在讨论实现"人类—环境系统"可持续发展的途径问题之前,有必要首先探讨一下实行可持续发展的可行性问题。

可持续发展的可行性在很大程度上取决于对可持续发展的理解。按照总资源量不递减的理论,如果可耗尽资源在某个时间内难以被其他资源所替代,可持续发展就不能实现。

最近的一份国际报告认为,为了使世界达到可持续发展和永续更新,必须发生三个方面的转化,即人口的趋稳定性转化;为达到生产高效率和最小环境损害的能源转化;以及资源从不可更新向可更新方向转化。

但是,现在尚没有资源可替换程度的全面可靠的研究。巴尼特(Barnett)和莫尔斯(Morse)在1963年第一次就自然资源在经济发展过程中所扮演的角色作了认真的研究,他们没有发现资源日益匮乏的经济表现[25],这个结论被当时大多数经济学家所认可。但是,众所周知,反对的观点也是相当多的,例如,乔治斯丘·罗吉(N. Georgescu Roegen,1971)和戴利(H. Daly,1980)是其中著名的两个悲观主义者。不过他们也承认,如果人类能在将来更有效地利用太阳能,那就有可能维持一个稳定的生产状态[26]。

值得注意的另一个特殊方面是可持续发展与人口增长的联系。不少学者指出,人口急剧的增长最终可能葬送人类社会的可持续发展。因此,必须控制人口的增长。

还有一些学者认为,讨论可持续发展的可行性没有太大的意义,即使可持续发展从长远来说是不可行的,目前也应朝着这个方向努力。

从"人类—环境系统"的角度考虑,这个系统是人类与环境两方面相互作用的综合体。因此,其可持续性必然取决于两者关系的协调。按照这个思想,我们认为实行"人类—环境系统"的可持续发展可以通过以下基本途径。

1. 把人口控制在环境和资源承载能力之下

我们已经指出,一般物种的种群增长都受到系统承载能力的限制。人类是有智慧的物种,除了有生物性外,更有复杂的社会性。因此人口控制与一般物种控制的机制既有联系又有本质区别。但从理论上讲,人口增长总会有一个不可超越的承载能力上限,虽然这个上限并不是绝对不变的。人类应该主动地调节自己的种群增长以适应资源承载能力,而不是被动地受承载能力的限制。

由于人类的生态幅度较宽和人类社会的缓冲能力较强,因此人类过度利用资源或超越系统承载能力的效应有一定的滞后性。也就是说,人口密度和数量在开始感觉到有害效应时,已超越了承载力的限度。对此,人类可以有两种基本选择。其一,对人类的增长继续不加控制,直到超过自然资源的承载能力;然后人类将面临深刻的灾难,乃至人口大量死亡,直到其数量"崩溃"到很低水平。事实上,地球上已有部分地区已经历过或正在经历这种过程,例如前面提到的苏美尔社会和玛雅社会。过去往往把这种灾难归咎于"天灾",其实倒不如说是"人祸",它是人口过度增长所造成的。其二,人类自觉地采取负责态度,深入认识了解资源基础的承载力限度,建立人口控制机制,降低出生率,适度消费,合理利用资源,保护资源基础和维持较高的环境质量,以提高"人类-环境系统"的承载能力,使人口数量稳定在临界限度(乃至最适承载能力)之下。

显然,人类应避免第一种情况,而要努力走第二条道路。为此,首先应定量地预测一定范围内自然资源的承载能力,并相应地制定人口数量和结构控制规划。近年来联合国粮农组织(FAO)在世界范围内进行了人口承载能力研究[27],中国也在国家尺度和区域尺度上进行着同样的研究[28]。当然,"人类-环境系统"的承载能力是一个非常复杂的动态问题,它除了取决于资源本身的自然潜力外,也受人类行为的影响,例如投入水平(FAO 的人口承载能力研究假设了高、中、低三种水平),人均生活水准(中国已作的资源承载潜力研究以人均 500 公斤粮食为前提),以及科学技术的作用等等。

明确了资源承载能力和人口控制目标后,就要研究如何采取"文化调节"措施以实现人类社会与资源基础的协调。其中科学技术的作用是不言而喻的,人类历史上由于技术的发展一再开拓着自然资源利用的广度和深度,它仍将在未来缓解资源限制方面起重要作用。但仅仅依靠科学技术是不够的,人类还必须采取经济、政治、法律、道德等措施。

无论是科学技术还是经济、政治、法律、道德等,都要求提高人的素质。因此,与控制人口数量密切相关的问题是控制人口质量。

2. 强化资源的社会再生产和环境保护的价值——建立环境产业

在"人类-环境系统"内自然资源日益紧缺的原因,既有自然资源被破坏和浪费的一面，也有再生产不足的一面。自然资源的再生产过程，是自然再生产过程和社会再生产过程的结合。在现代社会化大生产的情况下，在人口激增不断加大对自然资源的压力，经济持续增长日益扩大对资源的需求，以致引起资源枯竭、生态环境恶化的形势下，单纯依靠自然资源的自然再生产已远远不能解决自然资源短缺的矛盾，必须强化其社会再生产，即通过增加社会投入，来扩大自然资源的再生产，才有可能满足今世和后代经济社会发展对自然资源日益加大的需求。资源产业就是通过社会投入进行勘测、调查、管理、保护、恢复、再生、更新、增殖和积累自然资源的生产事业。它是原料产业的前身。如以矿产资源为例，开采以前的生产活动为矿产资源产业，开采及以后的生产活动为矿产原料产业。再以森林为例，采伐以前的生产活动为森林资源产业，采伐及以后的生产活动为森林原材料产业。其他资源可依此类推。

资源产业的提出，是生产力发展和社会劳动分工深化的必然结果。100多年前，马克思把物质生产分为四大领域，即采掘业、农业、加工工业和运输业。这是依据当时的生产力状况和水平划分的。后来随着物质生产速度的加快和生产规模的扩大，使社会劳动分工进一步深化，出现并形成了第五个物质生产领域建筑业。现在，自然资源的状况对经济社会发展的影响越来越大，需要的社会投入越来越多，对社会劳动分工进一步深化的要求越来越迫切，所以，提出新的物质生产领域资源产业的时机已经成熟。按照物质生产领域的逻辑排序，资源产业应该排在最始端，即资源产业、农业、采掘业、加工工业、运输业、建筑业。按照一、二、三次产业划分理论，资源产业也处于前面位置，我们称之为0次产业或前一次产业。

从物质生产领域中划分出资源产业的目的，是面对自然资源十分严峻的供需形势，不断增加对自然资源的社会投入，保护、恢复、再生、更新、增殖、积累自然资源，保持并扩大自然资源总量和供给能力，以满足当代和后世国民经济和社会发展对自然资源日益增长的需求，保证经济社会长期持续稳定协调地发展。因此，必须强化资源产业的基础地位,把资源产业的发展作为基础的基础,增加相关的政策、资金和科技投入。

值得指出的是,现在国际上出现了包括资源产业和环保产业在内,涵盖更广的环境产业发展的趋势。21世纪人类面临环境问题新的挑战,也面临着发展新产业,主要是环境产业的新机会。科学技术进步的一般规律是首先有科学发现,然后到技术创新,最后实行产业化,促进经济社会发展。在工业化初期,人们既不知道资源问题、能源危机、生态破坏,也不知道环境还有价值。因此,不可能提出发展环境产业的问题。直到现在,人们多数还认为搞环境保护是赔钱的事。其实,这种认识是大大地落后了。这里讲的环境产业与我们通常所说的环保产业概念不完全相同,因为这里所说的环境是大环境,是指影响人类生存和发展的各种天然的和经过人工改造的自然因素的总称,包括大气、水、海洋、土地、矿藏、森林、草原、野生动物、自然遗迹、人文遗迹、自然保护区、风景保护区、城市和乡村等,甚至还包括人口,因为它也是自然界的一部分。因此,环境产业包括环保产业、资源产业,还包括节能产业、与环境产业有关的新材料产业,以及环境技术、信息、教育、服务和管理产业等。

目前,环境产业已在全世界开始起步。日本从1988年起花20亿美元搞环境产业工业园。美国也于90年代初起步,仅乔治亚州就为此拿出1.05亿美元,其中州政府出3500万美元,企业出3500万美元。中国也应趁环保产业迅速发展的好势头不失时机地扩展内容,并建立环境产业示范区,即环境产业工业园。否则,到21世纪就可能要落后世界其他国家几十年。环境产业工业园包括环保产业的全部内容,还要包括大环境产业的其他内容,形成环境保护仪器制造中心、研究开发中心、技术中心、信息中心、教育中心、咨询服务中心。据说,现在世界环境产业市场的潜力很大。仅美国1989年用于环境器材和服务的费用即达1200亿美元,如果把核废料的处理费用也加进去,至少有1500亿美元,而且每年增长20%~30%。东欧各国用于环境和资源的费用至少在3000亿美元左右。日本计划在其国内建立20个环境技术城

（工业园）。美国的环境产业工业园现已有 70 多项具体技术。可见,发展环境产业是大有可为的。搞好了,环保事业不仅不会赔钱,而且可以赚钱。这是新产业革命的曙光,是新经济发展的支柱。

现在越来越多的人认识到,现行的各种经济社会发展模式,不能带来可持续发展,而孤立地进行生态环境保护也未能遏制全球资源枯竭和环境恶化的趋势。所以,21 世纪的发展战略将发生一个重大转变,即从单纯地对生态环境的保护转向资源、环境与经济社会发展全面、有机地结合,生态环境与经济协调,以达到可持续发展的目的。未来的世界发展战略制定者们甚至认为,这是继农业革命、工业革命以后的第三次意义深远的产业革命。而环境产业和高技术产业的紧密结合,正是这第三次产业革命的主要内容。由此可见,环境产业的发展水平,将不仅决定资源、生态、环境的保护水平,而且还将决定经济社会的发展水平。所以,我们一定要将引导、扶持和积极发展环境产业,作为资源、环境保护与经济社会协调、持续发展的一项重大战略任务[29]。

3. 建立资源、环境供求平衡的经济机制——资源、环境的价值与价格问题

在商品经济条件下,一般商品的供给与需求受供求定律的支配。供求定律指出:需求大于供给,价格将会上升;需求小于供给,价格将会下降。这种关系可用图 10－2 来说明:当价格为 P' 时,需求量为 Q_2',供给量为 Q_1',供过于求,过度供给量为 $Q_1' \sim Q_2'$,这将导致价格下降。若价格降至 P'',则需求量为 Q_2'',供给量为 Q_1'',求过于供,过度需求量为 $Q_2'' \sim Q_1''$,这将导致价格上升。上述两种情况都是不稳定的,只有当价格为 P_0 时,供给与需求方会达到平衡,从而存在一种稳定状态,此时的价格称为均衡价格,此时的供求数量称均衡数量。

人类—环境系统及其可持续性

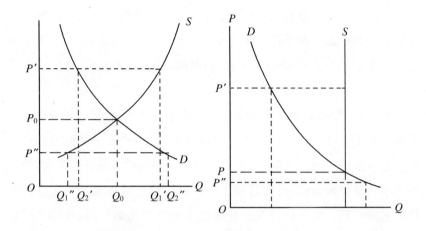

图 10-2 一般商品的供求关系　　图 10-3 自然资源的供求关系

以上就是亚当·斯密所说的"看不见的手"在指挥着经济活动。自然资源和环境的利用作为一种经济活动也不例外,尽管自然资源和环境有区别于其他商品和生产要素的特点,其供给与需求平衡的基本经济机制仍服从这一原理。如前所述,对自然资源和环境的需要有无限扩大的趋势,而自然资源和环境的供给是受限制的(如图 10-3),所以自然资源和环境的供需矛盾一般不能通过扩大供给来解决,只能从控制需要上入手。使用价格杠杆,把对自然资源和环境的需要转化为有效需求(即有支付能力的需要),使之不致无限扩大而服从供求定律,就能有效地平衡自然资源和环境供需矛盾。因此自然资源和环境供需平衡的关键在于价格,在于收取资源和环境使用费,使资源和环境使用者必须付出足够的代价。

但自然资源和环境价格或使用费的决定,价格在平衡供需矛盾中的作用,都与一般商品的情形有所不同。

首先,一般商品的供给量和需求量两者都处在经常变动之中,供给和需求的共同运动达到均衡,从而决定了价格。但很多自然资源(如土地)的供给量通常不易变动,其自然供给绝对固定,其经济供给虽可变动但很受限制。因此自然资源的价格常常是由需求单方的运动决定的,需求越大,价格越高。反过来看,一般商品的供需矛盾可以通过扩大供给和约束需求两条途径来解决;而自然资源的供需矛盾一般只有通过约束需求一条途径来解决;价格越高,越能控制需求,平衡供需矛盾。

其次,一般商品的价格通常以生产成本为基础,任何一种商品的供给价格绝不能低于其生产成本。更准确地说,生产任一种商品的边际成本绝不能低于边际报酬,否则生产者势必停止生产或减少产量,直至产生求大于供的形势,迫使价格上升。所以生产成本总是决定商品价格的主要因素。而自然资源和环境则主要是自然的产物,没有生产成本,因而其价格中一般不包括生产成本的因素,自然资源和环境的价格以其价值为基础。

第三,一般商品的价格较高,易于确定,也有客观标准可依,例如以生产成本作为估价基础,或以标准化了的等级定价。但自然资源和环境既无生产成本,其等级的确定又涉及非常复杂的自然资源特征和社会经济条件,因此自然资源和环境价格的确定是非常复杂的事情,还免不了带有一定的主观推断成分。

第四,一般财物都有折旧的情形,故其将来的价值总是低于现值。但不可更新资源会越来越稀缺,可更新资源具有生产能力的持续性,所处的社会经济条件还总会不断改善,因此不会折旧反会增值;同时人们对自然资源和环境的需求日益增长,要求日益提高,更使自然资源和环境的将来价值常比现价为高。现在价格又会受将来增值涨价的影响而提高。

第五,一般商品都有统一的市场价格,也可通过价格来竞争市场。而有些自然资源如土地因其位置固定,功能又不可替代,其价格在当地具有垄断性而无竞争性,而垄断性地价可以更严格地控制需求。

可见,通过足够高的价格来约束需求,从而达到供需平衡,这在自然资源和环境的利用中比其他经济活动中更有必要,也更为有效。但现行的各种经济体制中,对自然资源和环境的价格都没有作明确、完备的规定,这是导致资源和环境供求冲突的一个重要原因。

在传统的经济和价值观念中，一般认为没有劳动参与的东西没有价值，因而市场上自然资源产品的价格，只包括开发资源的成本和利润等项内容，而没有包括资源本身的价值。于是自然资源可以无偿利用和占有，导致对自然资源的需求无约束地膨胀。其结果是自然资源被掠夺性的开发，造成不必要的破坏和浪费，以致资源枯竭、生态破坏、环境恶化，成为威胁自然资源系统持续性的一大祸害。因此，解决自然资源问题和生态环境问题的根本性对策之一就是要确立自然资源和环境的价值观，在自然资源和环境产品价格中计入资源和环境本身的价格。自然资源和环境的价值首先源于其对人类的有用性，价值的大小则取决于它本身的质量、稀缺性和开发利用条件[30]。

4. 弥补市场机制的缺陷——政府干预与公众参与

对自然资源和环境的价值进行科学评估和建立自然资源和环境的价格机制，是为了引入市场机制以平衡供给和需求的矛盾，但市场机制并非完美无缺，政府干预是十分必要的。市场本身并不能自发地建立起自然资源和环境的价值和价格，必须由政府强制性地规定，其途径有四种：

（1）使有害活动非法：通过有关法律法规限制有害活动，制定资源开发标准，要求保护某些资源，等等；并用经济、行政等手段强制执行这些法律法规，违者罚款。

（2）惩罚有害活动：对排入大气或水体中的每一单位污染和不必要的每一单位资源耗损征税。

（3）建立污染权和资源利用权市场：出售可允许污染到预计最适水平的权利，以及对公共土地或其他公共资源开发使用到一定程度的权利；使这些权利商品化，以市场机制加以约束。

（4）奖励有益活动：以税收来鼓励或补贴安装了污染控制设备的企业和个人，奖励那些通过资源重复利用和循环利用，通过发明更有效的加工工艺和设施而减少了不必要的资源浪费和耗损的单位和个人。

以上途径在处理环境和资源问题时常常几个或全部并用。前三种是让污染者或资源耗损者负担的方式,其实质是将某些或大部分污染和资源耗损的外部成本内化。这对厂家是一种约束,不仅如此,由于内化的成本要转嫁到消费者身上,这些方式会使我们每一个人都直接承担生产我们所消费的经济财物所引起的环境污染和资源耗损的费用,从而也促使消费者约束此类消费,反过来约束厂家。

　　大多数经济学家都倾向于第二和第三种形式,因为它们使市场机制发挥作用以控制污染和资源耗损。在使外部成本内化上更为有效。而大多数资源与环境保护主义者主张前三种方式都结合起来使用。

　　但这前三种方式也有一些问题。由于污染成本的内化,产品的初始成本会更高,除非开发出更高生产效率的技术。在国际生产竞争中,这就使这些国家的产品处于不利地位。较高的初始成本还意味着穷人被排斥在购买者之外,除非减免他们的某些税收,或从公共资金中拿出一部分给他们补贴。此外,罚款和其他惩罚必须足够严厉,并执行得足够快才能阻止违犯,这就必须建立一支庞大的执法队伍,即使如此也难免挂一漏万。

　　第四种方式是让纳税人负担,而未将外部成本内化。这会导致污染和资源耗损高于适当水平,污染企业和资源耗损者通常倾向于这一方式,这不难理解。因为这实际上是把外部成本转嫁到他人身上,而污染者和耗损者能得到最大化的近期利润。而这最终使每个人在经济上和环境上都受到损害。

　　由于对污染物和资源耗竭近期影响和长期影响的信息既不完备又有争议,所有以上四种方式都受到限制。关于如何估计不可更新资源的可得供给,如何估算可更新资源的持续产量,也存在争论和不同算法。这四种方式都要求大大加强环境监测,以决定其效果如何。此外,为抓住反耗损和反污染法的违犯者,也需要进行广泛的监测。总之,我们需要作大量研究工作和监测工作以取得更完备的信息,但我们很难做到这点。缺乏信息会使我们在努力减少污染和资源耗损时犯错误。但若听之任之,那么从长期看我们将受更严重的危害和付出更大代价。

　　上述控制污染和资源耗损的方式还有另一个问题,即潜在的国际

人类—环境系统及其可持续性

经济讹诈。跨国公司一般都以一国为基地,但在很多国家经营,如果在一个国家为控制污染或保护资源要支付的成本太高,跨国公司会关闭在该国的工厂,而在环境和资源法规不太严格的国家开新厂。这意味着资本、就业机会、税收等的转移。但是政府不能用这种经济讹诈作为不过问资源和环境问题的借口。既然很多此类问题都涉及区域和全球,各国政府必须着手制定全球政策。目前这方面已有了进展,例如近年来成立的"政府间气候变化委员会"(IPCC),1992年在巴西里约热内卢联合国环境与发展大会上通过的《保护生物多样性公约》、《森林公约》、《保护大气层公约》、《环境发展宣言》、《21世纪议程》,以及即将通过的《土地荒漠化公约》。

此处,市场机制下的政府干预还有以下作用:促进和保护市场竞争,阻止垄断的形成;提供国防、教育、基础设施和其他公共需要;通过对收入和财富的再分配,促进社会公平,尤其是保证穷人的基本需要和保护后代利用资源的权利;防止纯市场经济制度下常见的经济过热和经济萧条,保证经济发展的稳定性;帮助补贴自然灾害造成的剧烈损失,减轻对社会的冲击;管理公共的自然资源(如自然保护区);控制环境污染。

这样一来,政府的权力和责任就进一步强化了,而不受约束的权力往往导致决策失误、滥用权力和腐败。因此,强化政府作用只是一个方面,另一方面还需要制约政府行为,两方面缺一不可。如何制约政府行为是一个很复杂的问题,目前广泛认同的途径是公众参与,即使让人民参与持续发展的决策并监督政府的行为。

五、新的综合——可持续发展理论的操作化

至此,本书论及了"人类—环境系统"及其可持续性所涉及的方方面面。可见问题是非常广泛而复杂的,需要把所有的解决办法综合起来。同时,可持续发展理论已得到普遍认同,但如何贯彻实施可持续发展的目标,也需要把各种具体的方法、措施综合起来。

（一）实行可持续发展应遵循的生态学、经济学和环境伦理的原理和原则

美国著名环境学者、环境教育家泰勒·米勒（Tyler Muller，1990）从资源保护、污染防治、物质和能量转化、生态学、经济学、政治学及伦理学诸方面，提出了关于为保证经济与环境持续发展所应遵循的众多的基本原理、原则和定律[1]。兹简要介绍如下。

1. 关于保护资源、防治污染和防止环境退化

（1）资源有限性原理（principle of limits）：资源是有限的，是不充裕的，绝不允许浪费。

（2）自然界无废物原理（no waste in nature principle）：大部分废弃和污染物都是资源，人类应予利用。否则，将贻害无穷。人类应尽可能减少废弃物和污染物的产生。

（3）回收和再利用原则（principle of recycling and reuse）：减少污染，减少资源消耗，减少废物，对其进行回收和再利用。

（4）回收不是最终目标原理（recycling is not the ultimate answer principle）：因为回收矿物资源要消耗能源，会再次引起环境污染和使环境退化。

（5）局地性原则（principle of localism）：为了减少资源浪费和保证资源持续供给，人们应尽可能从最局部范围内获得最大需要，也应尽可能在最局部范围内处置和回收废物。

（6）效率原则（principle of moderation）：为减少污染、减少资源消耗和减少废物，在开始利用资源时应考虑到总需求，以使对资源的利用达最高效率。

（7）可持续性原则（principle of sustainability）：强调对可再生资源的永续性利用，利用可再生资源的速度不得超过该资源的自然再生速度。

（8）资源使用多样性原则（principle of resource diversity）：应从众多源泉中获取资源。

2. 关于物质和能量

（9）物质不灭定律（law of conservation of matter）：我们不能创造或消灭物质，我们只能将物质由一种形态改变为另一种形态。我们扔掉的任何物质都将永远以某一种形式与我们在一起。

（10）优质原理（principle of better quality）：人们选用的物质通常是高质量物质。人们用经受得起的价格对其进行提取、加工和转化为有用产品；人们不选用和抛弃的只能是低质的、要花昂贵价格才能转化为有用产品的物质。

（11）合理回收原则（principle of affordable recycling）：不要对废弃物进行稀释，也不要将有用产品与可回收的废物混合在一起。

（12）能量第一定律或称能量守衡定律（first law of energy or law of conservation of energy）：我们不能创造或消灭能量，我们只能将能量由一种形态改变为另一种形态。能量不能从无产生，只有消耗能量才能得到能量。

（13）优能原理（principle of energy quality）：人们选用的能量通常是优质的可被广泛利用的能量。人们不选用和抛弃的只能是低质能量。

（14）能量第二定律或称能量退化定律（second law of energy or law of energy-quality degradation）：在能量由一种形态向另一种形态转化时，高质的有用能通常退化为低质的无用能。低质能不能被回收和转化为高质能。人们对能的质量是无能为力的。

（15）优能优用原则（principle of matching energy quality to energy tasks）：不要使用高质能去做使用低质能可以完成的事，不要用锯条去锯黄油块。

3. 生态学原则

（16）生态学第一定律或称生态偏移原理（first law of ecology or principle of ecological backlash）：在自然界中人们所做的每一件事都可能产生难以预测的后果。

（17）生态学第二定律或称生态关联原理（second law of ecology or principle of ecological interrelatedness）：自然界的每一件事物都与其他事物相联系，人类的全部活动亦居于这种联系之中。

（18）生态学第三定律或称化学上不干扰原则（third law of ecology or principle of chemical non-interference）：人类产生的任何化学物质都不应干扰地球上的自然生物地球化学循环，否则地球上的生命维持系统将不可避免地退化。

（19）承受限度原理（law of limits）：地球生命维持系统能够承受一定的压力，但其承受力是有限度的。

（20）忍受范围原理（range of tolerance principle）：每一个物种和每一个生物个体只能在一定的环境条件范围内存活。

（21）承载量原理（principle of carrying capacity）：在自然界中，没有某一物种的数量能够无限地增多。

（22）复杂性原理（principle of complexity）：自然界不仅比我们想象的复杂，而且比我们所能想象的更为复杂。

4. 经济学原则

（23）外部价格内化原则（principle of internalizing all external cost）：任何事物的市场价格都应该包括现在和未来对环境产生污染，使环境退化，和对社会产生其他有害影响而造成的损失在内。

（24）高效益和高产率原则（principle of increasing efficiency and productivity）：应尽可能从较少的资源输入中得到最高的产品输出；用尽可能小的投入获得尽可能大的产出。

（25）"经济癌症"原理（principle of economic cancer）：某些经济

增长形态是有害的;不允许制造有害产品。

(26) 无用效益原理（principle of wasteful efficiency）：花费资源生产有害产品，即使效益很高也是无效的。

(27) "没有免费的午餐"原理（no free lunch principle）：目光短浅和短期行为，必将引起长期的环境和经济灾害;绝不允许浪费资本去损害未来。

(28) "过度消费导致报复"原理（principle of overconsumption and thing tyranny）：你向自然界掠取得越多，自然界对你的报复也越多。

(29) 经济－生态奖赏原则（principle of economic and ecological reward）：不要给人们以津贴和免税优惠去生产有害产品，要教育人们不要浪费资源，应该取消所有资源补贴，只应该奖赏能减少资源消耗、能减少污染和能防止环境退化的生产者。

(30) "经济即地球物质"原理（economy as the earth matter principle）：在病态环境中不可能有健全的经济。

5. 政治学原则

(31) 预防原则或称输入控制原则（prevention, or input control principle）：对环境问题事先预防比事后处理要便宜得多和有效得多;花费 1 盎司进行预防等同于花费 10 盎司进行处理。

(32) 坏事变好事原理（bad news can be good news principle）：任何危机都将是一次改变的机会。

(33) 真正保护原则（principle of true conservatism）：如果你不想真正保护地球，就不要称呼你自己为保护主义者。

6. 自然伦理观

(34) 一体化原理（principle of oneness）：人类是自然界的一部分。

(35) 相同价值原理（principle of humility）：人类是有价值的物

种,但不是凌驾于其他物种之上的超级物种。所有生命——人类和非人类,具有天生相同的价值。

(36)尊重自然原则(respect-for-nature principle):任何活有机体都有生存的权利,至少有求取生存的权利,道理很简单,因为它们是生命。这种权利不决定于它们是否对人类有实际的或潜在的价值。

(37)合作原则(principle of cooperation):人类的作用是认识自然,与自然合作共处,而不是去战胜它们。

(38)可持续性原则和生态中心原则(principle of sustainability and ecocentrism):做任何有利于维护人类和其他物种赖以生存的地球生命维持系统的事都是正确的,反之就是错误的。维护好地球是基础之基础,是大事中的大事。

(39)保护野生生物和生物多样性原则(preservation of wildlife and biodiversity):凡是有可能引起野生生物物种永久灭绝和野生生物栖息地消失或退化的事都是错误的。

(40)自卫原则(principle of self-defense):在有害和危险性生物面前,人类有权保护自己。但是这种保护仅仅是在当人类已暴露在这些生物面前,且其安全受到威胁的时候。人类在保护自己时,应尽可能减小对对方生物的伤害。

(41)最低需求原则(principle of survival):为了提供足够的食物以维持人类的生存和健康,人类可以宰杀其他生物,但这仅仅是对人类的基本生活条件和基本健康需求而言。在这方面,人类无权有非基本的和奢侈的需求。

(42)最小错误原则(principle of minimum wrong):当人们为满足自己的基本和非基本需要而改造自然时,人类应选用对其他生物伤害程度最小的方法。当不得已时,至多伤害某些生物个体,而不要伤害物种,更不要伤害生物群落。

(43)"经济不惟一"原则(economy is not everything principle):只考虑人和其他生物的经济价值的观点是错误的。

(44)义务原则(rights of the born principle):当我们离开地球

时,应使地球处于我们所见到的最好状态。

(45) 负责原则 (responsibility of the born principle): 所有人都应该对他们所造成的污染和环境退化问题负责。

(46) 知足原则 (principle of enoughness): 任何个人、团体或国家无权滥用地球的有限资源。不允许人类为满足需求而滑进贪婪之境。

(47) 生态系统保护和整治原则 (principle of ecosystem protection and healing): 人类必须保护地球上残存的野生生态系统,使其免遭人类活动的进一步破坏。应该整治和恢复已遭人类破坏的生态系统,持续地利用自然生态系统,应该使已被我们占据和毁坏的各类生态系统尽可能恢复到野生状态。

(48) "伦理比守法更重要"原则 (ethics often exceeds legality principle): 在保护和维持大自然的过程中,倾心热爱自然比守法更重要。

(49) "控制生育比控制死亡更重要"原则 (birth control is better than death control principle): 为了防止人类和其他生物的消亡,人类必须首先控制自身的生育。阻止人类过度繁殖比阻止人类和其他生物的消亡更为重要。

(50) "尊重人类的根"或称"地球第一"原则 (respect your-roots or earth-first principle): 人类自身及人类已经拥有和将要拥有的一切都来源于太阳和地球。没有人类,地球照样运转;但如果没有地球,人类的一切都将停止。地球枯竭了,经济也必将枯竭。

(51) 维持地球平衡原则 (balanced-earth budget principle): 人类不应做任何有损于地球物理、化学和生物过程的事,因为所有这些过程都维持着人类的生命和社会经济活动。地球遭受损失是最大的损失。

(52) 酷爱和保护物种原则 (principle of species love and protection): 像爱护自己一样爱护今天的和未来的生物物种。

(53) "身体力行是最好的教师"原则 (direct experience is the best teacher principle): 认识和珍爱地球和你自己,去直接认识空气、水、土壤、植物、动物、细菌和地球。只从书本上和电视上间接地学习地球是不够的。

（54）"酷爱你的邻居"原则（love your neighborhood principle）：酷爱你居住的环境，向它学习，在你居住的地方文明地生活。

在以上众多的原理、原则中，我们认为其最重要之处在于以下几点：

（1）"人类－环境系统"由自然系统和人类社会所组成，是这两者相互依存的整体。任何一方的存在和兴旺都赖于另一方的存在和兴旺。

（2）人类是大自然界的一部分。人类与所有在这个星球上的其他物种一样，同样都受永恒的生态规律所支配。所有生命都依赖于"人类－环境系统"的不间断的运转，这保证了能量和营养物质的供应。因此，为维持世界社会的生存、安全、公平和尊严，所有的人都必须负担起生态的责任。人类的文化必须建筑在对自然的极度尊重上。人类应使自己的认识符合客观规律，并认识到人类事务必须在与自然的和谐平衡中进行。

（3）后代人的幸福是我们当代人的社会责任之一。因此，当代人应当限制自己对不可更新资源的消费，要把这种消费水平维持在仅仅满足社会的最基本需要方面，并对可更新资源进行抚育，以确保持续的生产力。

此外，正如麦克尼科等（1990）所指出的，"从伦理和文化的观点看，在任何社会中，不管其占优势的政治、经济、意识形态或宗教信仰是什么，多样性（自然的和社会的）永远是保证自然系统和社会系统持续运转和发达、繁荣的根本。要达到上述目的，必须提高人类的素质，所有人应该同等地享有可维持的生活，有同等的受教育的机会，有平等的政治权利"[31]。

人类—环境系统及其可持续性

（二）可持续发展的层次与尺度："人类－环境系统"的综合性、可操作研究

"人类－环境系统"的可持续发展是个综合性的研究课题,包括了不同的认识层次、不同的时空尺度,也包括了自然与人文诸多要素。为了使可持续发展的研究课题操作化,从而引向深入,需要界定研究范围,包括论题的界定和尺度的界定。关于可持续发展的论题界定,我们认为可以分成三个层次:观念形态,经济－社会体制,科学技术。它们各自具有自身的学术研究问题和实践操作问题。

观念形态层次的可持续发展研究是要在发展观上变革。按《我们共同的未来》的提法,"可持续发展的战略旨在促进人与自然,人与人之间的和谐",这其实就是地理学长期以来一直在研究的"人地关系思想"。目前国际上很热门的生态伦理(或环境伦理)研究属于这一层次。但生态伦理中有一种所谓"走出人类中心主义"的倾向,是与可持续发展的一个基本内涵——满足人类发展的需要——有时间分期的矛盾。所以它不仅在发达国家还难实现,在多数人温饱尚未根本解决的欠发达国家更难以接受。从地理学家的观念——人地关系协调——去考虑问题更为合理,更可操作。

经济－社会体制层次上的可持续发展研究是要揭示然后克服现行体制中的缺陷,重构一种可以对付资源、环境所施加的限制的经济－社会体制。要实现可持续发展,必须改革现行的生产体系、社会体系、政治体系、国际关系体系、管理体系及技术体系。这一层次的问题在可持续发展研究中最重要,难度也最大。国际上应用地理学已广泛参与这个层次的研究。国内也有少数地理学家关注这个层次的问题,但多数人还未认识到其重要性和地理学可做的贡献。

科学技术层次上的可持续发展研究领域比较清楚,如清洁工艺、节能技术、生态农业、资源的重复利用和循环利用等。地理学家参与的环境保护、资源开发、国土整治、水土流失及荒漠化防治、城市与区域规划,当属这一层次。

显然，以上三个层次所涉及的学科领域和研究方法都会有所不同。可以认为，作为自然科学和社会科学桥梁的地理学，在所有以上三个层次的研究中都可以发挥作用，尤其是可以在三个层次的连接上做出贡献。但是，就具体研究论题而言，范围太广不容易深入，应该对问题有明确的界定，看是属于哪个层次的论题。

关于尺度的界定，现在学界普遍认同时间上要重视近百年来的变化过程，空间上要区分全球、区域、地方、地点等尺度。从区域尺度上研究可持续发展是地理学传统优势之所在，区域可持续发展理念的提出正符合时宜。其理论基础有赖于我们对陆地表层的综合认识，即黄秉维所称的陆地系统科学的发展[34]。提出陆地系统科学的概念，有助于界定地理学参与可持续发展研究的范围和显示独特之处。但应该看到，陆地系统仍是不同尺度地域综合体的镶嵌，范围仍然很大，在具体研究中若无空间尺度的界定仍然会不着边际、不得要领。

最后特别要指出，论题的界定和尺度的界定往往是联系在一起的。换言之，对不同的尺度要研究不同的论题。以农业和农村"人类－环境系统"可持续发展研究为例，可以归纳为生态可持续性、经济可持续性和社会可持续性，每一种可持续性在不同的空间尺度上都有不同的论题（当然各论题会有联系），如下表所示。

表 10－1　不同空间尺度的农业和农村可持续发展论题

类别	地　点	地　方	区域、国家	全　球
生态	土壤肥力、污染	农业生态系统	区域土地潜力	全球气候
经济	施肥量、灌溉量	农场投入－产出	区域农业经济	国际农产品贸易
社会	劳动价值	土地权属、家族关系	区域差异、城乡差别	地缘政治、南北关系

总之，"人类－环境系统"的可持续性取决于人们的观念与行为，我们必须在各个层次、各种尺度上把可持续发展的思想和理论贯彻到行动中。正如《我们共同的未来》的主持者布兰特伦最近指出的："我们的意识中必须树立一种新的环境道德伦理"[35]。我们还必须建立新的生活方式和社会经济结构。"可持续性的蓝图不是唯一的，因为各国的经

济、社会制度和生态条件都不相同。每个国家都要制定自己的具体政策措施"[16]。

参考文献

〔1〕Tyler Miller，G. Jr.，*Living in the Environment*，6th edition，Wadsworth Publishing Company，Belmont，California，1990.

〔2〕Meadows，D. H.，Meadows，D. L.，Randers，J. and Behrens，W.，*The Limit to Grows*，Universe Books，New York，1972.

〔3〕J. 里夫金和 T. 霍华德：《熵：一种新的世界观》，上海译文出版社，1987 年。

〔4〕美国国务院环境质量委员会：《公元 2000 年全球研究》，科技文献出版社，1984 年中文版。

〔5〕Forrester，J. W.，*World Dynamics*，Wright-Allen Press，Cambridge，Mass，1970.

〔6〕Simon，J. L.，*The Ultimate Resource*，Princeton University Press，1981.

〔7〕Rees，J.，*Natural Resources：Allocation，Economics and Policy*，Second edition，Routledge，London，1990.

〔8〕I. 普里高津和 I. 斯腾格：《从混沌到有序》，上海译文出版社，1987 年。

〔9〕Boulding，K. E.，*A Reconstruction of Economics*，Macmillan，New York，1962.

〔10〕Boulding，K. E.，Ecology and Economics，in F. F. Darling and J. P. Milton （ed.），*Future Environments of North America*，Natural History Press，New York，1966.

〔11〕Boulding，K. E.，Environment and Economics，in W. W. Murdoch （ed.），*Environment*，2nd edition，Sinauer，Stanford Conn，1971.

〔12〕Odum，H. T.，*Environment，Power and Society*，Wiley & Sons，New York.

〔13〕Deevey，E. S.，The Chemistry of Wealth，Bull. Ecol，Soc. America 52，1971.

〔14〕IUCN，World Conservation Strategy，G Land Switzerland，1980.

〔15〕莱斯特·布朗：《建设一个可持续发展的社会》，中国环境科学出版社，1992 年。

〔16〕World Commission on Environment and Development，*Our Common Future*，Oxford University Press，Oxford，1987.

〔17〕Frances Cairncross，*Costing the Earth*，The Economist Books Ltd.，1991.

〔18〕Jan Bojo，et al.，*Environment and Development：An Economic Approach*，Kluwer Academic Publishers，1990.

〔19〕Turner，R. K.（ed.），*Sustainable Environmental Management*，Westview

Press, 1988.

〔20〕 Robert Repetto, et al. , Wasting Asserts: Natural Resources in the National Income Account, World Resources Institute, Washington D. C. ,1989.

〔21〕 Conwey, G. R. , Agroecosystems Analysis, Agriculture Administration 20, 1985.

〔22〕 Marten, G. G. , Productivity, Stability, Sustainability, Equitability and Autonomy as Properties for Agriecosystem Assessment, Agricultural System 26, 1988.

〔23〕 蔡运龙:"持续发展——人地系统优化的新思路",《应用生态学报》,1995 年第 3 期。

〔24〕 Ophuls, W. , *Ecology and the Politics of Scarcity*, Freeman, San Francisco,1977.

〔25〕 Barnett, N. J. et al. , *Scarcity and Growth*: *The Economics of Natural Resources Availability*, John Hopkins Univ. Press,1963.

〔26〕 Daly, H. (ed.), *Economics*, *Ecology*, *Ethics*, W. H. Freeman and Company, New York, 1980.

〔27〕 FAO, Potential Population-Supporting Capacity of Lands in the Developing World, EPA INT 513, Rome, 1982.

〔28〕 中国科学院自然资源综合考察委员会:《中国土地资源生产潜力与人口承载力研究》,中国人民大学出版社,1991 年。

〔29〕 李金昌:"关于自然资源的几个问题",《自然资源学报》,1992 年第 2 期。

〔30〕 蔡运龙:"论土地的供给与需求",《中国土地科学》,1990 年第 2 期。

〔31〕 J. A. 麦克尼科等:《保护地球的生物多样性》,中国环境科学出版社,1991年。

〔32〕 OECD, The Economics of Sustainable Development: A Progress Report. Paris,1990.

〔33〕 World Bank, *Human Development Report 1991*, Oxford University Press, New York,1991.

〔34〕 黄秉维、陈传康、蔡运龙等:"区域持续发展的理论基础——陆地系统科学",《地理学报》,1996 年第 5 期。

〔35〕 Starke,L. , *Signs of Hope*: *Working toward Our Common Future*, Oxford University Press, New York,1990.

人
类
｜
环
境
系
统
及
其
可
持
续
性